老年大学教材系列

中国老年大学协会高校老年大学工作委员会推荐教材

# 手工编制教程

北京航空航天大学离退休工作处　编著

北京航空航天大学出版社

# 内 容 简 介

本书由北航老年社团手工协会教学笔记整理归纳而成,以图文并茂的形式重点讲解手工编制过程中的重点、难点,手把手教授读者手工编制技巧,激励读者在编制的过程中锻炼双手和大脑,倡导读者在编制过程中主动与他人交流、切磋经验,提高生活的幸福感。本书主要讲解内容包括珠编、绳编、钩编、绒线编、折纸等,由浅入深、由易到难,初学者通过阅读即可掌握要领,继而逐节练习,稳步提高编制技能,学会本书所教授的所有编制方法,实现从入门到初步掌握编制技能的进步。

本书可作为老年大学手工编制课程教材,也可供对手工编制有兴趣的人员参考。

**图书在版编目(CIP)数据**

手工编制教程 / 北京航空航天大学离退休工作处编著. -- 北京 : 北京航空航天大学出版社,2024.8.
ISBN 978 - 7 - 5124 - 4465 - 2

Ⅰ. TS935.5

中国国家版本馆 CIP 数据核字第 2024TX3741 号

**手工编制教程**

北京航空航天大学离退休工作处　编著

策划编辑　刘　扬　责任编辑　于　洋

\*

北京航空航天大学出版社出版发行

北京市海淀区学院路 37 号(邮编 100191)　http://www.buaapress.com.cn
发行部电话:(010)82317024　传真:(010)82328026
读者信箱: qdpress@buaacm.com.cn　邮购电话:(010)82316936
北京建宏印刷有限公司印装　各地书店经销

\*

开本:787×1 092　1/16　印张:22.75　字数:582 千字
2024 年 8 月第 1 版　2024 年 8 月第 1 次印刷
ISBN 978 - 7 - 5124 - 4465 - 2　定价:119.00 元

---

若本书有倒页、脱页、缺页等印装质量问题,请与本社发行部联系调换。联系电话:(010)82317024

# 编委会

# 目　　录

# 第一章　棒针篇

## 八角贝雷帽

图 1-1 为八角贝雷帽。

图 1-1　八角贝雷帽

## 一、材料准备

松鼠绒线 2.5 两,7 号棒针。

## 二、编制方法

用手指挂套方法起 8 针圈织下针(平针)大约 1 寸长。

## 三、详细步骤

### 开始编织

第 1 行:空加 1 针,1 针下,重复到最后(16 针)。

第 2 行:所有偶数行在此简称间隔行,全织下针。

第 3 行:空加 1 针,2 针下,重复到最后(24 针)。

第 5 行:空加 1 针,3 针下,重复到最后(32 针)。

**注意**:奇数行都按照这个规律,即第 7、9、11、13、15、17 行,每次递增 1 针下直到每瓣为 10 针,共分 8 份(80 针)。

### 开始减和加针

第 19 行:空加 1 针,2 并 1,空加 1 针,8 针下,重复到最后。

第 21 行:空加 1 针,2 并 1,空加 1 针,2 并 1,空加 1 针,7 针下,重复到最后。

第 23 行:空加 1 针,2 并 1,空加 1 针,2 并 1,空加 1 针,6 针下,一直按照这个规律重复到全是空加 1 针,2 并 1,空加 1 针,2 并 1。

### 重复步骤

不加不减重复此行织出 8 个或者 9 个洞眼,帽子已够高度,此时保持不加不减状态。

### 收帽边

90～92 针,开始织边,可选择自己喜欢的花边,例如:卷边、单螺纹或鱼骨刺,织一寸长可锁边,帽子完成。

# 菠萝花毛线帽

图 1-2 为菠萝花毛线帽。

图 1-2　菠萝花毛线帽

## 一、材料准备

松鼠绒线 3 两,7 号棒针。

## 二、详细步骤

### 起　针

起针用松鼠绒线、7 号棒针织。将线打一活结串在右手针上,左手留线 20 cm,左手食指由内向下向外绕线,右手针插入线织 1 个下针,依上法共织 4 个下针,然后右手针反向插入,左手绕线织上针,共织 2 个上针,再织 2 个下针,2 个上针,4 个下针,共 14 针。

### 织挫板针加针及鱼骨针

1. 翻过面即正面,织 3 针下针,1 针上针,2 针鱼骨下针,2 针上针,2 针鱼骨下针,1 针上针,3 针下针(正面 2 针鱼骨下针即先织第 2 针,再织第 1 针,反面时这 2 针织上针)。

2. 反面:第 1 针逆左针挑下不织,再织 3 下针,2 鱼骨上针,2 下针,2 鱼骨上针,4 下针。

3. 正面:织 3 下针(第 1 针也要织下针,以下正面第 1 针均织下针,反面第 1 针均挑下不织),挑加 1 针下针,1 针上针,2 鱼骨下针,2 上针,2 鱼骨下针,1 上针,挑加 1 下针,3 下针挑针均在下针处,正反面均织下针处为挫板针,从一个面看即一行上针,一行下针。

4. 反面:5下针,2鱼骨上针,2下针,2鱼骨上针,5下针。

5. 正面:4个挫板针,加1下针,1上针,2鱼骨下针,2上针,2鱼骨下针,1上针,加1下针,4个挫板针。

6. 每正面加1挫板针,直至加到10针。鱼骨针与挫板针之间的1针及两鱼骨针之间的两针正面织上针,反面织下针。

## 加鱼骨针

**注意:** 挫板针加到10针再到正面开始鱼骨加针,所有加针或减针均在正面。正面第1针要织下针,而反面第1针要挑下不织。

1. 正面:挫板针10针,1上,2鱼骨下针,1上,加1针(用右手食指由外向内绕线加1针。以下加针同),1上,2鱼骨下针,1上。挫板针10针。

2. 反面:挫板针10针,1下,2鱼骨上针,3下,2鱼骨上针,1下,挫板针10针。

3. 正面:挫板针10针,1上,2鱼骨下针,1上,加1针,2下,2鱼骨下针,1上,挫板针10针。

4. 反面:挫板针10针,1下,2鱼骨上针,4下,2鱼骨上针,1下,挫板针10针。

5. 正面:挫板针10针,1上,2鱼骨下针,1上,2鱼骨下针,1上,2鱼骨下针,1上,挫板针10针。

6. 反面:挫板针10针,1下,2鱼骨上针,1下,2鱼骨上针,1下,2鱼骨上针,1下,挫板针10针。

7. 正面:挫板针10针,1上,2鱼骨下针,1上,加1针,2鱼骨下针,加1针,1上,2鱼骨下针,1上,挫板针10针。

8. 反面:挫板针10针,1下,2鱼骨上针,2下,2鱼骨上针,2下,2鱼骨上针,1下,挫板针10针。

9. 正面:挫板针10针,1上,2鱼骨下针,1上,2鱼骨下针,加1针,2鱼骨下针,1上,2鱼骨下针,1上,挫板针10针。

10. 反面:挫板针10针,1下,2鱼骨上针,1下,2鱼骨上针,1下,2鱼骨上针,1下,2鱼骨上针,1下,挫板针10针。

## 加织菠萝花针

1. 接上面,正面:挫板针10针,1上,2鱼骨下针,1上,2鱼骨下针,加1针,1上,加1针,2鱼骨下针,1上,2鱼骨下针,1上,挫板针10针。

2. 反面:挫板针10针,1下,2鱼骨上针,1下,2鱼骨上针,1下,1下针线绕上来再在原针上织1下针(即1针变3针,以下称1变3下),1下,2鱼骨上针,1下,2鱼骨上针,1下,挫板针10针(1变3下即第1个菠萝花的开始)。

3. 正面:挫板针10针,1上,2鱼骨下针,1上,2鱼骨下针,1上,加1针,3上(上行1变3下),加1针,1上,2鱼骨下针,1上,2鱼骨下针,1上,挫板针10针。

4. 反面:挫板针10针,1下,2鱼骨上针,1下,2鱼骨上针,1下,1变3下,3收1上(将上次1变3下的3针用上针收为1针),1变3下,1下,2鱼骨上针,1下,2鱼骨上针,1下,挫板针10针(这次两个1变3下即第2个菠萝花开始,菠萝花位置是岔开的,即本行菠萝花是在上一行两个菠萝花之间)。

5. 正面:挫板针 10 针,1 上,2 鱼骨下针,1 上,2 鱼骨下针,1 上,加 1 针,7 上针,加 1 针,1 上,2 鱼骨下针,1 上,2 鱼骨下针,1 上,挫板针 10 针。

6. 反面:挫板针 10 针,1 下,2 鱼骨上针,1 下,2 鱼骨上针,1 下,1 变 3 下,3 收 1 上,1 变 3 下,3 收 1 上,1 变 3 下,1 下,2 鱼骨上针,1 下,2 鱼骨上针,1 下,挫板针 10 针。

7. 正面:挫板针 10 针,1 上,2 鱼骨下针,1 上,2 鱼骨下针,1 上,加 1 针,11 针上,加 1 针,1 上,2 鱼骨下针,1 上,2 鱼骨下针,1 上,挫板针 10 针。

8. 反面:挫板针 10 针,1 下,2 鱼骨上针,1 下,2 鱼骨上针,1 下,1 变 3 下,3 收 1 上,1 变 3 下,3 收 1 上,1 变 3 下,1 下,2 鱼骨上针,1 下,2 鱼骨上针,1 下,挫板针 10 针。

9. 正面:挫板针 10 针,1 上,2 鱼骨下针,1 上,2 鱼骨下针,1 上,加 1 针,15 针上(菠萝花正面全织上针),加 1 针,1 上,2 鱼骨下针,1 上,2 鱼骨下针,1 上,挫板针 10 针。

10. 反面:挫板针 10 针,1 下,2 鱼骨上针,1 下,2 鱼骨上针,1 下,1 变 3 下,3 收 1 上,1 变 3 下,3 收 1 上,1 变 3 下,3 收 1 上,1 变 3 下,1 下,2 鱼骨上针,1 下,2 鱼骨上针,1 下,挫板针 10 针。

11. 正面:挫板针 10 针,1 上,2 鱼骨下针,1 上,2 鱼骨下针,1 上,加 1 针,菠萝花全上针,共 19 针,加 1 针,1 上,2 鱼骨下针,1 上,2 鱼骨下针,1 上,挫板针 10 针。此次是最后一次加针,以后不再加针。

12. 反面:挫板针 10 针,1 下,2 鱼骨上针,1 下,2 鱼骨下针,1 下,1 变 3 下,3 收 1 上,1 变 3 下,3 收 1 上,1 变 3 下,3 收 1 上,1 变 3 下,3 收 1 上,1 变 3 下,1 下,2 鱼骨上针,1 下,2 鱼骨上针,1 下,挫板针 10 针。

13. 正面:挫板针 10 针,1 上,2 鱼骨下针,1 上,2 鱼骨下针,1 上,菠萝花全上针,1 上,2 鱼骨下针,1 上,2 鱼骨下针,1 上,挫板针 10 针。

14. 反面:按以上规律织,中间菠萝花按 1 变 3 下、3 收 1 上方法织。菠萝花一行 5 个一行 6 个间隔。紧靠鱼骨针的菠萝花要织 13 个至 16 个,根据个人头围大小及手带线的松紧调整菠萝花的个数。

## 收菠萝花

1. 菠萝花织够个数,反面看挨着鱼骨针是一正针,在菠萝花这边是 3 收 1 的上针,翻过面织正面时将这两针合并在一起织 1 上针,织到最后菠萝花 1 针与鱼骨针挨着的 1 上针合并织 1 上针。其他按规律织。

2. 织正面时均按在菠萝花两边收 1 针的规律(与鱼骨针边的上针合并成 1 上针,直至菠萝花剩 1 针(反面 3 收 1 上)。

## 收鱼骨针

1. 挫板针 10 针两边照织。只讲鱼骨针。正面:1 上,2 鱼骨下针,1 上,2 鱼骨下针,2 针收 1 上,1 上,2 鱼骨下针,1 上,2 鱼骨下针,1 上,2 鱼骨下针,1 上。

2. 反面:1 下,2 鱼骨上针,1 下,2 鱼骨上针,2 下,2 鱼骨上针,1 下,2 鱼骨上针,1 下。

3. 正面:1 上,2 鱼骨下针,1 上,下边 2 针交换位置,左边针在下,织 1 上,右边 1 针串在左针上与下一针织 2 鱼骨下针,2 鱼骨下针,2 上,2 鱼骨下针,1 上。

4. 反面:1 下,2 鱼骨上针,2 下,4 上,2 下,2 鱼骨上针,1 下。

5. 正面:1 上,2 鱼骨下针,2 上,中间 4 针两两合并织 1 鱼骨针下针,2 上,2 鱼骨下针,1 上。

6. 反面:1 下,2 鱼骨上针,2 下,2 鱼骨上针,2 下,2 鱼骨上针,1 下。

7. 正面:1 上,2 鱼骨下针,2 针并 1 上针,2 鱼骨下针,2 针并 1 上针,2 鱼骨下针,1 上。

8. 反面:1 下,2 鱼骨上针,1 下,2 上,1 下,2 鱼骨上针,1 下。

9. 正面:1 上,2 鱼骨下针,2 针合并 1 上针,2 针合并 1 上针,2 鱼骨下针,1 上。

10. 反面:1 下,2 鱼骨上针,2 下针,2 鱼骨上针,1 下。

### 收挫板针

1. 从靠近鱼骨针的挫板针开始收针。均在正面收针,每次两边各收 1 针。中间鱼骨针按照规律织,反面不收针,按照规律织。

2. 直至挫板针收为 4 针,共剩 14 针。正面朝内,由正面边开始缝合。线收到反面的一边,开始挑针收帽顶。

### 收帽顶

由反面边挑小辫织 1 针,共挑 64 针,8 针为一组。全织下针,每到每组最后两针合并为 1 下针,每行都在每组最后两针收针,直至每组剩 1 针。共 8 针,织 1 针将线挑出成一双线再从每针挑出这一双线,再从中间孔将线穿到反面。将线系死,断线即成。

# 大麻花帽子

图 1-3、图 1-4 为大麻花帽子及步骤图。

## 一、材料准备

松鼠绒线(可混色),7 号棒针。

## 二、详细步骤

1. 圈起 8 针。

2. 加 1 针织 1 针下连续织一圈共 16 针。

3. 加 1 针织 2 下针织一圈,以此类推,共 8 个角,每个角 13 针。

4. 织够每个角上 13 针后再织:加 1 针,11 针下针,2 并 1,完成一圈。

图 1-3 大麻花帽子

5. 以此类推,连续织 6 或 7 圈,13 针针数保持不变。

6. 把织好的最后 1 针挑到左棒针上,作为第 1 个角的第 1 针,此时开始织帽身,在此另起 10 针或 12 针开始片织元宝针,单行的最后 1 针要和帽顶的第 1 针合并在一起(右上 2 并 1),连续将帽顶一个角的 13 针并完,如图 1-4(a)所示。

7. 第 1 个角并完针后,再连续织 10 针或 12 针的元宝针,一共织 26 行。再与第 3 个角合并,如图 1-4(b)、图 1-4(c)所示(重复第 1 个角的织法,第 2 个角用别的针挑下不织,即第 1 条元宝针要与第 1、3、5、7 这 4 个角合并,第 2、4、6、8 角用别的针挑下不织),织完后两条首尾连接。

8. 现在开始织第 2 条元宝针。与第 1 条相同,将线拉到第 2 个角处起针,注意这时第 2 条要与第 2、4、6、8 角相接。每织完一个角之后要将织物与第 1 条交叉,形成麻花状,如图 1-4(d)所示。第 2 条元宝针织完之后同样首尾连接。

9. 帽身织完之后,开始挑帽边。在每个麻花条上挑 13 针,最后一个挑 14 针,一共 105 针。织 6 排鱼骨针(如喜欢卷边再织 15 到 18 行平针即可),再织 3 圈 2 正 1 反后收针即可。

10. 织完鱼骨针后再织几行平针即帽檐,然后缝合即可。

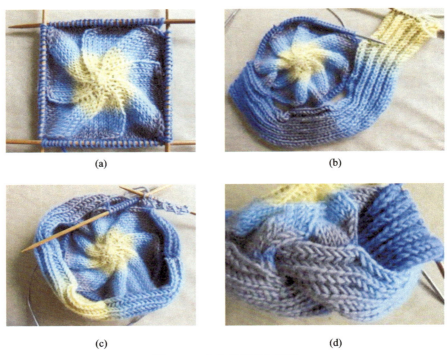

(a)       (b)

(c)       (d)

图 1-4 大麻花帽子步骤图

# 地板袜

图 1-5 为地板袜。

## 一、材料准备

3 种颜色的毛线。

## 二、详细步骤

### 起 针

图 1-5 地板袜

共 36 针。用两根针织平针,每两行换一种颜色,3 种颜色为一组,共织 7 组。然后加 15 针,用 4 根针织。开始的 36 针织成 2 正 2 反;后加的 15 针织一行上针,一行下针;织到约 36 行时开始减针(根据脚的大小自行决定)。

### 织脚背

每间隔一行两侧各减去 1 针,减到 4 针时,每行都减。

### 织脚底面

每行都要减针。剩下的 15 针左右穿线收口,缝合后跟部位即可。

### 织袜口

挑 60 针左右,织 3 种颜色,一行下针,一行上针,6 行后收口。后跟部位缝合时可以圆润一些。

# 六角帽

图 1-6 为六角帽。

**图 1-6　六角帽**

## 一、材料准备

长毛水貂绒线 1.5 两(两股合成),8 号棒针。

**注意**:总体上看去是两行上,两行下,形成多道棱;织成一片,织过去,织过来。

## 二、详细步骤

### 织　瓣

1. 起 50 针,织过去 17 针,第 18、19 针并为一针,第 20、21 针并为一针,继续织到头。

2. 织过来不加不减织到头。

3. 织过去第 1 针不织,第 2 针为加针,原第 2 针成为第 3 针,第 4 针继续织到第 17 针,以下同步骤 1 织法。

4. 织过去同步骤 2 织法。

5. 同步骤 3。

**注意**:如此进行下去织出 6 个棱。目前形成的结果:看上去中间拐了个弯,一边是个斜的平行四边形,一边是斜的梯形,到此完成第一个瓣。织到梯形数一数多少针,挑针,补够 50 针或 49 针(注意是上针挑还是下针挑)。

6. 同样方法织第二、三、四、五、六个瓣。

## 缝 合

从起头处往中间缝,缝合后留出 2.5 尺长剪断线,用来织帽顶小球。

## 织帽边

挑 100 针左右织平针 20～25 圈。织完成一顶帽子。

# 螺旋花披肩

图 1-7 为螺旋花披肩。

图 1-7　螺旋花披肩

## 一、材料准备

乐谱线,7 号棒针。

## 二、详细步骤

起头 75 针,每份 15 针,5 个角的螺旋花,4 根针圈织,由 13 个单元花组成,上部 7 个花,下部 6 个花,1 个单元花直径在 17 cm 左右。绕起针 75 针,4 号(6 mm)棒针。

1. 全下。
2. 全上,下圈以后都是下针。
3. 加 1 针,(空加针)12 针下,3 并 1,以后重复 4 次。
4. 加 1 针,12 针下,2 并 1,以后重复 4 次。
5. 加 1 针,11 针下,3 并 1,以后重复 4 次。
6. 加 1 针,10 针下,3 并 1,以后重复 4 次。
7. 加 1 针,10 针下,2 并 1,以后重复 4 次。
8. 加 1 针,9 针下,3 并 1,以后重复 4 次。
9. 加 1 针,8 针下,3 并 1,以后重复 4 次。

10. 加 1 针,8 针下,2 并 1,以后重复 4 次。

11. 加 1 针,7 针下,3 并 1,以后重复 4 次。

12. 加 1 针,6 针下,3 并 1,以后重复 4 次。

13. 加 1 针,6 针下,2 并 1,以后重复 4 次。

14. 加 1 针,5 针下,3 并 1,以后重复 4 次。

15. 加 1 针,4 针下,3 并 1,以后重复 4 次。

16. 加 1 针,3 针下,3 并 1,以后重复 4 次。

17. 加 1 针,2 针下,3 并 1,以后重复 4 次。

18. 加 1 针,1 针下,3 并 1,以后重复 4 次。

19. 加 1 针,3 并 1,以后重复 4 次。

20. 全下 10 针并 1 针。单元花完成。

## 各单元花连接方法

第 1 个单元花织好后,在第 1 个单元花的一个边挑起 15 针,另起 60 针,织第 2 个单元花。第 3 个单元花在第 2 个单元花和第 1 个单元花相邻的边隔边挑 15 针,另起 60 针,以后类推,7 个单元花相连,靠领口一侧每个单元花是一个边,如图 1-8 所示。

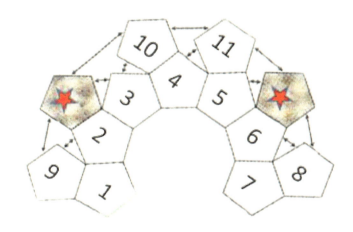

图 1-8　各单元花连接方法

## 袖子的织法

在第 2 排的第 2 个单元花的位置挑起 75 针之后,按单元花的编织方法进行编织,当还剩 65 针时,不加不减,织 2 并 1(即不减针),收到 48 针,织 4 寸 2 针上,2 针下,收口。

## 领子的织法

起 23 针,6 号(5 mm)棒针,(和衣服缝合的边)3 下,2 上,2 下,2 上,6 下(拧麻花),2 上,2 下,2 上,2 下,(领边)麻花每 8 行拧 1 次,拧过后织回来,领边部分少织 2 行,形成弧度。织领子时要注意留扣眼洞。织好后与衣服身(衣服身用钩针钩 1 行短针,缝合容易)缝合。衣服缝合后,衣边用 5 mm 钩针钩一圈短针即可。

# 螺旋花围巾

## 一、材料准备

绒线,7 号棒针。

## 二、详细步骤

### 单元花编织方法

1. 起 72 针,全下针。

2. 全上针。

3. 加 1 针,10 针下,2 针并 1 针。

4. 加 1 针,9 针下,3 针并 1 针。

5. 加 1 针,8 针下,3 针并 1 针。

6. 加 1 针,8 针下,2 针并 1 针。

7. 加 1 针,7 针下,3 针并 1 针。

8. 加 1 针,6 针下,3 针并 1 针。

9. 加 1 针,6 针下,2 针并 1 针。

10. 加 1 针,5 针下,3 针并 1 针。

11. 加 1 针,4 针下,3 针并 1 针。

12. 加 1 针,4 针下,2 针并 1 针。

13. 加 1 针,3 针下,3 针并 1 针。

14. 加 1 针,2 针下,3 针并 1 针。

15. 加 1 针,2 针下,2 针并 1 针。

16. 2 针下,2 针并 1 针。

17. 1 针下,2 针并 1 针。

18. 2 针并 1 针。

19. 剩下 6 针一线收口,1 个单元花完成。

**注意**:加针用镂空法,单元花是从外向内织法,线可收至内或外两种方法。

### 单元花连接方法

1. 单元花为六边形,也可以起不同针数织出不同的多边形,如图 1-9(a)所示。

2. 在一朵花瓣上挑出 12 针,接着另加 60 针共 72 针,开始编织第二朵螺旋花,如图 1-9(b)所示。

3. 第一朵花和第二朵花之间分别挑出 12 针共 24 针两个边,另外还需挑出 48 针,如图 1-9(c)所示,共 72 针。开始织第三朵花。

4. 分别在三朵花中各挑出 12 针共 36 针另加 36 针共 72 针,如图 1-9(d)所示,开始织下一朵花。

**注意**:连接的方法和拼接的个数多少决定披肩款式。如图 1-10 所示钩出的披肩也很漂

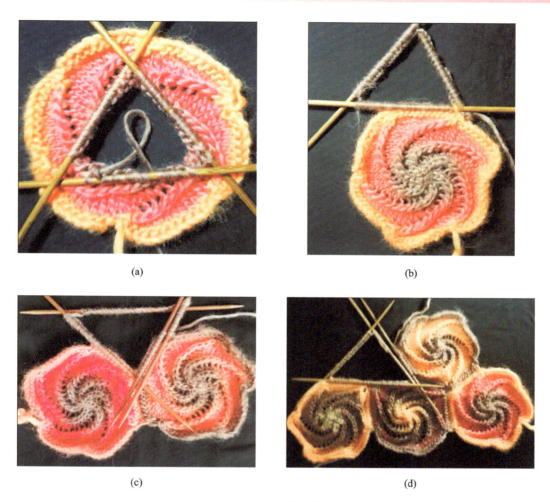

(a)　　　　　　　　　　　(b)

(c)　　　　　　　　　　　(d)

图 1－9　连接方法

亮,可根据自己的爱好设计不同的结构图钩出满意的披肩。

图 1－10　披　肩

# 麻花鱼骨针帽

图 1-11 为麻花鱼骨针帽。

图 1-11　麻花鱼骨针帽

## 一、材料准备

松鼠绒线,7号棒针。

## 二、详细步骤

起头 30 针。

第 1 步:反面第 1 针挑下不织,2 上,2 下,2 上,2 下,2 上,2 下,2 上,2 下,2 上,2 下,9 上。

第 2 步:正面第 1 针挑下不织,8 针下,2 上,2 鱼骨下针,2 上,2 鱼骨下针,2 上,2 鱼骨下针,2 上,2 鱼骨下针,2 上,2 鱼骨下针,1 上针。(2 鱼骨下针即织 2 下针但先织第 2 针再织第 1 针)。

第 3 步:反面第 1 针挑下不织,2 鱼骨上针,2 下,2 鱼骨上针,2 下,2 鱼骨上针,2 下,2 鱼骨上针,2 下,2 鱼骨上针,2 下,9 上。

第 4、6、8 步:正面按照第 2 步织。

第 5、7、9 步:反面按照第 3 步织。

第 10 步:正面第 1 针挑下不织,4 针挑下不织,织后边 4 针,再织挑下的 4 针,2 上(间隔针),2 鱼骨下针,2 上(间隔针),再织 4 个 2 鱼骨下针,间隔针是 2 上,最后一针是 1 上。隔开花之间的针称间隔针,正面织上针,反面织下针。

第 11~19 步:按照第 2~10 步织。麻花针 8 行一扭,共织 12 个扭针。再织 8 行(鱼骨针及间隔针按规律织)。正面相对与起头缝合,要从麻花针这边开始缝合。

第 12 步:在鱼骨针这边挑起 96 针(下针),第 2 行织 2 鱼骨下针,2 上,2 鱼骨下针,2 上,按此规律织。

第 13 步:第 3 行鱼骨针织下针,上针还织上针。

第 14、16、18、20、22、24、26、28 步:按照第 12 步织。

第 15、17、19、21、23、25、27、29 按照第 13 步织,共织 9 个鱼骨针。

第 30 步:开始收帽顶。

第 1 行收针：将两上针收 1 上，2 鱼骨下针照织。

第 2 行鱼骨针织下针，上针织上针。

第 3 行 1 下针与 1 上合并 1 下，其余下针。

第 4 行全下针。

第 5 行、第 3 行与 1 上合并的 1 下针与右边 1 下针合并为 1 下针。

第 6 行将第 1 行用线穿过成双线，用双线将所有下针穿过，将线由中间孔穿入，在反面将线系死，断线。完成。

# 三色螺旋帽

图 1-12 为三色螺旋帽。

图 1-12　三色螺旋帽

## 一、材料准备

松鼠绒线 2 两，7 号棒针。

说明：1. 此款帽子分 3 种颜色，由 6 个单元片组成。

2. 第 1 针挑下不织，最后 1 针总是织下针。

3. 有记号针的一面为正面，从此面开始织即为奇数行，从有线头的一面开始织的为反面即为偶数行。

4. 偶数行最后两针并 1 针织下针称为 2 并 1，奇数行不加不减。

## 二、详细步骤

### 织单元片

起立针 40 针。

1. 全下针。

2. 全上针，最后织 2 并 1。

3. 全下针。

4. 全下针,最后2并1。

5. 全上针,最后1针是下针。

6. 全下针最后2并1。

7. 全下针。

8. 全上针,最后2并1。

9. 全下针。

10. 全下针,最后2并1。

11. 全上针。

12. 全下针,最后2并1。

13. 全下针。

14. 全上针,最后2并1。

15. 全下针,此时针上有33针。

16. 织1下,1上,最后2并1。图1-13为单元片。

图1-13 单元片

## 织单元宝针

1. 1针下,绕线在右棒针上,挑1针上不织,织1针下,相当于加了1针。

2. 2并1,织1上,最后2并1。

3. 挑1针上不织,织1针下,绕线挑过1上,织下针,最后2并1。

4. 2并1,织1针上,最后3针并针。

5. 1针下,绕线挑过1上,织1针下。

6. 重复上述4个步骤。

7. 同步骤2完成一片。

8. 换另一种颜色毛线,此时针上有27针全织下,并挑出13针也织下针,共40针,作为第2片的第1行,重复第1片的织法排好颜色的顺序,共织6片,并且第6片挑出13针共40针与第1片起头的40针缝合。

## 挑帽边

90~92针,换8号(4 mm)棒针织边,花样可自选。织3行下,4行上,3行下,4行上,2行下,收针,完成。

# 室内毛线鞋

图 1-14 为室内毛线鞋。

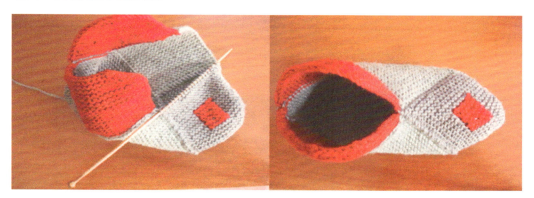

图 1-14　室内毛线鞋

## 一、材料准备

彩色毛线,7 号棒针。

## 二、详细步骤

编织顺序如图 1-15 所示。

1. 起针 20 针,织 38 至 40 行。在织到 30 行时左边收 1 针,32 行收 1 针,34 行收 1 针,36 行收 1 针,38 行收 1 针,共收 5 针,形成方块,然后全部收针。

2. 从第一块的另一边挑起 20 针(见图 1-15),继续织正反针,有圆角的地方均按第一块收 5 针,每块挑针按图 1-15"→"表示,只有第四块、第六块不收针。

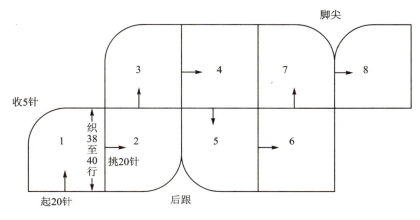

图 1-15　编织顺序

3. 织第五块时与第二块合成后跟(边织边缝合)。

4. 织第六块时与第一块缝合(边织边缝合)。

5. 织第七块时与第四块缝合(边织边缝合)。

6. 第七块织完后,在图 1-15 中"→"方向挑 20 针,先织 15 针,隔一行织 16 针,再隔一行织 17 针,以此类推,18 行,19 针,最后织 20 针,也就到了 20 行。

7. 织第八块时与第七、六、四块缝合,这样就完成了一只鞋。

# 水莲(乐谱线)帽子

图 1-16 为水莲帽子。

**图 1-16　水莲帽子**

## 一、材料准备

乐谱线,6 号(5 mm)棒针。

## 二、详细步骤

1. 起头 10 针,织 20 行平针。在左边起 10 针,织 20 行平针。重复以上共织 6 片。现在开始补花瓣之间的三角,在反面挑起 10 针(即上针),两边均收 1 针,最后只剩 1 针时再挑 10 针,继续循环下去,6 个角补完。

2. 织头围,先挑 70~76 针(根据个人头围大小的松紧而定)。

3. 单罗纹。

4. 织右斜花,织 1 针上针,加 1 针,1 针下,1 针上加 1 针 1 针下,循环下去。

5. 1 针上,加 1 针,下针为两针并 1 针,循环下去,共织 13 行(也可 15 行)。

6. 织左斜花,放 1 针 1 针上,拨收 1(下针)继续循环下去,同样织 13 行。

7. 然后下针,让边卷起来(在织前先织 1 行上针,下针 2 针并 1 针,总计数为当初所挑的针数),共织 8~10 行即可。

# 第二章　钩编篇

## 钩编葫芦

### 一、材料准备

按喜好准备彩色绒线,钩针视手感和线粗细而定。

### 二、详细步骤

#### 小葫芦螺旋钩法

图 2-1 为小葫芦。

1. 环起 7 针(共 7 针)。

2. 每针加 1 针(共 14 针)。

3. 隔 1 针加 1 针(共 21 针)。

4. 隔 2 针加 1 针(共 28 针)。

5. 隔 3 针加 1 针(共 35 针)。

6~10. 不加不减(共 35 针)。

11. 隔 5 针减 1 针(共 30 针)。

12. 隔 4 针减 1 针(共 25 针)。

13. 隔 3 针减 1 针(共 20 针)。

14. 10 个 2 针并 1 针(共 10 针)。

15. 钩 1 针加 1 针加棉(共 20 针)。

16. 钩 3 针加 1 针(共 25 针)。

17. 钩 4 针加 1 针(共 30 针)。

18~19. 不加不减(共 30 针)。

20. 隔 4 针减 1 针(共 25 针)。

21. 隔 3 针减 1 针(共 20 针)。

22. 隔 2 针减 1 针(共 15 针)。

23. 隔 1 针减 1 针(共 10 针)加棉。

24. 隔 1 针减 1 针(共 5 针)。

25. 不加不减(共 5 针)缝合。

留线钩 12 针辫子返回结束。

**说明:**全是短针。

图 2-1　小葫芦

### 钩编迷你小葫芦

图 2-2 为迷你小葫芦。

1. 环起 6 针短针(共 6 针)。

2. 每针加 1 针(共 12 针)。

3. 隔 1 针加 1 针(共 18 针)。

4. 隔 2 针加 1 针(共 24 针)。

5～9. 不加不减(共 24 针)。

10. 隔 2 针减 1 针(共 18 针)。

11. 隔 1 针减 1 针(共 12 针)。

12～13. 不加不减(共 12 针)。

14. 隔 1 针加 1 针(共 18 针)。

15～16. 不加不减(共 18 针)。

17. 隔 1 针减 1 针(共 12 针)。

18. 每 2 针并 1 针(共 6 针)。

19. 不加不减(共 6 针)。

20. 每 2 针并 1 针(共 6 针)。

留线钩辫子针返回结束。

**说明:**全是短针。

图 2-2 迷你小葫芦

# 钩编圈包

图 2-3 为钩编圈包。

## 一、材料准备

按喜好自备彩色毛线,钩针视手感和线粗细而定。

**说明:**1. 全部钩短针。

2. 每个圈钩 20～22 针(不露出白色圈即可)。

3. 包的底部是 4 行,每行 7 个圈,共 28 个。侧面是 4 行,每行 6 个圈,两个侧面共 48 个圈。正面(底面)是 7 行,每行是 6 个圈,共有两个面,需要 84 个圈。一个包需要 160 个圈,如图 2-4 所示。

4. 圈与圈连接处钩一针,以便更紧凑。

5. 图 2-4 圈包的编钩线路图中的红蓝(或黑灰)色不是线的颜色,表示钩针的走向。

图 2-3 钩编圈包

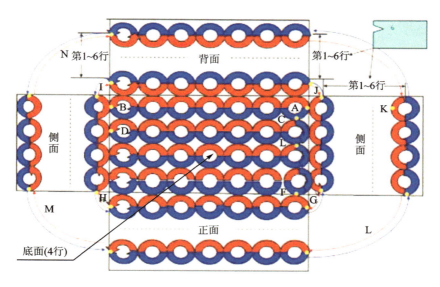

图 2-4　编钩线路图

## 二、详细步骤

### 包底钩法

1. 从 A 点开始钩，一直钩到 B 点，再从 B 点往回钩到 C 点。

2. 从 C 点钩到 D 点，再从 D 点往回钩到 E 点。

3. 重复 C—D—E 的钩法一直钩到 F。

4. 从 F 点往回钩到 A 点。到此包底四行完成。

### 包的正面（背面）及两侧面的钩法

1. 从 A 点开始一直钩到 G 点，再从 G 点钩到 H 点，从 H 钩到 I，再从 I 钩到 J；然后从 J 往回钩到 I，从 I 钩到 H，从 H 钩到 G，从 G 钩到 P。

2. 从 P 点开始重复上一步，一直钩到 Q。

3. （开始封口）将 Q 与 R 钩在一起，然后从 Q 钩到 K。

4. 重复 Q—R—K 的钩法，最后从 J 钩到 A 点。到此整个包钩毕。

说明：关于包带（提手）

1. 根据自己喜好决定包带的样式。

2. 这里建议两种样式：螺旋式和鱼骨式。

# 钩编阿富汗格手机套

## 一、材料准备

按自己的喜好准备双色绒线，钩针视手感和线粗细而定。

# 二、详细步骤

## 单元格的钩法

1. 钩锁针(小辫子针),步骤如图 2-5 所示。每个方格 7 针,故起 7 的倍数加 1 针,如图 2-5(a)中有 12 个方格,故起 85 个锁针。

2. 在锁针辫上钩起 4 针,加上原针上的 1 针,共计 5 针,如图 2-5(b)所示。

3. 每次退锁两针,直至针上剩下 1 针,如图 2-5(c)、图 2-5(d)所示。

4. 在退针后形成的 3 个竖立针上各钩 1 针,而后再在锁针辫上钩起 1 针,针上共有 5 针,如图 2-5(e)、图 2-5(f)所示。

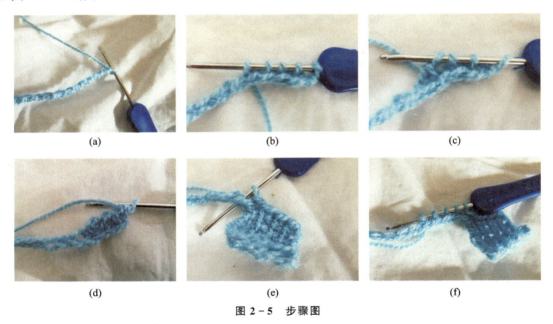

图 2-5　步骤图

5. 重复步骤 3～4 三次。

6. 分别挑起竖立针钩锁针,之后再在辫上挑起 1 针钩锁针,一个方格完成,如图 2-6 所示。接着开始做第二个方格,如图 2-7 所示。

图 2-6　完整单元格

图 2-7　第二个单元格

7. 完成12个方格后，与锁针辫的第一针连接，形成圆环，如图2-8所示。

8. 第一种颜色的方格完成，开始钩第二种颜色的方格，方法同前述，如图2-9所示。

图2-8　形成圆环

图2-9　第二种颜色的单元格

9. 钩至需要的高度，如图2-10所示。图2-11中展示的钩编手机套有九层方格。

图2-10　钩至需要的高度

图2-11　九层方格手机套

## 补三角缺口

1. 上下两边均有三角缺口，需要补齐，步骤如图2-12所示。补齐方法与方格钩法雷同，只是每次退到最后时不是退两针，而是一次退3针，如图2-12(a)所示。

2. 补齐所有缺口，形成一个桶状，如图2-12(b)所示。

3. 用短针钩袋底，缝上袋带，如图2-12(c)、图2-12(d)所示。

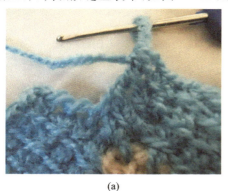

(a)

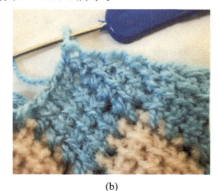

(b)

图2-12　步骤图

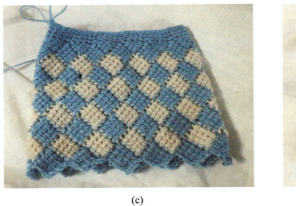
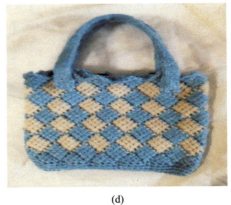

(c)                                    (d)

图 2-12　步骤图(续)

# 钩编短袖夏衫

图 2-13 为钩编短袖夏衫。

图 2-13　钩编短袖夏衫

## 一、材料准备

乳白色或粉色细线,钩针视手感和线粗细而定。

## 二、详细步骤

### 单个花的钩编方法(长针为 1 绕长针)

1. 先钩 8 针辫子针连成一个小圈。

2. 在小圈内钩 16 针长针。

3. 钩1针长针,1针辫子针(共16次)。

4. 在1针辫子针上钩4针长针,7针辫子,空1格(共8次)。

5. 在4针长针上钩4针长针并1针,7针辫子,1针短针,7针辫子(共8次)。

6. 7针辫子,1针短针(重复至本圈结束)。

7. 在7针辫子上钩3针长针,9针辫子,用4针辫子连成1个小圈后再钩5针辫子,同时在同一位置上再钩3针长针,7针辫子,1针短针,7针辫子,1针短针,7针辫子,1针短针,7针辫子,1针短针(从本圈开始共重复4次)。

图2-14为短袖衫花样钩编排列图,中间靠上双线显示的两个三角形图示为后片的连接图。

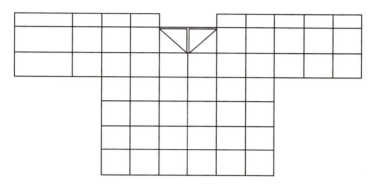

图 2-14　钩编排列图

# 钩编康乃馨

## 一、材料准备

花条使用红色或粉色绒线,花托使用棕色绒线,钩针视手感和线粗细而定。

## 二、详细步骤

图2-15~图2-17为花朵、花托和叶子钩法。

### 花朵钩法

1. 圈起:辫子针5针。

2. 3针辫子针,然后钩长针,引把结束。

3. 钩3~4圈长针(不加减)15针。

4. 3针辫子针,每针孔里钩出3个长针。

5. 3针辫子针,每针孔里再钩出3个长针(如果喜欢小一点的花朵可以开始钩花边,如果喜欢大一点的花,继续在每个针孔里钩3针)。

图 2-15　花　朵

6. 花边:3针辫子针,1针短针,结束。

## 花托钩法

1. 圈起5针辫子针。

2. 隔1针加1针。

3. 隔2针加1针(共15针)。

4. 不加不减织3行。

5. 3针辫子针,第二针孔里织2针长针,然后接钩狗牙针,接钩3个辫子针,再下一针孔里钩1短针(共钩5次)。

## 叶子钩法

起针12针,然后加铁丝,2针短,8针中长,2针短,另一半同样钩法。

图 2 - 16  花  托          图 2 - 17  叶  子

# 钩编夏坎

图 2 - 18 为夏坎。

图 2 - 18  夏  坎

## 一、材料准备

乳白色或粉色细线,钩针视手感和线粗细而定。

## 二、详细步骤

### 单个花样钩法(长针为 1 绕长针)

1. 先钩 8 针辫子连接成一个小圈。
2. 在小圈内钩 18 针长针。
3. 在第 1 针长针上钩 1 针长针,1 针辫子(重复 18 次)。
4. 在第 1 针长针上钩 1 针长针,2 针辫子(重复 18 次)。
5. 在每针长针上钩 1 针长针,在辫子针空格内钩 2 针长针(重复 18 次,共 54 针)。
6. 在上一行长针上连续钩 3 针长针,并成 1 针,7 针辫子(重复 18 次),此花即完成。

提示:第 1 行:10 朵花(从下往上钩编连接)。

第 2 行:11 朵花。

第 3 行:3 朵花、6 朵花、3 朵花。

第 4 行:3 朵花、7 朵花、3 朵花。

钩第 2 朵花最后一行时,与第 1 朵花连接 3 个触点,然后按照图 2－19 所示连接。

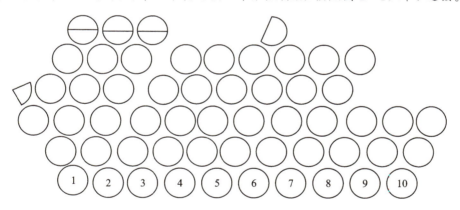

图 2－19　连接图

# 钩编向日葵花坐垫

图 2－20 为坐垫。

## 一、材料准备

白色、粉色和绿色毛线,钩针视手感和线粗细而定。

## 二、详细步骤

1. 绕线成一个环,在环中钩 8 针短针。

图 2-20　坐　垫

2. 第 2 圈在一个孔中钩 2 个长针,共 16 个长针。

3. 第 3 圈钩 16 个短针,花心完成。

4. 换线,在第 1 孔内钩 5 个小辫子,4 个长长针,钩成一个圆锥针,在下 1 个孔内钩 5 个长长针成一个圆锥针,共钩 16 个圆锥针整花就完成了。

# 钩编手提包

## 一、材料准备

按喜好自备三色毛线,钩针视手感和线粗细而定。

## 二、详细步骤

### 钩　法

1. 钩 6 个辫子,1 个拉针成圈。

2. 钩 6 个辫子针,长长针,3 个辫子针,长长针,共钩出 12 个洞孔,最后在 3 个辫子钩拉针封口。

3. 钩 1 个辫子针,在大洞处钩 3 个短针,以此重复。

4. 钩 10 个小辫,隔 1 针孔钩拉针,翻面钩 1 短针,14 个长针,1 个短针,再翻面在起立针下 1 个孔中钩拉针,完成 1 个花瓣,共钩 12 个花瓣。

5. 换色线,钩 1 短针,4 辫子针,重复下去钩完一圈。

6. 在每个洞里钩(4 长—4 长—4 长针,2 个辫子,4 长针)重复。

7. 换色线,在每个洞里钩(4 长—4 长—4 长—4 长针,2 个辫子,4 长针)重复。

8. 最后将每个花瓣一侧第 4 个小辫穿一根线结紧,完成一片,共钩 4 片。

### 步骤图示

钩 90 左右小辫子,在倒数第 4 针孔钩 1 长针,以后每孔 1 长针,选择好尺寸,如

图 2-21(a)所示。

1、3、5 行钩长，2、4 行钩交叉针，共 5 行，如图 2-21(b)所示。

钩边：2 行短针，一行交叉针，再 2 行短针，倒钩针锁边，如图 2-21(c)所示。

安装喜欢的提手，如图 2-21(d)所示。

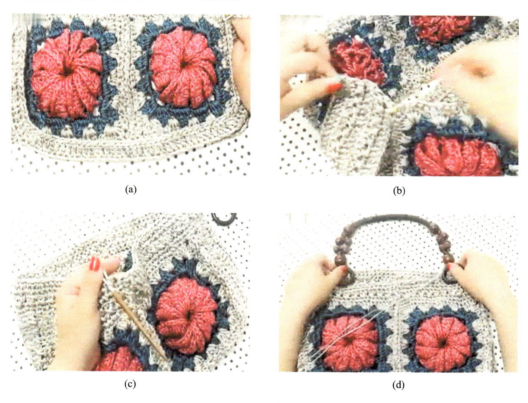

(a)　　　　　　　　　　　　　　(b)

(c)　　　　　　　　　　　　　　(d)

图 2-21　步骤图

# 钩编梅花一线连围巾

图 2-22 为梅花一线连围巾。

## 一、材料准备

按喜好准备彩色毛线，钩针视手感和线粗细而定。

## 二、详细步骤

1. 从右下角线头处开始起头，辫子针 10 针，8 针围一小圈，再钩 2 针辫子，并与起辫子针合并。

2. 钩 2 针长针，3 针辫子做一狗牙（连续 3 次）2 针长针，15 针辫子，用 8 针围一小圈，再钩 7 针辫子与长针处合并，钩 2 针长针，3 针辫子做一狗牙，再钩 2 针长针（第一个小花起头完毕）。

图 2-22 梅花一线连围巾

3. 钩 13 针辫子,用 8 针围一小圈,再钩 2 针辫子,然后与剩余的 5 针辫子的第 3 针上合并,接着钩第 2 个小花。

4. 按照上述针数继续钩编直至完成。

**注意**:凡是横向钩编的辫子针,围圈时都要倒钩,凡是向上走势钩编的,围圈时都是正着钩编。

## 钩编包装袋和杯子套

图 2-23 为包装袋。

图 2-23 包装袋

## 一、材料准备

浅色毛线,钩针视手感和线粗细而定。

## 二、详细步骤

1. 起头 10 针辫子针。

2. 24 针长针(1 绕长针)。

3. 2 针长针,4 针辫子(重复共 8 次)。

4. 在 4 针辫子针上钩 7 针长针(重复共 8 次)。

5. 在 7 针长针上钩 4 针长针 1 针辫子 4 针长针(重复共 8 次)。

6. 4 针长针,1 针辫子,1 针长针,1 针辫子,4 针长针 1 针辫子(重复共 8 次)。

7. 4 针长针,1 针辫子,4 针长针,3 针辫子(重复共 8 次)。

8. 7 针长针,3 针辫子,1 针长针,4 针辫子,3 针辫子(重复共 8 次)。

9. 5 针长针,3 针辫子,1 针短针,5 针辫子,1 针短针,3 针辫子(重复共 8 次)。

10. 3 针长针,3 针辫子,1 针短针,5 针辫子,1 针短针,5 针辫子,1 针短针,3 针辫子(重复共 8 次)。

11. 5 针辫子(重复钩,完成即可)。

若是钩编杯子套,请在第 5 行后,不加针不减针,然后钩编短针或选择花样继续钩编。

若想钩编成网兜(见图 2 - 24),长短可以自由控制向下钩,在收口处钩上相应的带子即可完成。

图 2 - 24　网兜状

# 钩编冬季松鼠绒小檐帽

图 2-25 为松鼠绒小檐帽。

**图 2-25 松鼠绒小檐帽**

## 一、材料准备

松鼠绒线 2 两,钩针视手感和线粗细而定。

## 二、详细步骤

### 钩编帽身

1. 左手绕 2 圈,在圈中钩 13 个长针(或 14 针)。

2. 在长针上钩外钩长针,2 个长针间钩长针。

3~4. 外钩长针上继续钩外钩长针,之间钩 2 针长针。

5. 1 个外钩长针上钩 2 个外钩长针,中间间隔 2 个长针。

6. 2 个外钩长针,3 个长针。

7. 3 个外钩长针,3 个长针。

8. 重复第 7 行,钩到 17~18 cm。

### 钩编帽檐

1. 3 个外钩长针,4 个长针。

2. 3 个外钩长针,5 个长针。

3. 3 个外钩长针,6 个长针。

4. 3 个外钩长针,7 个长针。

以上各行都重复 13 次,完成。

# 钩编书包

图 2 - 26 为书包作品。

图 2 - 26  书包作品

1. 钩编两片自己想要大小的方块,摆放两方块的尖部使其连接在一起,如图 2 - 27 所示。

图 2 - 27  步骤图 1

2. 从左至右两方块的尖部之间的长度,就是包底的长度。

3. 四个尖是需要加针的地方,四个凹是需要减针的地方,如图 2 - 28 所示。

图 2 - 28  步骤图 2

4. 绕着图中的圆圈钩,钩至书包的高度。

5. 包带可自选花型,在四个尖上钩,钩至所需长度即可。

# 第三章 绳编篇

## 【基本编结法】

### 套环结

图 3-1 为套环结。

图 3-1 套环结

### 双套结

图 3-2 为双套结。

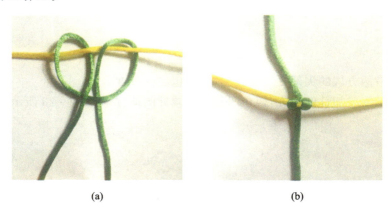

(a)                                                    (b)

图 3-2 双套结

### 斜卷结

斜卷结分"左斜卷结"（一般用左手编）和"右斜卷结"（一般用右手编），以两圈为一组，第一圈拉紧再编第二圈，如图 3-3、图 3-4 所示。

图 3 - 3　左斜卷结　　　　　　　图 3 - 4　右斜卷结

# 平　结

　　平结可以一直打下去编成手链,也可以多个组合在一起编一些片状物,如图 3 - 5～图 3 - 7 所示。

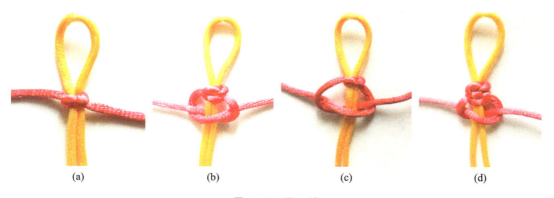

(a)　　　　　　　(b)　　　　　　　(c)　　　　　　　(d)

图 3 - 5　平　结

图 3 - 6　多个平结　　　　　　　图 3 - 7　平结作品

## 雀头结

1. 套环结挂线,拉紧,如图 3-8 所示。

2. 线头由下方过轴线,自上而下穿过线圈,拉紧,如图 3-9 所示。

图 3-8　步骤 1

图 3-9　步骤 2

3. 线头由上方压过轴线,自下而上穿过线圈(即半个右斜卷结),拉紧,如图 3-10 所示。

4. 重复前两步,直到达到所需长度,注意线头穿过方向一定要上下交替,如图 3-11、图 3-12 所示。完整的雀头结如图 3-13 所示。

图 3-10　步骤 3

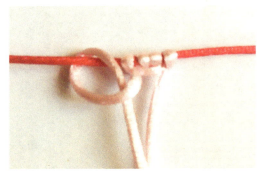

图 3-11　重复步骤 2

图 3-12　重复步骤 3

图 3-13　雀头结完成

## 蛇　结

1. 取两根绳子,将蓝绳围绕黄绳绕一圈,用手捏住,如图 3 - 14 所示。

2. 将黄绳绕蓝绳一圈,并从蓝圈中穿过,拉紧,如图 3 - 15 所示。

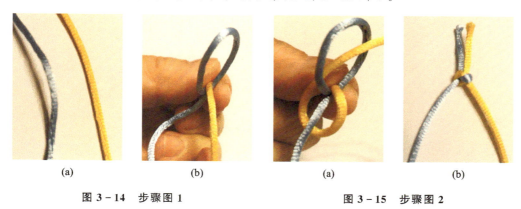

<table>
<tr><td>(a)</td><td>(b)</td><td>(a)</td><td>(b)</td></tr>
</table>

图 3 - 14　步骤图 1　　　　　　　　图 3 - 15　步骤图 2

3. 重复前两步的动作,直到达到需要的长度,如图 3 - 16 所示。完整的蛇结如图 3 - 17 所示。

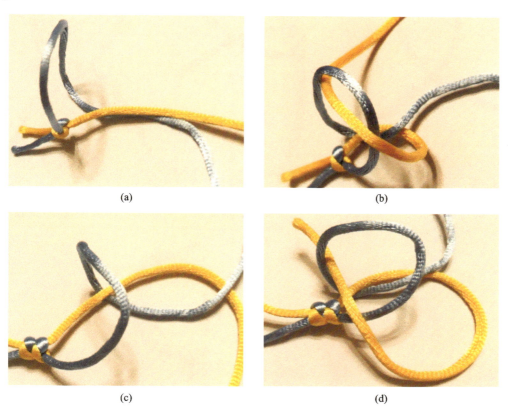

<table>
<tr><td>(a)</td><td>(b)</td></tr>
<tr><td>(c)</td><td>(d)</td></tr>
</table>

图 3 - 16　步骤图 3

图 3-17  蛇结完成

## 凤尾结

1. 取一根中国结线,交叉成一个圈,下线绕过上线穿进圈内,"8"字绕环,反复从圈中穿过,如图 3-18 所示(注意松紧要均匀)。

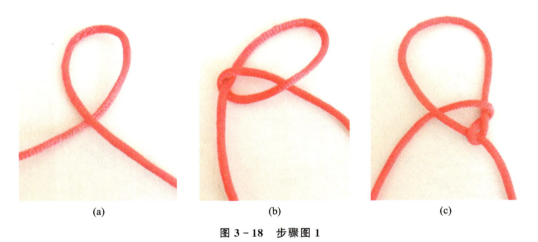

(a)                    (b)                    (c)

图 3-18  步骤图 1

2. 编到所需长度后将圈拉紧,剪掉多余线头,然后用打火机轻燎线头后按牢,如图 3-19 所示。

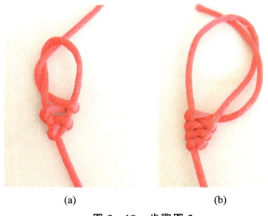

(a)                (b)

图 3-19  步骤图 2

(c)　　　　　　　　(d)　　　　　　　　(e)

图 3-19　步骤图 2(续)

## 纽扣结

1. 如图 3-20 所示,将绳子绕两圈,两环交叉压在一起(左压右,两绳头在内侧,类似双套环),捏住图 3-20(b)中黄圈处,将左线压过右线,再挑一压一、挑一压一穿出。

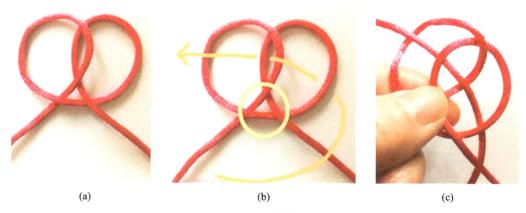

(a)　　　　　　　　(b)　　　　　　　　(c)

图 3-20　步骤图 1

2. 稍稍拉紧除最左侧线圈外的其余线圈,翻面,形成一个花篮状,如图 3-21 所示。

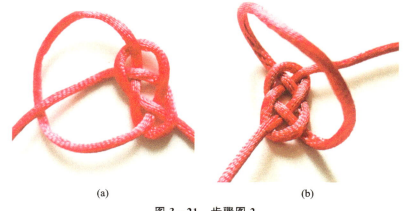

(a)　　　　　　　　　　　(b)

图 3-21　步骤图 2

3. 两线分别绕过远端"花篮提手",将线头从中孔穿下,纽扣结基本形成,如图 3－22 所示。整理松紧,使扣结均匀、美观。

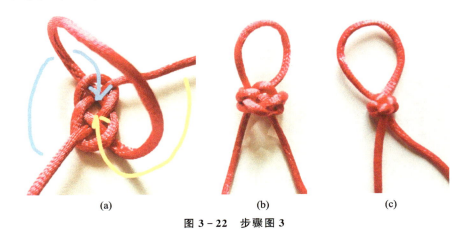

(a)              (b)             (c)

图 3－22　步骤图 3

# 玫瑰花

## 一、材料准备

玉线(空心线、毛线、7 号线均可),还需准备纸胶带,细铁丝,叶子,花托,如图 3－23 所示。

图 3－23　材料准备

## 二、详细步骤

花型分内层、中层、外层。内层尺寸 20 cm×8 根×3 瓣;中层尺寸 25 cm×10 根×4 瓣;外层尺寸 30 cm×12 根×5 瓣。

### 内层花瓣

1. 使用 8 条线,取 1 条为轴,居中用套环结挂上 2 条线,其余 5 条打双套结挂在左 1 上,如

图 3 - 24 所示。

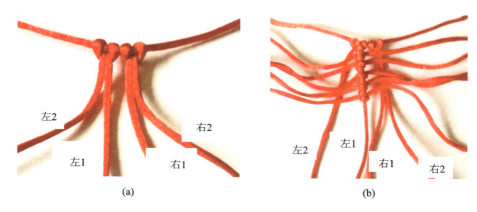

图 3 - 24　步骤图 1

2. 依次以左 2 为轴编左斜卷结，以右 1、右 2 为轴编右斜卷结。依次拉下最上方的两条为轴，左、右的横挂线依次打斜卷结，形成 8 行，如图 3 - 25 所示。

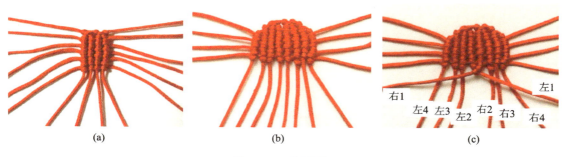

图 3 - 25　步骤图 2

3. 中央两条交叉，右 1 为轴，左 1 向右编一次右斜卷结，再依次以右 2、3、4 为轴向右编右斜卷结。分别以左 2、3、4 为轴，用右 1 向左编左斜卷结，如图 3 - 26(a)所示。

4. 用同样的方法将中央两条交叉线继续编到底。将两边多余的线剪掉，用打火机燎一下，内层花瓣完成，如图 3 - 26(b)所示。

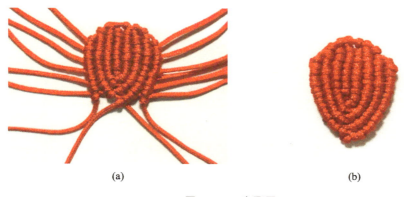

图 3 - 26　步骤图 3

### 中层花瓣

1. 共 10 条线,取 1 条为轴,先用套环结挂 3 条线,再以最中央的左线为轴,用双套结挂上 6 条横线,编结的步骤与内层相同,如图 3 - 27 所示。中层做完形成 10 行的花瓣,如图 3 - 28 所示。

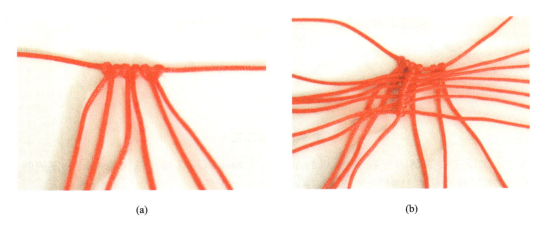

(a)                                              (b)

**图 3 - 27　步骤图**

**图 3 - 28　中层花瓣**

### 外层花瓣

1. 共 12 条线,先取 1 条为轴,用套环结挂上 4 条线,再以最中央的左线为轴用双套结挂上 7 条横线,编结步骤与内层相同,最后形成 12 行的花瓣,如图 3 - 29、图 3 - 30 所示。

2. 花瓣编结完成后需将每个花瓣安装金属丝,以便组装,如图 3 - 31、图 3 - 32 所示。

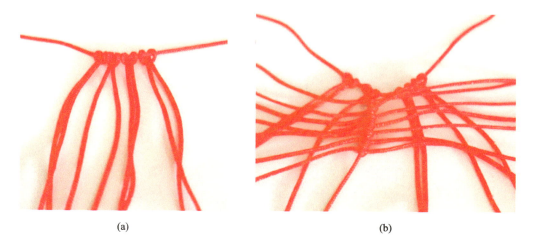

(a)                                                  (b)

图 3 - 29 步骤图

图 3 - 30 外层花瓣

图 3 - 31 安装金属丝

图 3-32  玫瑰花

# 简易玫瑰

## 一、材料准备

花：黄色（或其他颜色）7 号线 5 根，线长 2.6 m。

叶（每片）：绿色 7 号线，37 cm 2 根（做边），47 cm 2 根，44 cm 2 根，40 cm 2 根，35 cm 2 根。

## 二、详细步骤

### 编  花

1. 以 1 根黄线为轴，其余黄线分别对折，在轴线中部以雀头结挂线，并用每根线的两个线头各在轴上再做半个斜卷结，如图 3-33 所示。

2. 将轴线右端拉向左边，继续为轴，顺次把已经挂上的线在上面做右斜卷结。

3. 以右边第一根线为轴，其余各线分别在其上做右斜卷结，如图 3-34 所示（前面轴线不做）。

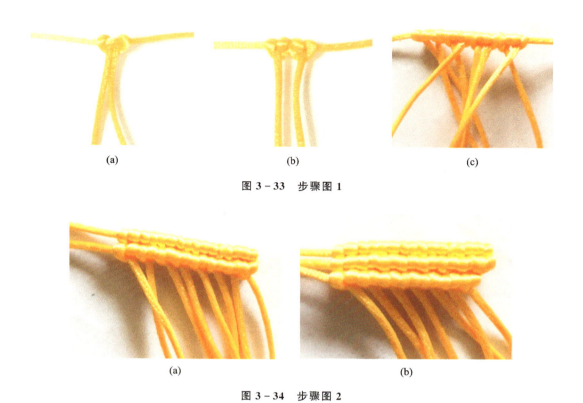

图 3 - 33　步骤图 1

图 3 - 34　步骤图 2

4. 继续以最右面的线为轴做右斜卷结,直到形成一个三角形,如图 3 - 35 所示。

图 3 - 35　三角形

5. 旋转 90 度,仍以最右面的线为轴做右斜卷结,直到形成一个三角形,如图 3 - 36 所示。

6. 翻面,以最右面的线为轴做右斜卷结。多次重复操作,直到形成一个三角形,如图 3 - 37 所示。

7. 再旋转 90 度,仍以最右面的线为轴做右斜卷结,重复操作,直到形成一个三角形,如图 3 - 38 所示。

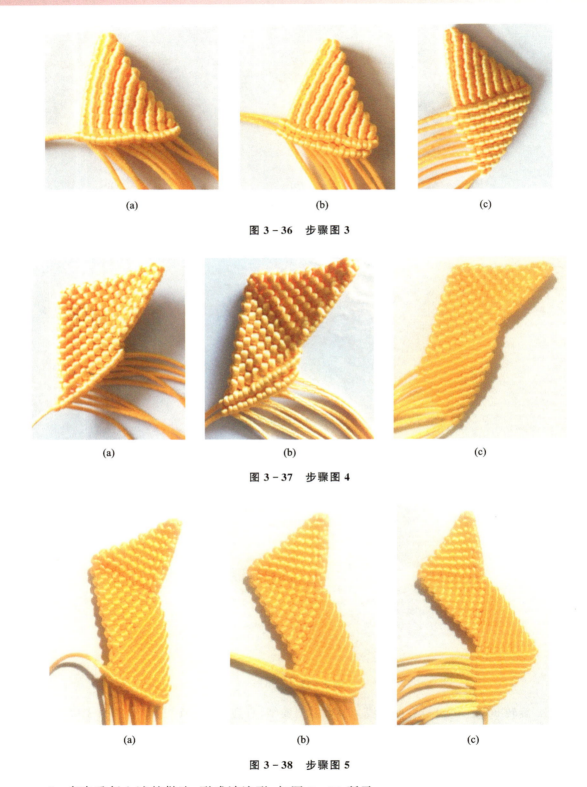

(a)　　　　　　　　　　(b)　　　　　　　　　　(c)

图 3 - 36　步骤图 3

(a)　　　　　　　　　　(b)　　　　　　　　　　(c)

图 3 - 37　步骤图 4

(a)　　　　　　　　　　(b)　　　　　　　　　　(c)

图 3 - 38　步骤图 5

8. 多次重复上述的做法,形成波浪形,如图 3 - 39 所示。

图 3 – 39  波浪形

9. 折叠编好的"波浪",使其成为"群山"形,如图 3 – 40 所示。

图 3 – 40  "群山"形

10. 以最后编成的部位为中心,正面向内卷,可借助针线定型。剪掉多余的线头,打火机燎线头固定,如图 3 – 41 所示。

图 3 – 41  固  定

## 编  叶

1. 取一根 37 cm 长的绿线对折,另一根 37 cm 长的绿线在其上做平结,两端等长(为了不至于在编结的过程中搜脱,可先在顶端穿一个曲别针),如图 3 – 42(a)所示。

2. 取一根 47 cm 长的绿线,对折后用雀头结挂在第二根线上,且两个头各在轴上再绕一圈,拉紧,如图 3-42(b)、图 3-42(c)所示。

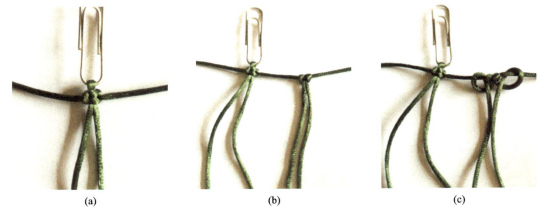

(a)                    (b)                    (c)

图 3-42    步骤图 1

3. 同法,顺次将 44 cm、40 cm、35 cm 的绿线也挂在同一根线上。将其余各线按照同样规律对称地挂在左侧(整体中间长两边短),如图 3-43 所示。

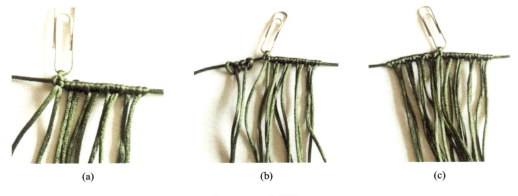

(a)                    (b)                    (c)

图 3-43    步骤图 2

4. 分别以最中间的两条线为轴拉向两边,其余各线顺次在其上做斜卷结,右侧做左斜卷结,左侧做右斜卷结,形成叶边。

5. 用最中间的 4 根线(每边各 2 根)做一个平结,然后将这 4 根线分为左、右各 2 根,分别与两边与其相邻的 2 根线在一起做平结(即第一层 1 个平结,第二层 2 个平结),如图 3-44 所示。

6. 将每个平结左边 2 根线与它左面那个平结的右 2 根线合在一起打平结,每个平结右边 2 根线与它右面那个平结的左 2 根线合在一起打平结,两边剩下的 2 根线与它旁边的 2 根邻线合在一起打平结(即第三层 3 个平结,第四层 4 个平结),如图 3-45 所示。

7. 第五层只打 3 个平结,两边各剩 2 根线;第六层用同样的方法打 2 个平结后,两边又各剩 2 根线。用这两次的剩线再在两边各打 1 个平结(即第五层 3 个平结,第六层 4 个平结)。

8. 以后逐层递减,每层两边各留下 2 根线(即第七层 3 个平结,第八层 2 个平结,第九层 1 个平结),如图 3-46 所示。

(a)　　　　　　(b)　　　　　　(c)

图 3 - 44　步骤图 3

(a)　　　　　　(b)　　　　　　(c)

图 3 - 45　步骤图 4

(a)　　　　　　　　　(b)

图 3 - 46　步骤图 5

9. 收边：两边留下的线顺次在边轴线上做斜卷结（左侧做左斜卷结，右侧做右斜卷结），尽量拉紧。同法再做一层斜卷结，4 根轴线做平结收口，如图 3 - 47 所示。

10. 留下做平结的 4 根线，剪去多余线头，用打火机燎一下。去掉曲别针。

11. 编 3 片叶子，与花组合成型，如图 3 - 48 所示（编叶所留的线头可捆成花茎，也可做成环，挂在书包或钥匙上，余线可做成凤尾结装饰）。成品样图如图 3 - 49 所示。

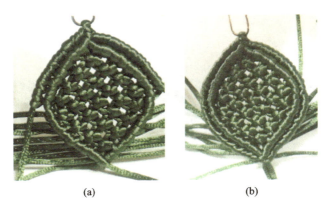

(a)　　　　　　　　　(b)

图 3 – 47　步骤图 6

图 3 – 48　组合成型

图 3 – 49　成品样图

# 五瓣小花

## 一、材料准备

黄色 7 号线 100 cm 6 根;粉红色毛线 60 cm;绿色玉线 55 cm;绿色玉线 45 cm 8 根。

## 二、详细步骤

### 编　花

1. 以 1 根黄色线为轴,其余 5 根线用斜卷结挂线,中部挂线,线头对齐,如图 3 - 50(ε)所示。

2. 将轴线上端弯曲下拉,继续为轴,其余各线顺次做右斜卷结,如图 3 - 50(b)、图 3 - 50(c)所示。

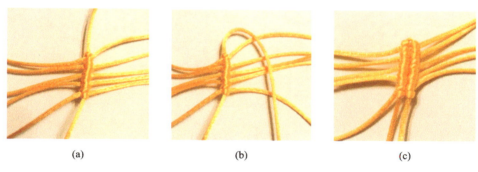

    (a)            (b)            (c)

**图 3 - 50　步骤图 1**

3. 将上端第 1 根线下拉作轴,其余 4 根线在其上做右斜卷结,相邻轴线也在其上做 1 组右斜卷结,如图 3 - 51(a)所示。

4. 同法,再做 1 行右斜卷结,如图 3 - 51(b)所示。

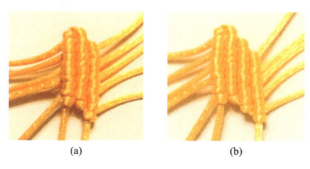

    (a)            (b)

**图 3 - 51　步骤图 2**

5. 旋转 180 度,与步骤 2、3、4 类似,做 3 行左斜卷结,拐角处放一枚曲别针,以免线拉得太紧,如图 3 - 52(a)所示。

6. 再旋转 180 度,与步骤 2、3、4 类似,做 3 行右斜卷结,如图 3 - 52(b)所示。

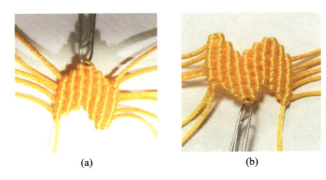

(a)                         (b)

**图 3 - 52　步骤图 3**

7. 重复上述过程,如图 3-53 所示。

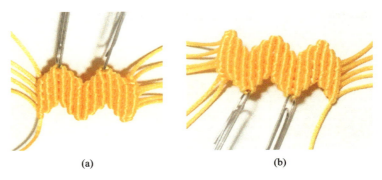

(a)                         (b)

**图 3 - 53　步骤图 4**

8. 对称编出左侧花瓣,每瓣由 6 行斜卷结构成,共 5 个花瓣,如图 3 - 54 所示。

**图 3 - 54　5 个花瓣**

9. 正面向内卷曲花瓣,将两边绳头用斜卷结成对结紧。

10. 右侧上端第 1 根线为轴,第 2 根线在其上做右斜卷结。

11. 将刚才的两根线并在一起作轴,用与之相邻的线在其上做右斜卷结,剪掉 1 根轴线。

12. 再将刚才两根线并在一起作轴,用与之相邻的线在其上做右斜卷结。继续这样操作,直到用完下面所有的线。剪掉 1 根轴线。

13. 左侧与右侧类似,做左斜卷结,直到剩下最后 2 根线(两边共剩 4 根线),如图 3 - 55 所示。

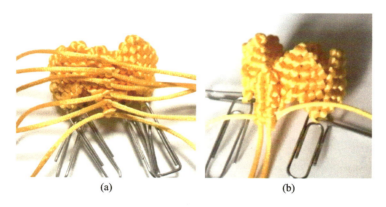

(a)                      (b)

**图 3 - 55　步骤图 5**

14. 取下曲别针,将一根线从 4 个曲别针的位置穿过(可借助细钩针或缝毛线的粗针操作),拉紧,与另一根线系在一起,如图 3 - 56 所示。

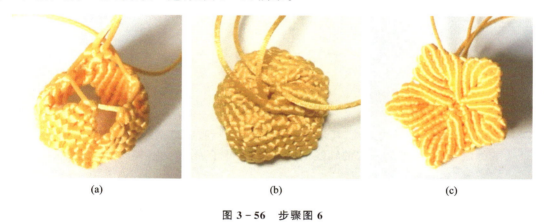

(a)            (b)            (c)

**图 3 - 56　步骤图 6**

15. 将 4 根线从中心孔穿过。以这 4 根线为轴,将粉红毛线对折,用双股线在轴上打平结,大约打 4~5 组,如图 3 - 57 所示。

(a)            (b)            (c)

**图 3 - 57　步骤图 7**

16. 将所有的线从中孔穿回到花的背面，串上钥匙环，将黄线折回，用绿色玉线缠绕出花茎（若装叶子，就待叶子编好后再绕花茎），如图 3 - 58 所示。

图 3 - 58 串上钥匙环

## 编 叶

1. 取 1 根作轴，其余 7 根用右斜卷结（双套结）挂线，轴线及绕线均用中部，两端尽量等长。将轴线一端折回，绕线顺次在其上做右斜卷结。右侧以上面第 1 根线为轴，其余各线绕轴做右斜卷结，如图 3 - 59 所示。

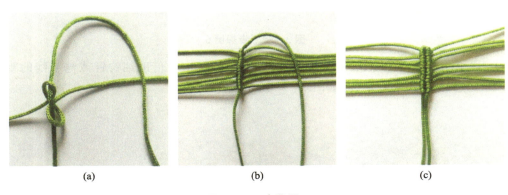

(a)                    (b)                    (c)

图 3 - 59 步骤图 1

2. 左侧以上面第 1 根线为轴，其余各线绕轴做左斜卷结（包括刚刚右侧的轴线）。多次重复 3～4 的编法，每次都把上一次的轴线也绕上，编到叶子成形为止，如图 3 - 60 所示。

(a)                              (b)

图 3 - 60 步骤图 2

3. 剪掉多余的线头，只留中间 4 根，用打火机烧头固定。将叶片与花放在一起缠绕出花茎，如图 3 - 61 所示。成品样图如图 3 - 62 所示。

(a)　　　　　　　　　　(b)

图 3-61　步骤图 3

图 3-62　成品样图

# 蝴　蝶

## 一、材料准备

5 号线或 7 号线,5 种颜色;做蝴蝶须使用 5 号线 160 cm 或 7 号线 100 cm;做身体的线(暗色)使用 5 号线 45 cm 或 7 号线 25 cm;其余三色 5 号线各 150 cm 或其余三色 7 号线各 90 cm。

## 二、详细步骤

1. 取最长的线做轴,中心挂线,将等长的三条彩线依自己喜欢的颜色以双套结方式挂上,两端等长,拉紧,如图 3-63 所示。

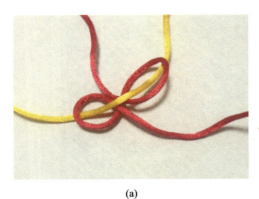
(a)

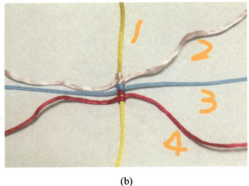
(b)

图 3 - 63　步骤图 1

2．以 1 为轴，依 2、3、4 的顺序编右斜卷结。

3．以 2 为轴，依 3、4、1 的顺序编右斜卷结。

4．同法继续，共编 6 行右斜卷结，如图 3 - 64 所示。

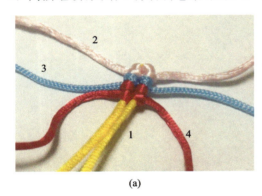
(a)

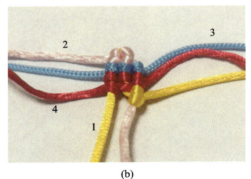
(b)

图 3 - 64　步骤图 2

5．旋转 180 度，原地向左编左斜卷结，同法继续，共编 6 行左斜卷结（大翅膀完成）。

6．旋转 180 度，原地向右编右斜卷结，共编 3 行右斜卷结。

7．轴线编一个单结做一个圈。

8．旋转 180 度，原地向左编 3 行左斜卷结（小翅膀完成），如图 3 - 65 所示。

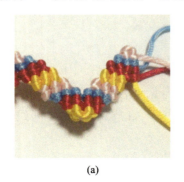
(a)

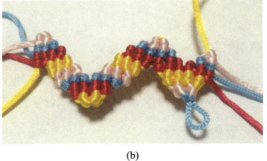
(b)

图 3 - 65　步骤图 3

9. 在起头处重复步骤 3～7,对称编出另一半的大、小翅膀,如图 3 - 66 所示。

图 3 - 66　步骤图 4

10. 将轴线 1 自下而上穿过大、小翅膀间的尖端和左、右两半间的尖端点(可用钩针操作)。

11. 将 45 cm 长的深色线由小翅膀间自下而上穿出,穿过大翅膀编一至两个平结,再越过前面穿线点继续编几个平结(蝴蝶身子)。

12. 身子编制完后将线头就近穿入翅膀下方,在反面编两次平结固定,将多余线头剪掉,用打火机烧一下,如图 3 - 67 所示。

(a)　　　　　　　　　　　　　(b)

图 3 - 67　步骤图 5

13. 把蝴蝶须的线头挽几扣,拉紧,剪掉多余部分,用打火机烧头固定。完成蝴蝶造型,如图 3 - 68 所示。成品样图如图 3 - 69 所示。

图 3 - 68　完成蝴蝶造型

图 3 - 69　成品样图

# 白　菜

## 一、材料准备

6 mm 圆珠两颗;72 号玉线,绿色,40 cm 7 根,55 cm 6 根;72 号玉线,白色,40 cm 6 根,160 cm 1 根。

## 二、详细步骤

1. 拿一根 40 cm 绿线对折。

2. 上面留出 5 cm 左右的长度,可以根据自己的需要加长减短,然后编两个蛇结。

3. 串一颗珠子,留着备用(两根线串不过一颗珠子时,可以用打火机烧一下拉长拉细),如图 3 - 70 所示。

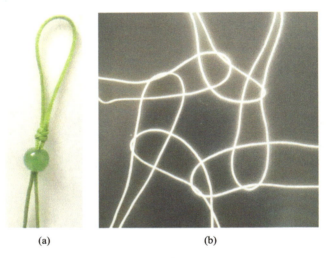

(a) (b)

图 3 - 70　步骤图 1

4. 一根 40 cm 白线对折。

5. 再对折一根,套到上一根上。

6. 重复对折套完 6 根线,最后一根穿在第一根里,稍稍拉紧(保证线不会掉出即可)。

7. 朝外的 12 根线分别作为轴线,1 根 160 cm 的长线作为编线,沿着轴线编一圈斜卷结(先在其中一根上编一对斜卷结,再往相邻的一根轴线上编一对斜卷结),拉紧两根轴线,如图 3 - 71 所示。

8. 重复 10～12 的动作,依次在相邻的轴线上编。

9. 每编完两个斜卷结之后,拉紧轴线。

10. 可以看到最后两个斜卷结编之前中间有一个孔,把之前串珠子的绿线从孔中穿过。

11. 翻到背面再串一颗珠子。

12. 编两个蛇结固定,剪掉两根编线,烧线固定,翻回正面。

13. 把之前剩下的两个斜卷结完成。

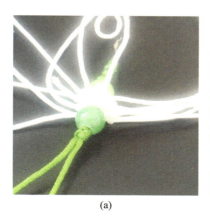

(a)　　　　　　　　　　　　　　(b)

图 3 - 71　步骤图 2

14. 继续用编线绕着轴线编斜卷结(包着珠子编,慢慢收紧斜卷结之间的空隙)。

15. 编到足够的长度(比如 8 圈斜卷结,也可以根据自己的喜好增减)。

16. 编线继续做编线,把轴线对折同时做轴线,编一个斜卷结,这样轴线就形成了一个圈,编完一整圈斜卷结就有了 12 个轴线圈,如图 3 - 72 所示。

17. 挑出一圈轴线(这圈轴线,一头能拉动一头不能拉动),用 1 根 55 cm 的绿线在不能拉动那头开始编雀头结。

18. 大概编 30 个雀头结,然后剪掉两头的绿色线,打火机烧线头固定。

19. 抓住靠近菜茎的线头,把圈拉紧(注意拉完后的雀头结,让有结的在外径)。

20. 隔开一个轴线圈,再用 55 cm 的绿线继续编雀头结,直到编完 6 根 55 cm 的绿线。

21. 剩下的 6 根轴线圈,分别用 40 cm 的绿线编雀头结,大概编 25 个雀头结,完成"菜叶"。把长的"菜叶"收到中间,短的"菜叶"掰开一些放在外层。

22. 把白色的余线剪掉用打火机烧线结尾,如图 3 - 73 所示。

图 3 - 72　步骤图 3　　　　　　　图 3 - 73　成品样图

# 金　鱼

## 一、材料准备

如果用 7 号线，则黄色 6 根，每根长度 106 cm，红色 4 根长线，每根长度 106 cm，1 根短线，长 50 cm，8 号黑色珠子两个（做眼睛）。

如果用 5 号线，则黄色 6 根，每根长度 135 cm，红色 4 根长线，每根长度 140 cm，1 根短线，长 70 cm，10 号黑色珠子两个（做眼睛）。

## 二、详细步骤

1. 取短线，中间做圈，将黄线对折，用雀头结（套环结）挂在做圈交叉的线上，如图 3－74(a) 所示。

2. 同法继续挂线，将所有线按照 3 黄、4 红、3 黄的顺序全部挂到圈上，用最中间的 4 根红线做 3 个平结，如图 3－74(c) 所示。

(a)　　　　　　　　　　(b)　　　　　　　　　　(c)

**图 3－74　步骤图 1**

3. 把白色珠子（用作眼睛，也可以选择其他颜色）穿在平结两边剩余的红线上（双线一起穿入珠孔，若不好穿，可将线头烧一下），中间 2 根红线先不动，以做平结的红线为轴线，分别向左、右两边做斜卷结（左边做右斜卷结，右边做左斜卷结，顺次用 2 根红线、6 根黄线绕线），黄线可略微拉紧一些，使眼珠显得更加突出。

4. 以中间右侧第一根红线为轴，向左做右斜卷结（外侧红线也卷），同样，以中间左侧第一根红线为轴，向右做左斜卷结（外侧红线也卷），如图 3－75 所示。

5. 翻面（做鱼鳞）。与前同法，由中间向左、右两侧分别做右、左斜卷结（每行的外侧红线只卷一根，其余轴线不动）。

6. 继续做斜卷结，直到两边合拢，出尖，如图 3－76 所示。

7. 分别以刚才的各条轴线为轴，以最外侧的线为绕线，由外向内做斜卷结，做到中间出尖。

8. 拉紧鱼嘴边的两线，收拢鱼嘴，并把两边鱼肚系到一起（从前往后每对绳子系两扣，相当于做一个平结），如图 3－77 所示。

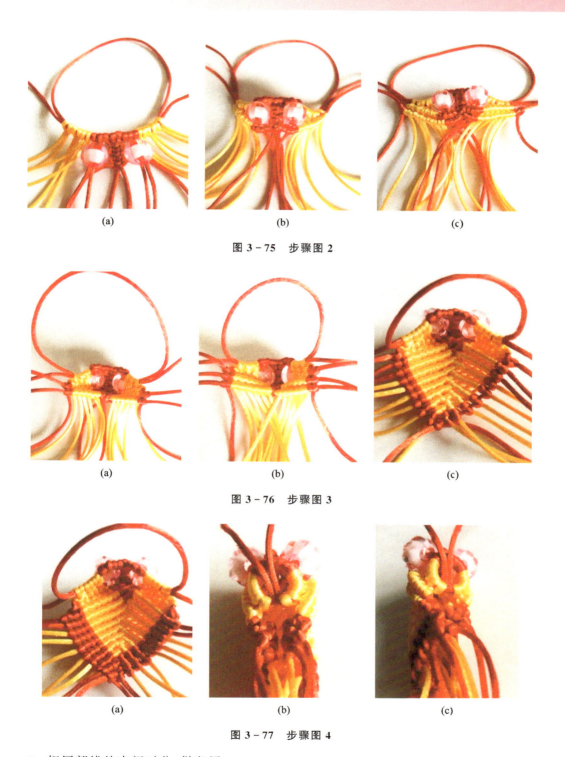

(a)　　　　　　　　　　　(b)　　　　　　　　　　　(c)

图 3 - 75　步骤图 2

(a)　　　　　　　　　　　(b)　　　　　　　　　　　(c)

图 3 - 76　步骤图 3

(a)　　　　　　　　　　　(b)　　　　　　　　　　　(c)

图 3 - 77　步骤图 4

9．把尾部线从中间对分，做鱼尾。

10．左侧鱼尾：以最外侧的一根黄线为轴，邻线以 4 黄、4 红、1 黄的顺序在上缠绕做左斜卷结（注意控制好线的松紧，使轴线自然弯曲），如图 3 - 78 所示。

(a)      (b)

图 3 - 78　步骤图 5

11. 右侧鱼尾与左侧类似,做右斜卷结。

12. 继续编左尾:蓝色箭头处最右侧的黄线为轴,左侧相邻的 3 根黄线分别在上面做右斜卷结(注意线要松些,呈环状)。

13. 以最左侧的红线为轴,用上述 4 根黄线做右斜卷结。

14. 轴不变,再用同样 4 根黄线做左斜卷结,然后再做一次右斜卷结(控制好松紧,使轴线自然弯曲,缠绕线呈水波纹状),如图 3 - 79 所示。

(a)      (b)

图 3 - 79　步骤图 6

15. 以绿色箭头处的黄线为轴,它左侧的 1 黄 3 红顺次做右斜卷结,拉出"水波纹"。

16. 以右侧黄线为轴,将它左侧的 3 红 1 黄顺次做右斜卷结。

17. 轴不变,将上述 4 线以 1 黄 3 红的顺序做左斜卷结,拉出"水波纹"。

18. 同法对称做出右半部鱼尾,剪去多余线头,用打火机烧一下,如图 3 - 80 所示。

19. 装鱼鳍:借助钩针将 1 根约 15 cm 的红绳穿入鱼侧面头后下数第 3 片"鱼鳞"上。

20. 再拿一根相同长短的红绳,用套环节挂在穿入的两个线头上。

21. 新套上的绳子的两个头都分别再绕一扣,拉紧,推到根部,如图 3 - 81 所示。

22. 以最靠根部的线为轴,顺次将其余 3 根线做左斜卷结绕上,剪掉余线,用打火机烧头。同法,对称做出左鱼鳍,如图 3 - 82 所示。

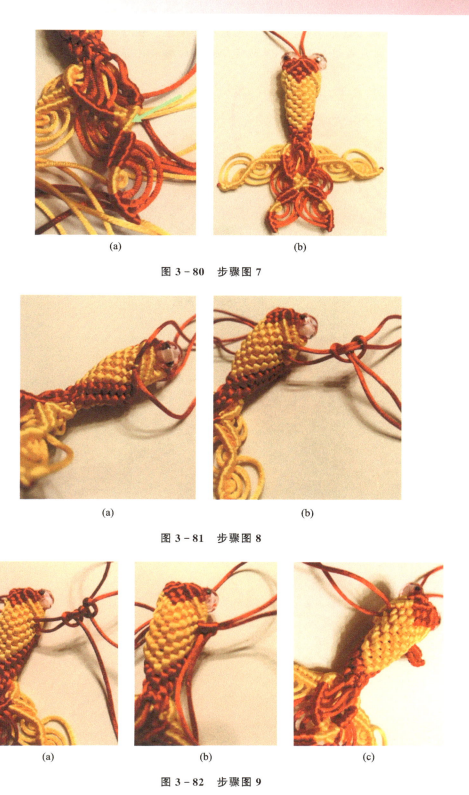

(a)　　　　　　　　　　　(b)

图 3 - 80　步骤图 7

(a)　　　　　　　　　　　(b)

图 3 - 81　步骤图 8

(a)　　　　　　　(b)　　　　　　　(c)

图 3 - 82　步骤图 9

注意：装吊环的方法很多，可根据自己的喜好安装。图3-83展示的是用雀头结做成的吊环，供参考。成品完成图如图3-84所示。尾部的编法也有很多，如凤尾鱼的编法既简单又美观。

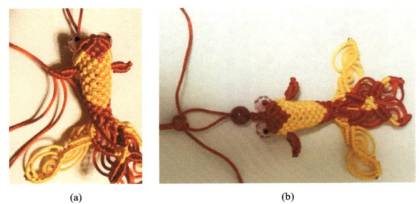

(a)　　　　　　　　　　　　　　　　　(b)

图3-83　步骤图10

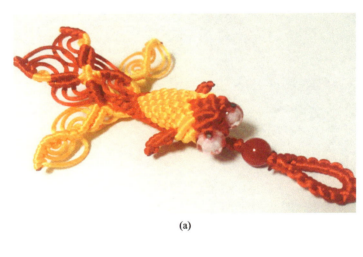

(a)

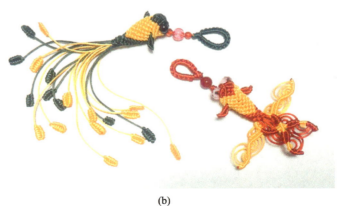

(b)

图3-84　完成图

# 绳编手链

## 一、材料准备

7 号线 3 根：红色 110 cm，黄色 150 cm，玫红 310 cm（可根据自己喜好选择）；10 厘彩珠 8～9 颗（成人手链需要 9 颗）。

## 二、详细步骤

1. 取红线对折，用雀头结挂在黄线中部，并且向两端继续编几个雀头结（大约需要 13 个雀头结）。

2. 两端折到一起，用玫红线在其上做平结，两端等长，如图 3-85 所示。

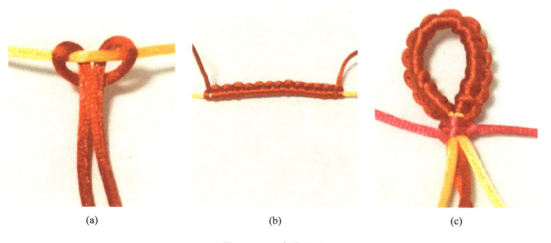

(a)　　　　　　　　　　(b)　　　　　　　　　　(c)

**图 3-85　步骤图 1**

3. 以一根红线为轴，顺次将一根黄线和一根玫红线在上面做左斜卷结（右侧）；再以另一根红线为轴，顺次将另一根黄线和另一根玫红线在上面做右斜卷结（左侧），玫红线不要拉得太紧。

4. 用玫红线在黄线上做一个平结。

5. 先以右侧红线为轴，顺次将右侧的玫红线、黄线在其上做右斜卷结。

6. 在步骤 5 基础上再以左侧红线为轴，顺次将左侧的玫红线、黄线在其上做左斜卷结，如图 3-86 所示。

7. 中间两根红线上串一颗彩珠，两边分别用玫红线在黄线上做 4 个雀头结。

8. 右侧，以红线为轴，顺次将黄线、玫红线在上面做左斜卷结。

9. 左侧，以红线为轴，顺次将黄线、玫红线在上面做右斜卷结，如图 3-87 所示。

10. 多次重复步骤 4～7，直到手链尺寸合适（儿童需要 7 个花，成人需要 8 个花），如图 3-88 所示。

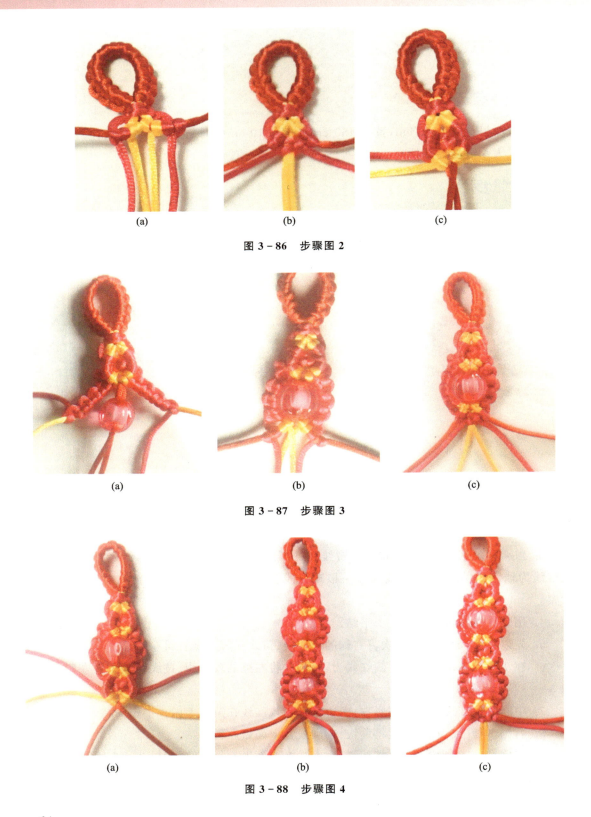

(a)  (b)  (c)

图 3 - 86  步骤图 2

(a)  (b)  (c)

图 3 - 87  步骤图 3

(a)  (b)  (c)

图 3 - 88  步骤图 4

11. 收头:用黄线在红线上打个平结,剪掉多余玫红线,用打火机烧头固定,如图 3 - 89 所示。

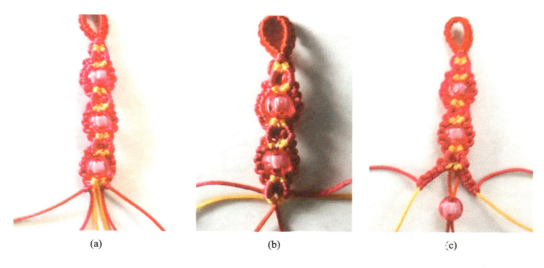

(a)　　　　　　　(b)　　　　　　　(c)

**图 3 - 89　步骤图 5**

12. 剩余线穿入彩珠,用一根线头绕两圈绑紧,余线剪短。

13. 可以在上面穿几个小珠子,用打火机烧头固定,也可以不穿,做两个小凤尾,如图 3 - 90 所示。成品如图 3 - 91 所示。

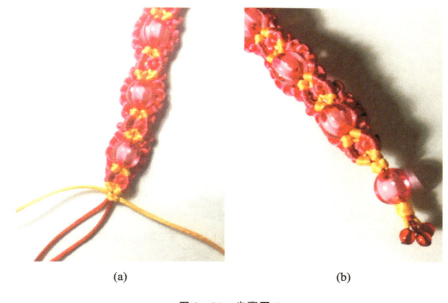

(a)　　　　　　　(b)

**图 3 - 90　步骤图 6**

图 3 - 91　成品样图

# 转经筒

## 一、材料准备

7 号线,红线 200 cm;彩线 5 种颜色各 3 根,每根 120 cm,如图 3 - 92 所示。

## 二、详细步骤

1. 取 2 米的红线,在靠近一端约 10 cm 处做一个纽扣结,穿一个珠子。

2. 将一组五彩线对折绑在珠子下面,可以扎一下,但是要把红色长线留在上面,如图 3 - 93 所示。

3. 将剩下的两组彩线按个人喜欢的顺序排成两组,用雀头结对折挂在红色长线上。

4. 把挂好 10 根线的红色长线围绕在珠子下方,尽量拉紧,开始做第 2 圈。

5. 每根线绕轴线做半个斜卷结,并且每个颜色都带 1 根中心的同色线,使得每种颜色都变成了 3 根(第 2 圈很关键,要找准每个位置上的线)。

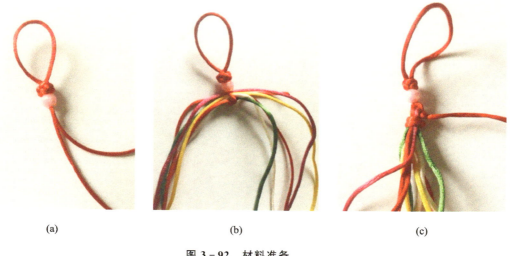

| (a) | (b) | (c) |

图 3-92　材料准备

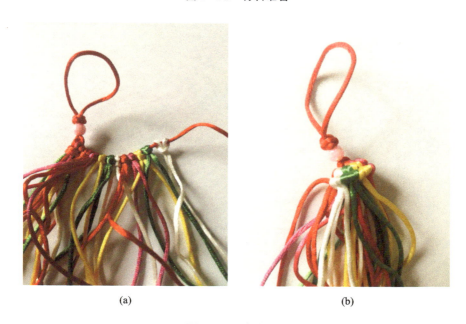

| (a) | (b) |

图 3-93　步骤图 1

　　6. 从第 3 圈开始就只需要把上圈对应的每色 3 根线做半个斜卷结绕在该圈上,如图 3-94 所示。

　　7. 为了找线方便,在编了几圈的时候,可以在中间插一支笔或一卷纸,收尾时再拿掉。

　　8. 编到 20 圈左右就可以收口了。最后一圈每种颜色的线各甩掉一根,变成每色 2 根,圈径自然缩小,如图 3-95 所示。

　　9. 用线缠几圈收紧,线端做凤尾。成品如图 3-96 所示。转经筒还可以变换出许多不同的花样,也很招人喜爱。

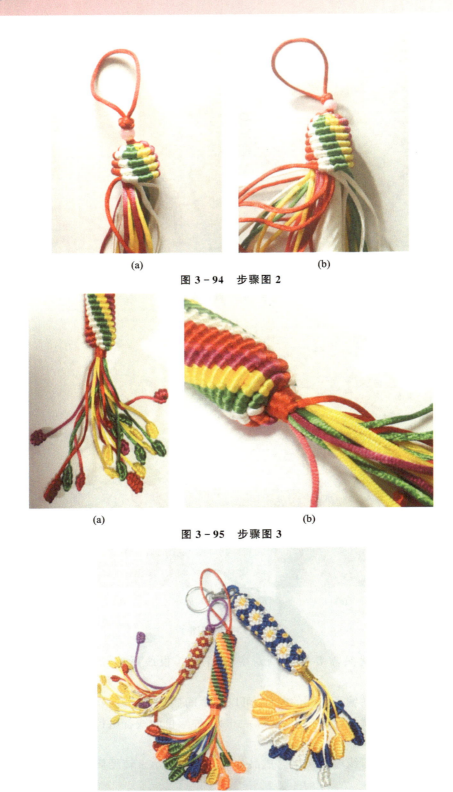

(a)　　　　　　　　　　(b)

图 3 - 94　步骤图 2

(a)　　　　　　　　　　(b)

图 3 - 95　步骤图 3

图 3 - 96　成品样图

# 粽　子

## 一、材料准备

7号线,红线 65 cm(做纽扣结);7 种颜色的彩线各 3 根,每根 40 cm(想做穗子的线可以长一些)。

## 二、详细步骤

1. 红线中部做一个纽扣结备用。

2. 将三根长些的彩线对折,套成一个三角形,将纽扣结的尾部穿入中孔,如图 3 - 97 所示。

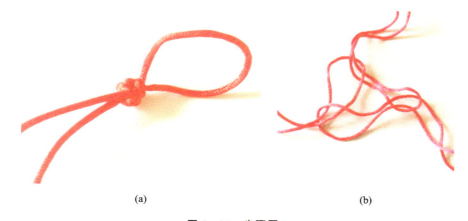

(a)        (b)

**图 3 - 97　步骤图 1**

3. 以三角形三个顶点的线为轴(轴为双线),将其余彩线依次以双套结的形式挂线,两端等长(靠近中心的线编完后剩余量会大一些),如图 3 - 98 所示。

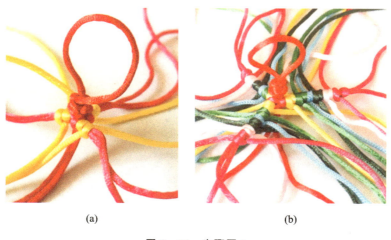

(a)        (b)

**图 3 - 98　步骤图 2**

4. 以右边第一条线为轴,将左边轴上彩线依次编 6 组右斜卷结,再以左边第一条线为轴,用右边轴上彩线依次编 5 组左斜卷结,如图 3-99 所示。

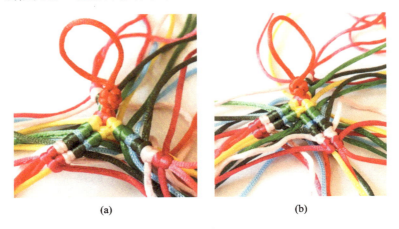

(a)          (b)

**图 3-99 步骤图 3**

5. 继续以最靠近中心的线为轴,交替编左斜卷结、右斜卷结,直到编完最后两根线。同法编完另外两片,如图 3-100 所示。

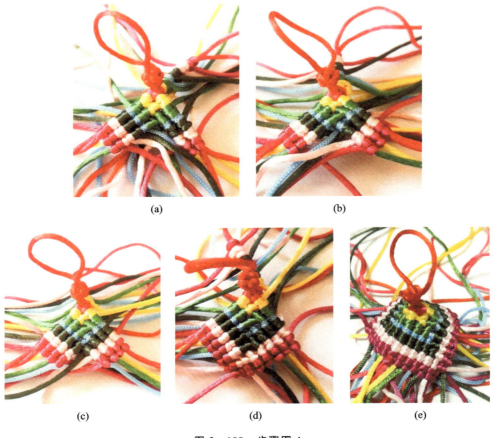

(a)          (b)

(c)      (d)      (e)

**图 3-100 步骤图 4**

6. 收边：将两片交接处两根轴线的一根做轴，另一根（记作"线1"）在上面做右斜卷结。

7. 做轴的线继续为轴，左边的线（曾经做轴的线）依次在上面做右斜卷结，以"线1"为轴，右边曾经做轴的线依次在上面做左斜卷结。将其余各边同法收边，并且在右斜卷结的末尾处将旁边左斜卷结的轴线在上面做一个右斜卷结，如图3-101所示。

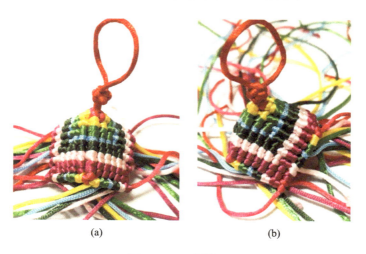

(a)　　　　　　　　　　　　　　　(b)

**图3-101　步骤图5**

8. 把相邻两片的底部收到一起，同色的两线做一个斜卷结，并把线头压在粽子内部（如果剩余线头太长，可以剪短些），如图3-102所示。

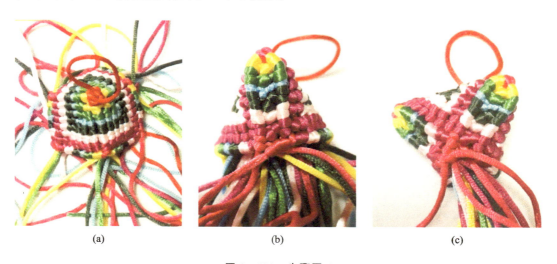

(a)　　　　　　　　　(b)　　　　　　　　　(c)

**图3-102　步骤图6**

9. 底部留几根长线做凤尾结，其余都塞进粽子内部，用黄线缠紧，如图3-103所示。成品如图3-104所示。

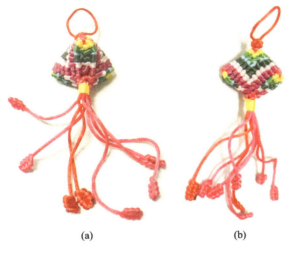

(a)　　　　　　　(b)

图 3 - 103　步骤图 7

图 3 - 104　成品样图

# 香皂花篮

## 一、材料准备

准备香皂、珠针和彩带,如图 3 - 105 所示。

图 3 - 105　材料准备

## 二、详细步骤

1. 四个对角用珠针定位,剪一个模板,珠针插在上面不会走形,也方便后面使用,如图 3 - 106(a)所示。

2. 沿着模板插 28 个珠针,在拐角处要密一点。珠针插多少与彩带宽度有关,如图 3 - 106(b)、图 3 - 106(c)所示。

3. 上面插好后,反面做另一侧。插珠针时上下要对齐,如图 3 - 107 所示。

4. 8 字型缠绕,如图 3 - 108 所示。

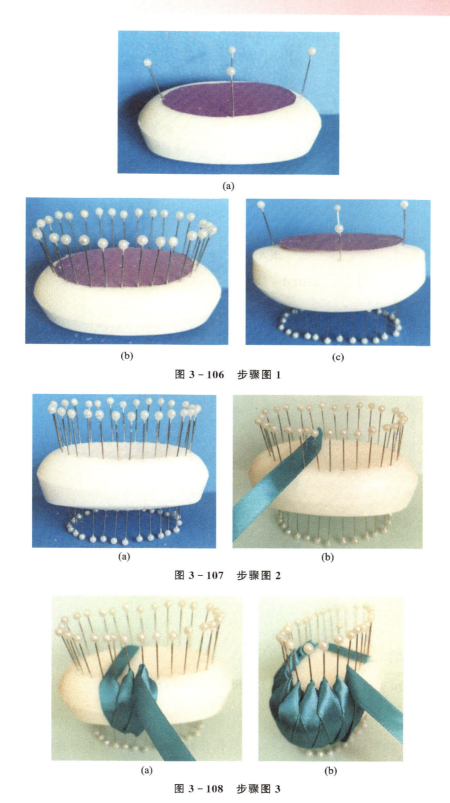

(a)

(b)　　　　　　　　　　　(c)

图 3 - 106　步骤图 1

(a)　　　　　　　　　　　(b)

图 3 - 107　步骤图 2

(a)　　　　　　　　　　　(b)

图 3 - 108　步骤图 3

5. 花篮上、下边框沿珠钉缠绕 3 圈,如图 3-109 所示。

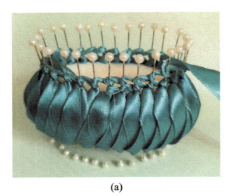 

(a)                  (b)

图 3-109   步骤图 4

6. 装上提手配上花,完成,如图 3-110 所示。成品如图 3-111 所示。

图 3-110   步骤图 5          图 3-111   香皂花篮

# 花型杯垫

## 一、材料准备

5 号线,220 cm 1 根,240 cm 3 根,170 cm 2 根,100 cm 2 根。

## 二、详细步骤

1. 将 220 cm 线对折,把 3 根 240 cm 的线在对折后的两条线上做斜卷结挂线,使两端的线尽可能等长。

2. 两边分别以第一根线为轴,其余各线(包括轴线)在其上顺次做斜卷结(左边做左斜卷结,右边做右斜卷结)。

3. 将两条 170 cm 的线用斜卷结挂在轴线上,使两根轴线靠在一起(所挂之线两端尽量等长),如图 3 - 112 所示。

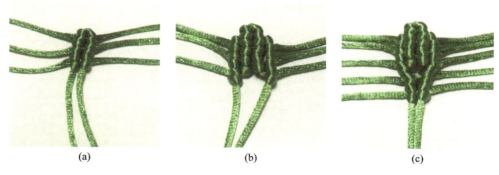

(a)　　　　　　　　　　(b)　　　　　　　　　　(c)

图 3 - 112　步骤图 1

4. 两边分别以第一根线为轴,其余各线(包括轴线)在其上顺次做斜卷结(左边做左斜卷结,右边做右斜卷结)。

5. 将两条 100 cm 的线用斜卷结挂在轴线上,使两根轴线靠在一起(所挂之线两端尽量等长),完成第一个花瓣,如图 3 - 113 所示。

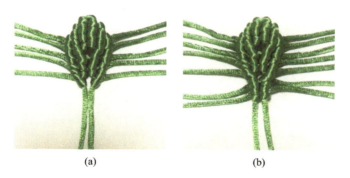

(a)　　　　　　　　　　(b)

图 3 - 113　步骤图 2

6. 将已编部分旋转 180 度,并把右边轴线拉向右下方继续做轴线,其余各线顺次做右斜卷结,如图 3 - 114 所示。

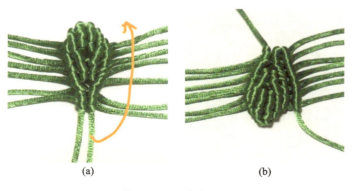

(a)　　　　　　　　　　(b)

图 3 - 114　步骤图 3

7. 以第三根线为轴下拉,其余各线(包括轴线)在其上顺次做右斜卷结。

8. 以第五根线为轴下拉,其余各线(包括轴线)在其上顺次做右斜卷结。

9. 再转 180 度,将轴线下拉继续做轴,让与其相邻的 3 根线在其上顺次做左斜卷结,如图 3 – 115 所示。

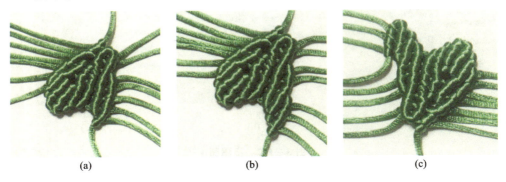

(a)　　　　　　　　　　　(b)　　　　　　　　　　　(c)

图 3 – 115　步骤图 4

10. 以左边第一根线为轴,将与其相邻的 5 根线在其上顺次做左斜卷结。

11. 以左边第一根线为轴,将其余 7 根线在其上顺次做左斜卷结,完成第二个花瓣,如图 3 – 116 所示。

(a)　　　　　　　　　　　(b)

图 3 – 116　步骤图 5

12. 同法,多次重复步骤 6～11,继续做第三个花瓣、第四个花瓣、第五个花瓣、第六个花瓣,如图 3 – 117 所示。

(a)　　　　　　　　　　　(b)　　　　　　　　　　　(c)

图 3 – 117　步骤图 6

13. 同样的方法在另一边继续做花瓣,共完成 11～12 个花瓣即可,如图 3 – 118 所示。

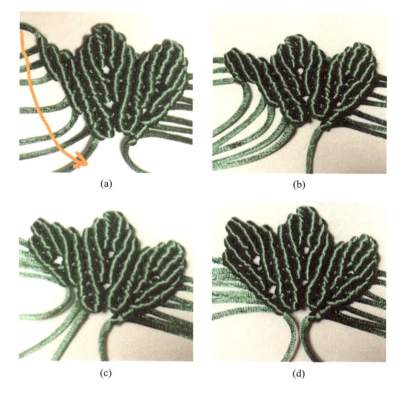

(a)　　　　　　　　　　(b)

(c)　　　　　　　　　　(d)

图 3 – 118　步骤图 7

14. 在反面,将两边的余绳一对一对系紧,剪掉多余绳头,用打火机烧头固定,即可完成,如图 3 – 119 所示。

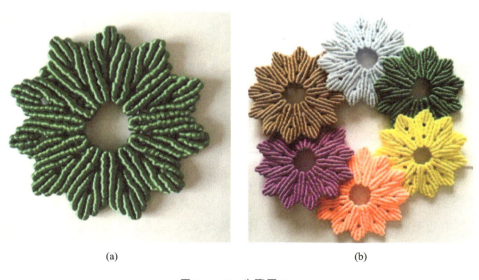

(a)　　　　　　　　　　(b)

图 3 – 119　步骤图 8

# 绳编虾

## 一、材料准备

72号玉线,蓝线65 cm 1根;红线52 cm 3根,48 cm 1根,46 cm 1根,44 cm 1根,42 cm 1根;黑色5厘珠两颗。

## 二、详细步骤

### 编虾头

1. 蓝色玉线对折,上部留出2～3 cm,红色玉线由长到短顺次以斜卷结挂线,每根线两端等长,如图3-120(a)所示。

2. 每边以上面第一根红线为轴,其余红线顺次在其上做斜卷结(左边做左斜卷结,右边做右斜卷结),如图3-120(b)所示。

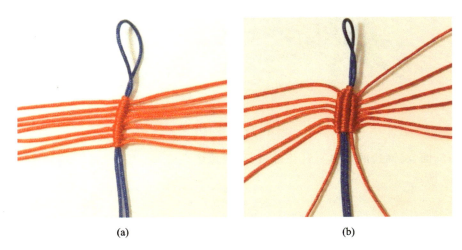

(a)                                (b)

图3-120　步骤图

3. 再以最上方的一根线为轴,下面第1、2根线在其上做斜卷结。在轴线上穿上一颗黑珠,然后跳过第3根线,用第4、5根线继续做斜卷结。左、右两边对称完成。

4. 同样以每边的第一根线为轴,下面4根线顺次做斜卷结(包括刚才跳过的线),如图3-121所示。

5. 用同样的方法继续编完两端的线,形成一个三角形,虾头就完成了,如图3-122所示。

### 编虾身

1. 以右边第一根线为轴(拉向左方),其余各线顺次在其上做右斜卷结,如图3-123(a)所示。

2. 甩掉刚才的轴线,把其余各线中最左端的线向右拉,以其为轴,其余各线在上面做左斜卷结,如图3-123(b)所示。

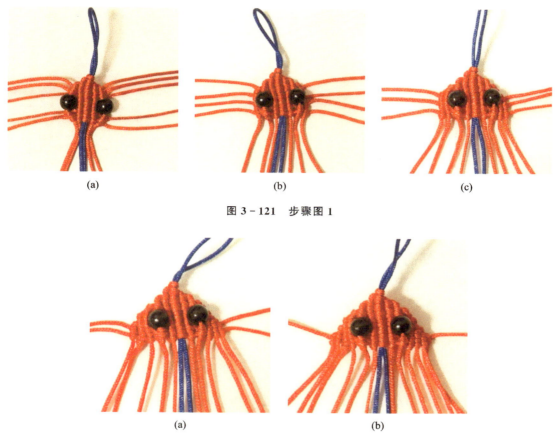

图 3 - 121　步骤图 1

图 3 - 122　步骤图 2

3. 甩掉刚才的轴线,把其余各线中最右端的线向左拉,以其为轴,其余各线在上面做右斜卷结,如图 3 - 123(c)所示。

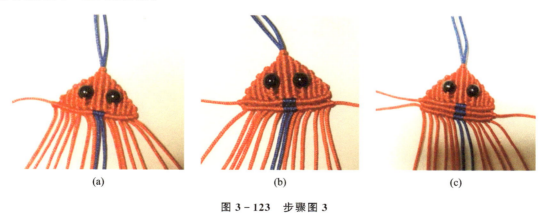

图 3 - 123　步骤图 3

4. 重复步骤 2～3 的编法,直到形成一个大三角形(蓝线结尾),虾身完成,如图 3 - 124 所示。

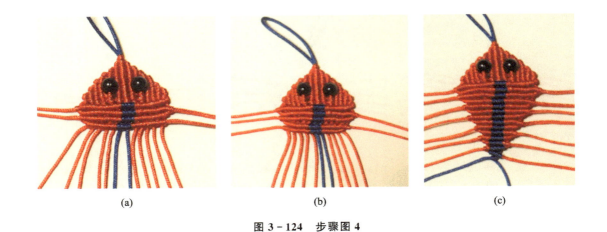

(a)　　　　　　　　　　　(b)　　　　　　　　　　　(c)

**图 3 – 124　步骤图 4**

### 编虾尾,收紧虾身

1. 将两根蓝线留出 3～4 cm 后打两个蛇结,对折形成虾尾。

2. 将虾身翻面,用最靠尾部的两根红线打一个反斜卷结,将蓝色的蛇结压在下面(两根红线要尽量拉紧)。

3. 将打过结的红线和蓝线一起压在下面,用剩余最靠尾部的一对红线做反斜卷结(打结时要把虾身的左、右两端捏在一起,使得两根红线能够尽可能地靠在一起,拉紧打结),如图 3 – 125 所示。

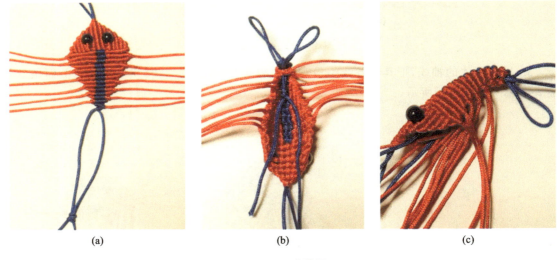

(a)　　　　　　　　　　　(b)　　　　　　　　　　　(c)

**图 3 – 125　步骤图 1**

4. 重复,直到最后一对红线系紧。

5. 留出适当长的虾须,将多余的线剪去即可,如图 3 – 126 所示。成品如图 3 – 127 所示。

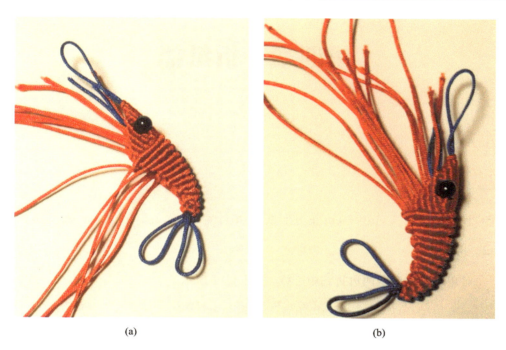

(a)　　　　　　　　　　　　　　(b)

图 3 - 126　步骤图 2

(a)　　　　　　　　　　　　　　(b)

图 3 - 127　成品样图

# 第四章　折纸篇

## 枫叶书签

### 一、材料准备

大枫叶宽 9.5 cm, 5 cm×5 cm 正方形纸;小枫叶宽 7 cm, 3.5 cm×3.5 cm 正方形纸。

### 二、详细步骤

1. 角对角对折,打开,两边折到中心线,如图 4-1 所示。

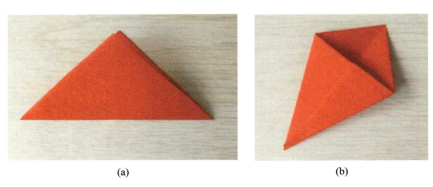

(a)　　　　　　　　　　　　(b)

**图 4-1　步骤图 1**

2. 旋转方向,下边的角折上来,然后打开,把三角放在里面,两边角向中心线对折,如图 4-2 所示。

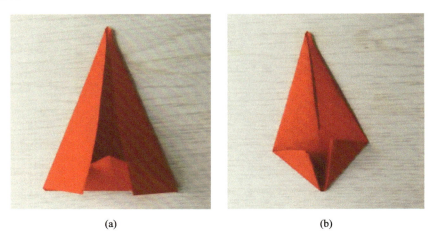

(a)　　　　　　　　　　　　(b)

**图 4-2　步骤图 2**

3. 打开,捏住旁边的角拉出向下折,压平,里面涂胶固定,如图 4 - 3 所示。

4. 一共做 5 个,依次组合在一起,5 cm×5 cm 正方形卷棒后压平粘贴,成品如图 4 - 4 所示。

图 4 - 3　步骤图 3　　　　　　　　　　　图 4 - 4　成品样图

# 花朵书签

## 一、材料准备

7.5 cm×7.5 cm 正方形纸 8 张,10 cm×10 cm 正方形纸 1 张。

## 二、详细步骤

1. 7.5 cm×7.5 cm 正方形纸折出"米"字格折痕,打开,按住下面的三角形沿两边向里推,形成上下两个三角形,如图 4 - 5 所示。

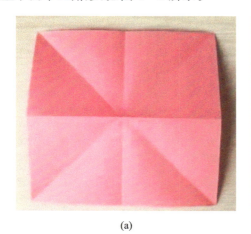

(a)　　　　　　　　　　　　　　　　(b)

图 4 - 5　步骤图 1

2. 两角向中心线对折。拼接：花瓣与下层三角形涂胶水，第 2 片插在第 1 片的中间位置，按顺序粘贴，共 8 个，围成圈，如图 4-6 所示。

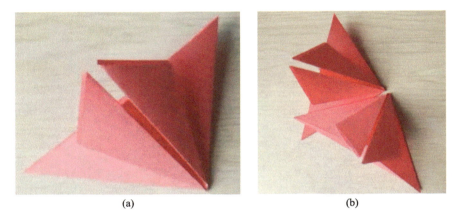

(a)　　　　　　　　　　　　　　(b)

**图 4-6　步骤图 2**

3. 接下来做背面，10.5 cm×10.5 cm 的正方形纸，做出"米"字格折痕，如图 4-7 所示。

**图 4-7　步骤图 3**

4. 打开，一对角折向中心点，以中线为基准对折，如图 4-8 所示。

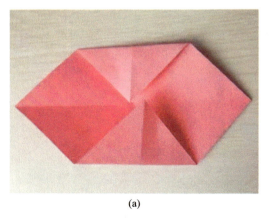

(a)　　　　　　　　　　　　　　(b)

**图 4-8　步骤图 4**

5. 两边角向中心对折,翻面,两个角插在大三角形的中间,贴在花的背面,如图 4 - 9 所示。成品如图 4 - 10 所示。

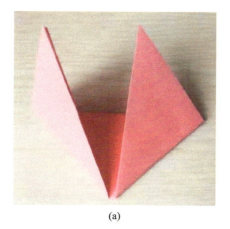 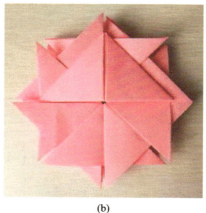

(a)　　　　　　　　　　　　　　(b)

**图 4 - 9　步骤图 5**

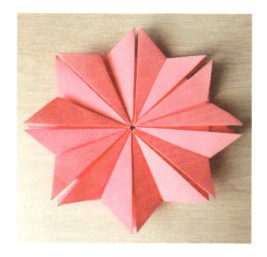

**图 4 - 10　成品样图**

# 小灯笼花球

## 一、材料准备

20 片直径为 5 cm 的圆片。

## 二、详细步骤

1. 将圆片对折两次,再对准圆心折,边缘落在圆心上,如图 4 - 11 所示。

2. 折成三角形 20 个。取出 5 个,将半圆部分分别粘在一起,成为两维。另外 10 个粘成一条直线后圈起来,组合贴接,如图 4 - 12 所示。成品如图 4 - 13 所示。

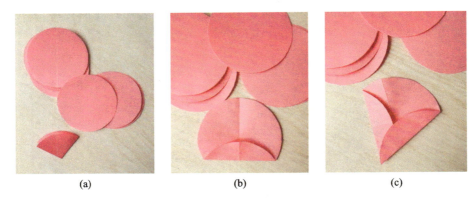

(a)　　　　　　　　(b)　　　　　　　　(c)

图 4 - 11　步骤图 1

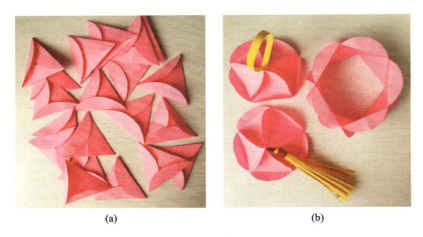

(a)　　　　　　　　(b)

图 4 - 12　步骤图 2

图 4 - 13　成品样图

# 心连心爱心书签

## 一、材料准备

21 cm×10.5 cm 长方形纸。

## 二、详细步骤

1. 长方形纸,两长边对折,打开,四个角向中心对折,如图 4–14 所示。

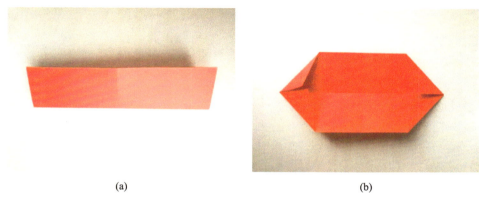

(a)　　　　　　　　　　　　(b)

**图 4–14　步骤图 1**

2. 两长边向中心线折,打开四个角,沿折痕反方向折,如图 4–15 所示。

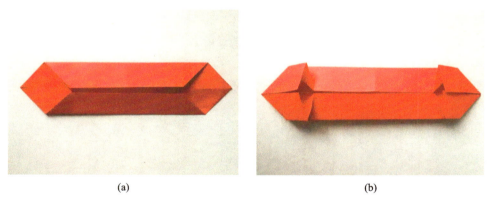

(a)　　　　　　　　　　　　(b)

**图 4–15　步骤图 2**

3. 两角对齐折,打开两边向中心线对折,如图 4–16 所示。

4. 旋转 180 度,两侧直边二分之一处距离相等上折,翻面,打开上层折 4 个小三角形,如图 4–17 所示。

5. 折最底边的正方形,向上折 4 个小三角形,最下方的三角形,向上折成小三角形,在大三角形的里面用胶水固定,如图 4–18 所示。

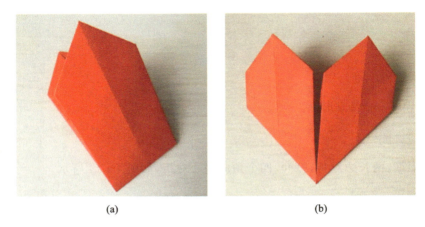

(a)                                              (b)

图 4 - 16    步骤图 3

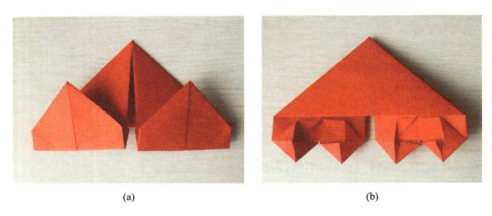

(a)                                              (b)

图 4 - 17    步骤图 4

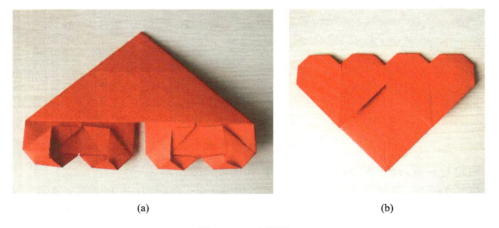

(a)                                              (b)

图 4 - 18    步骤图 5

# 爱心小摆件

## 一、材料准备

15 cm×15 cm 正方形纸。

## 二、详细步骤

1. 正方形纸折出"米"字痕,打开,下面两角向中心线折,压出折痕,如图 4-19 所示。

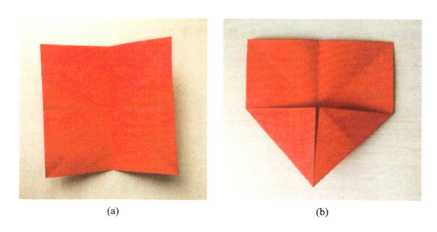

(a)                      (b)

**图 4-19 步骤图 1**

2. 打开,下面往中心线对齐折,翻面,两边向中间对折,如图 4-20 所示。

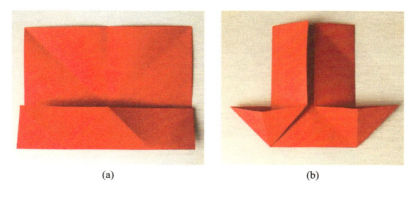

(a)                      (b)

**图 4-20 步骤图 2**

3. 下面两边正方形往外拉开,压平成三角形,翻面,左边向右对齐下层的边折。打开,右边向左对齐下层边压出折痕。打开,形成交叉线,如图 4-21 所示。

4. 旋转方向,底边向上折,折到交叉痕迹处,上层向下压折,形成两个小三角形,压平,如图 4-22 所示。

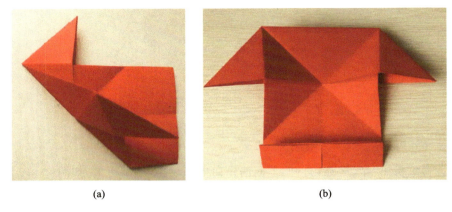

(a)　　　　　　　　　　　　　　　(b)

图 4 - 21　步骤图 3

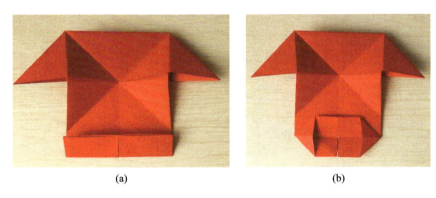

(a)　　　　　　　　　　　　　　　(b)

图 4 - 22　步骤图 4

　　5. 下面的正方形向上折,形成小三角形,最下面两角向上折,形成小三角形,如图 4 - 23 所示。

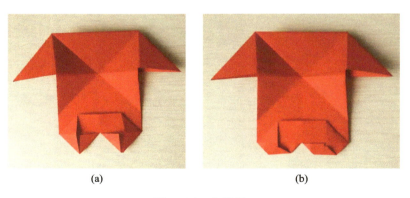

(a)　　　　　　　　　　　　　　　(b)

图 4 - 23　步骤图 5

　　6. 旋转,按住三角形沿折痕往中间收拢,压平;翻面,两角向下翻,把右边三角塞到左边三角内,用胶水固定,形成立体三角形支架,如图 4 - 24 所示。成品如图 4 - 25 所示。

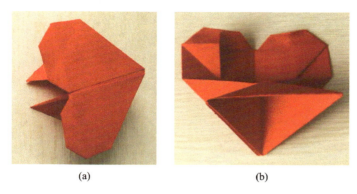

(a)                      (b)

**图 4 - 24　步骤图 6**

**图 4 - 25　成品样图**

# 五星红灯笼

## 一、材料准备

21 cm×21 cm 正方形纸 6 张，5 cm×5 cm 正方形纸 1 张。

## 二、详细步骤

1. 正方形纸对折，打开，两条边向中心对折，如图 4 - 26 所示。

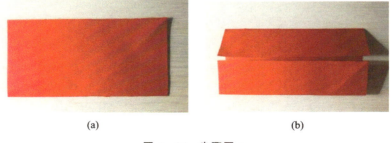

(a)                      (b)

**图 4 - 26　步骤图 1**

2. 旋转方向，折中心线。打开后，两条边对着中心线对折，打开一边，从中心线处斜折后压平。另一边重复，如图 4 - 27 所示。

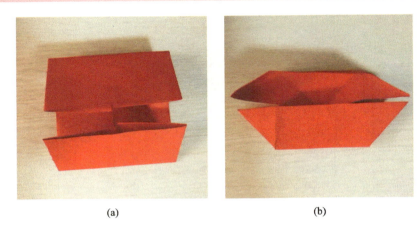

(a)                (b)

图 4 - 27   步骤图 2

3. 捏住三角形，中间打开后往下压折，形成正方形。其余重复，正方形的两条边向中心对折，重复，如图 4 - 28 所示。

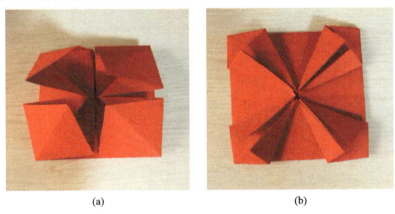

(a)                (b)

图 4 - 28   步骤图 3

4. 打开小三角形，向下压平，重复(共 8 个小三角形)，大正方形的 4 个角向后折。五角星用 5 cm×5 cm 正方形纸制作，如图 4 - 29 所示。成品如图 4 - 30 所示。

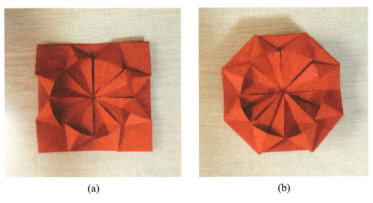

(a)                (b)

图 4 - 29   步骤图 4

图 4 - 30　成品样图

# 立体荷花

## 一、材料准备

粉色 15 cm×7 cm 长方形纸 10 张,绿色 15 cm×7.5 cm 长方形纸 5 张,黄色 10 cm×3.5 cm 长方形纸 3 张。

## 二、详细步骤

1. 对折,四角向中心线对折如图 4 - 31 所示。

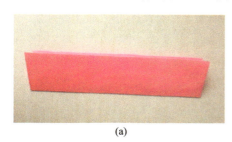

(a)

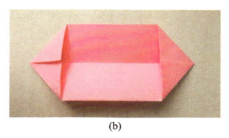

(b)

图 4 - 31　步骤图 1

2. 两条长边向中心对折,翻面,两条边对齐,如图 4 - 32 所示。

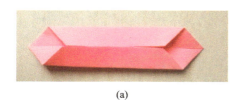

(a)

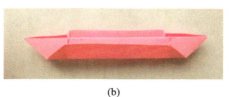

(b)

图 4 - 32　步骤图 2

3. 绿色叶子与花瓣折法相同,最后一步两条边向中心对齐折,单组排列顺序从左到右,绿色夹在最里面,如图4-33所示。

(a)                                   (b)

图4-33　步骤图3

4. 用线在中间捆好,调整花蕊,隔一个花瓣翻起一个花瓣,一圈5瓣,共4层,最后翻叶子,如图4-34所示。成品如图4-35所示。

(a)                                   (b)

(c)                                   (d)

图4-34　步骤图4

图 4 - 35　成品样图

# 双面桃花吊坠

## 一、材料准备

7.5 cm×7.5 cm 正方形纸 10 张。

## 二、详细步骤

1. 上下两条边对折,如图 4 - 36 所示。

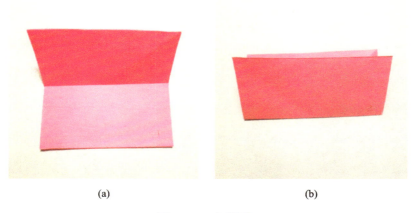

(a)　　　　　　　　　　　　(b)

图 4 - 36　步骤图 1

2. 打开,两边向中心线对折,旋转方向,把两条边向中心线对齐折,如图 4 - 37 所示。

3. 旋转方向,打开有 3 条折痕,把右边角拉上来与最左边的折痕重合,左边小角再对折,如图 4 - 38 所示。

4. 把右边长方形翻拉下来,与下面的角对齐压平,把左边的整块翻折进去,如图 4 - 39 所示。

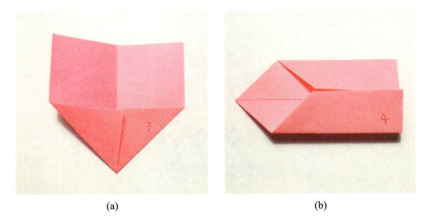

(a)                              (b)

图 4 - 37   步骤图 2

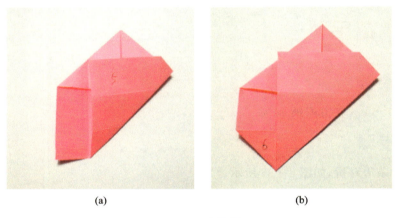

(a)                              (b)

图 4 - 38   步骤图 3

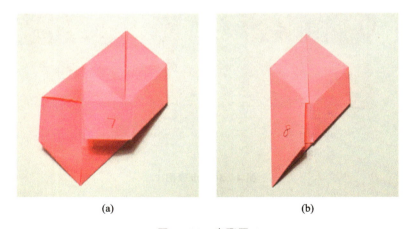

(a)                              (b)

图 4 - 39   步骤图 4

5. 两边向后折,拉起最下面的角向上折,与下面的角重合压平,如图 4 - 40 所示。

6. 把右边的三角形向左边折,对齐。第 1 片花瓣的小三角涂胶水后塞到第 2 片的中间,

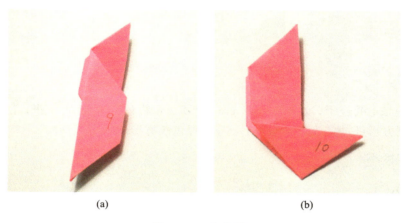

(a)       (b)

**图 4 - 40　步骤图 5**

5 片一组,围成一圈,共 2 组,如图 4 - 41 所示。

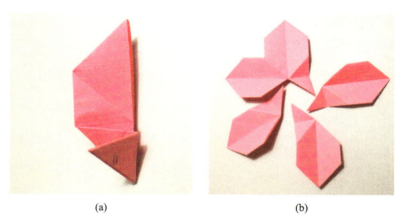

(a)       (b)

**图 4 - 41　步骤图 6**

 7. 在反面涂胶水粘吊绳和穗,正反花片涂胶水组合,如图 4 - 42 所示。成品如图 4 - 43 所示。

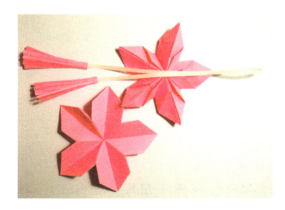 

**图 4 - 42　步骤图 7**     **图 4 - 43　成品祥图**

# 花瓶笔筒

## 一、材料准备

花瓶:彩色 A4 纸若干;玫瑰花:8.5 cm×8.5 cm 粉色正方形纸 4 张;花托:4.5 cm× 4.5 cm 绿色正方形纸;棒(花茎):20 cm×6 cm 绿色长方形纸。

## 二、详细步骤

### 花瓶部分

1. 拿一张 A4 纸按每小格7.5 cm×4.2 cm 折,共20 格,如图4 - 44(a)所示。小张的2 条中心线一起折出,裁成5 条后,剪成4 段。对折出中心线,2 条边向中心对折,如图4 - 44(b)所示。

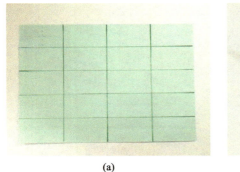
(a)

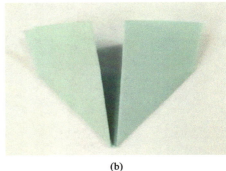
(b)

图 4 - 44    步骤图 1

2. 翻面后两角向里折,向上翻折,如图 4 - 45 所示。

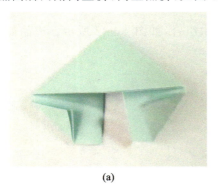
(a)

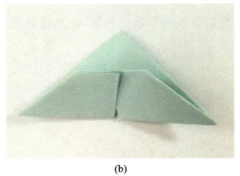
(b)

图 4 - 45    步骤图 2

3. 向中心线对折,插成串,使用时再分开,如图 4 - 46 所示。

4. 0 层、1 层、2 层同时插,0 层、1 层都是白色,正插,一层共30 个白色小三角。2 层是反插,5 蓝、5 浅蓝、5 白,重复圈圆。3 层翻转,螺旋正插,共插13 层,如图4 - 47 所示。

5. 剪出一个圆形,贴在 0 层去掉后的底上,作为封底,如图 4 - 48 所示。

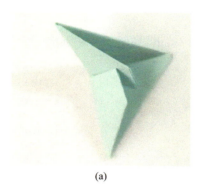

(a)

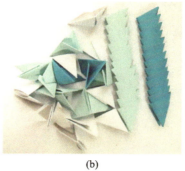

(b)

图 4 - 46　步骤图 3

(a)

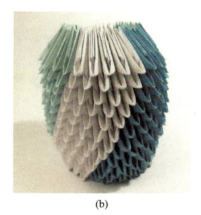

(b)

图 4 - 47　步骤图 4

图 4 - 48　步骤图 5

**玫瑰花部分**

1. 角对角折,再对角折,再对角折,画上花瓣,剪下,如图 4-49 所示。

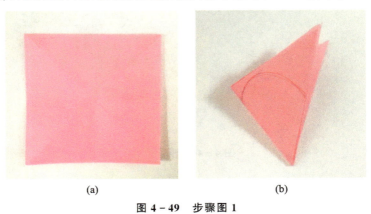

(a)                                   (b)

**图 4-49 步骤图 1**

2. 打开,按图形剪下,其中一瓣、二瓣、三瓣不用。按图重叠粘贴 4 片,花蕊不贴。

3. 组合时,花蕊卷在粗头棒上后,再从细头穿 3 瓣片、4 瓣片、5 瓣片、6 瓣片和花托,最后贴上叶子,如图 4-50 所示。成品如图 4-51 所示。

(a)                                   (b)

**图 4-50 步骤图 2**

**图 4-51 成品样图**

# 菠　萝

## 一、材料准备

7.5 cm×7.5 cm 正方形纸,黄色 52 张,绿色(叶)9 张。

## 二、详细步骤

1. 将彩色纸按图折叠,打开,折双面三角形,如图 4－52 所示。

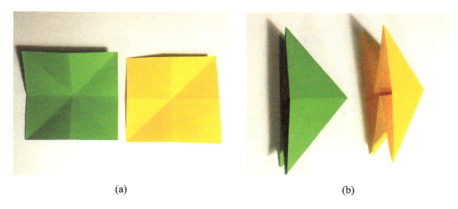

(a)　　　　　　　　　　　　(b)

**图 4－52　步骤图 1**

2. 黄色三角形的边向中心线对折,反面重复。绿叶在三角形的三分之一处双层折。

3. 黄色彩纸的两个上层的三角形对插到底,与前片三角形的尖对尖对齐翻折,连插 8 个为一组,共 5 组。连插 6 个为一组,共 2 组。按顺序插。绿叶:翻面,与下层三角形边对齐折,如图 4－53 所示。

(a)　　　　　　　　　　　　(b)

**图 4－53　步骤图 2**

4. 黄色:头尾连接成圈。绿叶:上层向上翻,与边对齐,翻面重复,如图 4－54 所示。

5. 黄色彩纸:从中心往上连翻 2 次,从中间按顺序压成菱形;从中心往上翻 1 次,从中间按顺序压成菱形,如图 4－55(a)所示。

6. 1 层、7 层是 6 片一圈,2、3、4、5、6 层是 8 片一圈,片与片之间用胶水粘合,底部用硬纸剪一个支撑,如图 4 - 55(b)所示。成品如图 4 - 56 所示。

图 4 - 54　步骤图 3

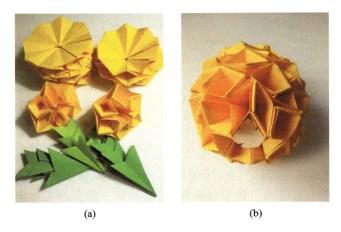

(a)　　　　　　　　　　　　　(b)

图 4 - 55　步骤图 4

图 4 - 56　成品样图

# 牛 头

## 一、材料准备

15 cm×15 cm 正方形纸。

## 二、详细步骤

1. 按图折"米"字格。打开,按住下方三角形,两边的三角形往里推,折成双面三角形。下面向中心线对折,如图 4-57 所示。

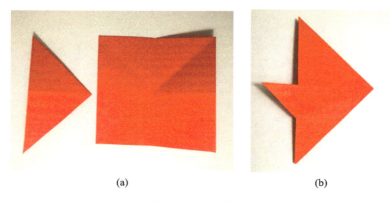

(a)                                    (b)

**图 4-57　步骤图 1**

2. 打开三角形的底边,对齐中心线折。打开,折斜边和底边夹角的中心线,向下压折,如图 4-58 所示。

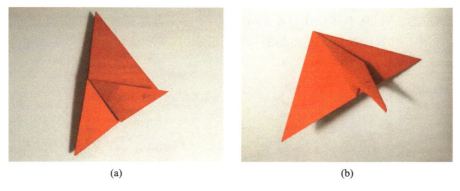

(a)                                    (b)

**图 4-58　步骤图 2**

3. 其余的 3 个角重复上述步骤。旋转 180 度,左边角向下距中心留 0.5 cm 距离向上折,右边在中心交点处向下底边距中心留 0.5 cm 距离压折,如图 4-59 所示。

4. 左边向外与中心线对齐折,右边角与下层的边对齐向上折,如图 4-60(a)所示。

5. 右边打开前两步折的角,向反方向翻折第一个,再反方向翻折第二个,压平,如图 4-60(b)所示。

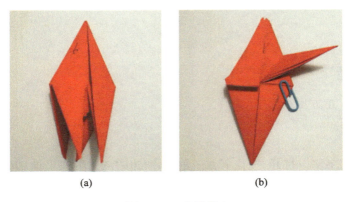

(a)      (b)

**图 4 - 59　步骤图 3**

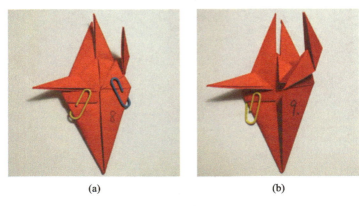

(a)      (b)

**图 4 - 60　步骤图 4**

6．翻面，重复上述步骤，左变右、右变左折，两面需对称，如图 4 - 61(a)所示。

7．翻到正面。耳：从中间分开一点，往前转一下。上方向后折，最下方向后折，用胶水固定或随意，如图 4 - 61(b)所示。成品如图 6 - 62 所示。

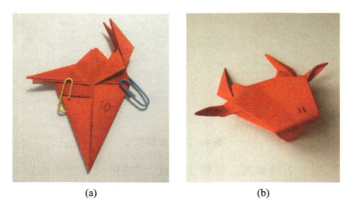

(a)      (b)

**图 4 - 61　步骤图 5**

图 4 – 62　成品样图

# 小 狗

## 一、材料准备

15 cm×15 cm 正方形彩纸两张。

## 二、详细步骤

### 身体部分

1. 边对边对折,打开,四个角对中心交叉点折。翻面,把正方形平均分成 3 等份折,压平,翻面,如图 4 – 63 所示。

|(a)|(b)|
|---|---|

图 4 – 63　步骤图 1

2. 翻面打开,将底边的 1 份对折,上面的 1 份向下翻,然后再向上折,与底边宽度相同。四个角向上翻折,如图 4 – 64 所示。

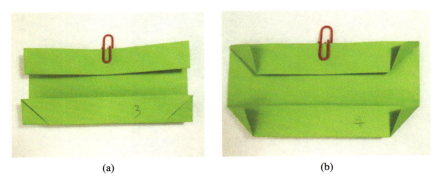

(a)      (b)

图 4 - 64　步骤图 2

3. 打开各角，反方向朝里折。翻面旋转，将上下两条边各自向里折，如图 4 - 65 所示。

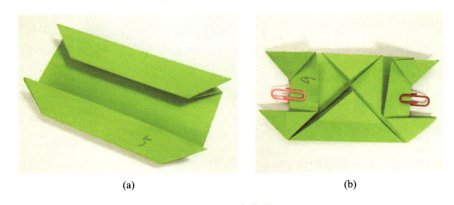

(a)      (b)

图 4 - 65　步骤图 3

4. 从中心线处往下折后，把底边互插一个角，如图 4 - 66 所示。

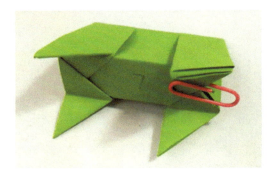

图 4 - 66　步骤图 4

## 头部部分

1. 对角线折后打开，上下两角向中心线对折。翻面旋转，两角对齐折中心线，如图 4 - 67 所示。

2. 翻面旋转，将中间打开，各角对齐折，另一边相同。下角打开向上翻后，上半部平均分 3 等份向里连折，并与中心线对齐，如图 4 - 68 所示。

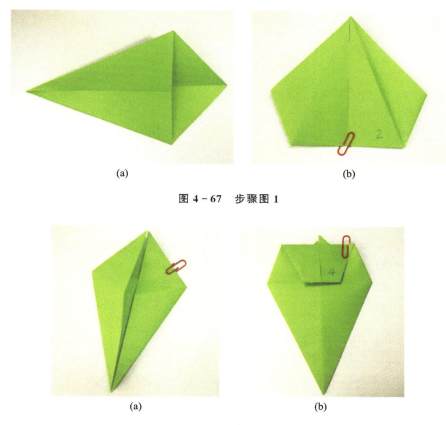

(a)　　　　　　　　　　　(b)

**图 4 - 67　步骤图 1**

(a)　　　　　　　　　　　(b)

**图 4 - 68　步骤图 2**

3. 打开，在 2 等份处对折中心线后继续向上翻折，留一小段距离。下翻回到第二条线，如图 4 - 69 所示。

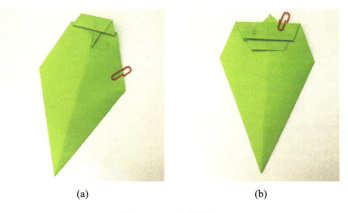

(a)　　　　　　　　　　　(b)

**图 4 - 69　步骤图 3**

4. 翻面，两三角向里折。翻面，两边角向里折，角对中线的距离留三分之一，如图 4 - 70 所示。

5. 翻面，沿中心线向下折。右边上翻，左手的角对齐下层的边，压右半边折痕后打开，左

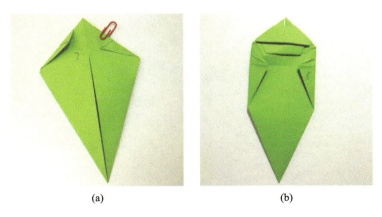

(a)                  (b)

图 4 - 70　步骤图 4

边与右边交叉后,把头部拉出来。再同时两边向下压折,最后把嘴向外拉一点,如图 4 - 71
所示。

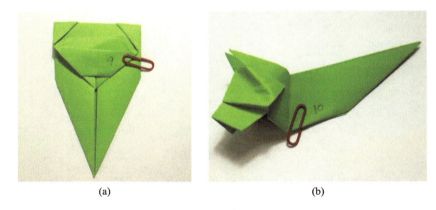

(a)                  (b)

图 4 - 71　步骤图 5

　　6. 打开身体,将头部放入合起来,胶水固定。再把尾巴向上折,再向下折后全打开,反方
向连折 2 次,脚尖向里折,腰部向下按一点,如图 4 - 72 所示。成品如图 4 - 73 所示。

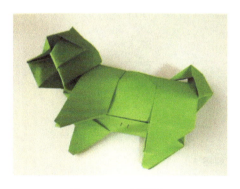        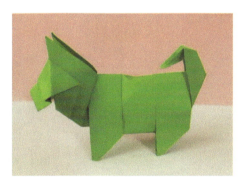

图 4 - 72　步骤图 6             图 4 - 73　成品样图

# 第五章　珠编篇

## 【珠编术语说明】

1. 右串4珠,如图5-1所示。

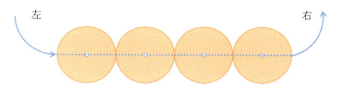

图5-1　说明1

2. 右串4珠回线:将右线从第四珠上穿回,产生一个空圈,如图5-2所示。左线穿过空圈,如图5-3所示。将左、右线拉紧,使两线的结落在珠子中间,如图5-4所示。

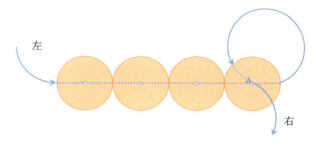

图5-2　说明2

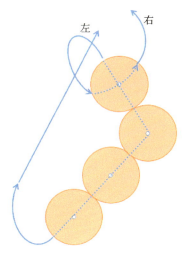

图5-3　说明3

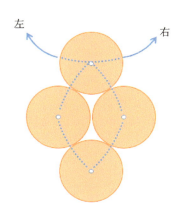

图5-4　说明4

3. 左过 1,右串 2 回线,编出一个四珠花:当线在一个珠子两端时,左线向左过一个珠子,右线串两个珠子后回线,编出一个四珠花。

4. 左过 1 上 1,右串 1 回线:左线向左过一个珠子,再向上过一个珠子,如图 5－5 所示。右线串一个珠子后回线,编出一圈四珠花。

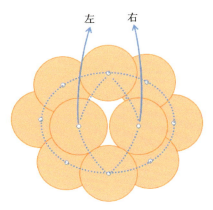

图 5－5　说明 5

# 小菊花挂件

图 5－6 为小菊花挂件。

## 一、材料准备

用料:长珠 18 个,8 厘圆珠 11 个。
用线:1.1 m。

## 二、详细步骤

1. 右串 1 长 1 圆 1 长回线。
2. 右串 1 圆 1 长回线(重复 7 次)。
3. 左过 1 长,右串 1 圆回线,翻面。
4. 左串 2 长回线。
5. 右过 1 圆串 1 长回线(重复 7 次)。
6. 左过 1 长 1 圆回线。

图 5－6　小菊花挂件

7. 左过 1 长,右过 1 长左右线同串 1 圆,然后在对面再左过 1 长,右过 1 长 1 圆回线,翻面(重复 1 次)。

完成。

# 小五彩球

图 5－7 为小五彩球。

## 一、材料准备

用料:6 厘珠 30 个。

用线:0.6 m。

## 二、详细步骤

1. 1 红 1 粉 1 蓝 1 绿 1 黄回线。
2. 右串 1 粉 1 红 1 绿 1 蓝回线。
3. 左借 1 红,右串 1 粉 1 黄 1 绿回线。
4. 左借 1 粉,右串 1 蓝 1 红 1 黄回线。
5. 左借 1 蓝,右串 1 绿 1 粉 1 红回线。
6. 左借 1 绿上 1 粉,右串 1 黄 1 蓝回线。
7. 左借 1 红,右串 1 绿 1 粉 1 黄回线。
8. 左借 1 绿 1 粉,右串 1 蓝 1 红回线。
9. 左借 1 黄 1 蓝,右串 1 绿 1 粉回线。
10. 左借 1 红 1 绿,右串 1 黄 1 蓝回线。
11. 左借 1 粉 1 黄 1 绿,右串 1 红回线。
完成。

图 5-7 小五彩球

# 四珠花小球

图 5-8 为四珠花小球。

## 一、材料准备

用料:8 厘扁珠 12 个,4 厘圆珠 24 个。

用线:0.6 m。

## 二、详细步骤

1. 右串 4 小回线。
2. 右串 1 大 1 小 1 大 1 小 1 大回线。
3~4. 左过 1 小右串 1 小 1 大 1 小 1 大回线。
5. 左过 1 小上 1 大右串 1 小 1 大 1 小回线。
6. 左过 1 小右串 2 小回线。
7. 左过 1 大右串 1 大 1 小 1 大 1 小回线。
8. 左过 2 小右串 1 小回线。
9. 左过 1 大,右过 1 大,右串 1 小 1 大 1 小回线。
10~11. 同 8~9。
12. 左过 2 小右串 1 小回线。
13. 左过 1 大 1 小 1 大,右过 1 大串 1 小回线。

图 5-8 四珠花小球

14. 右过 3 小回线。

完成。

# 小梅花挂件

图 5-9 为小梅花挂件。

## 一、材料准备

用料：尖珠彩色 10 个、白色 10 个。

用线：0.5 m。

图 5-9　小梅花挂件

## 二、详细步骤

1. 右串 1 红 2 粉 1 红回线。

2～4. 右串 2 粉 1 红回线。

5. 左过 1 红，右串 2 粉回线，翻面。

6. 右过 1 粉串 2 红回线。

7～9. 左过 2 粉，右串 1 红回线。

10. 右过 1 红过 2 粉回线。

完成。

# 小草莓挂件

图 5-10 为小草莓挂件。

## 一、材料准备

用料：红珠 21 个，绿珠 23 个。

用线：6 厘珠 0.8 m，8 厘珠 1 m。

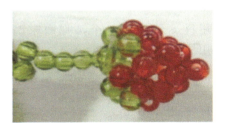

图 5-10　小草莓挂件

## 二、详细步骤

1. 右串 4 红回线(4)[①]。

2. 右串 1 红过 2 珠回原位。

3. 右串 4 红回线(5)。

4～5. 左过 1，右串 3 红回线(5)。

6. 左过 1 上 1，右串 2 红回线(5)。

7. 右串 1 红 2 绿回线(4)。

8. 左过 1，右串 1 绿 1 红回线(4)。

9. 左过 1，右串 2 绿回线(4)。

---

① 本篇中每行结尾括号中的数字表示几珠花，如标注(4)，则表示四珠花。此后类同。

10. 重复步骤 8～9 两次。

11. 左过 1 上 1,右串 1 绿回线(4)。

12. 左过 1,右串 2 绿回线(4)。

13～14. 左过 2,右串 1 绿回线(4)。

15. 左过 2 上 1,将线串到中心点二线在一起。

16. 二线一起串 4 绿后,再用一根线串 3 绿回线,完成草莓的根部即可。

完成。

# 小花挂件

图 5-11 为小花挂件。

## 一、材料准备

用料:彩珠 12 个,白珠 2 个,绿珠 6 个,小珠 2 个。

用线:0.7 m。

## 二、详细步骤

1. 右串 4 红对穿。

2. 右过 1 红右串 2 红回线。

3. 右过 1 红串 2 红回线,串链。

图 5-11　小花挂件

4～5. 右过 1 红右串 2 红回线。

6. 右过 1 红左右线与起头珠合拢对穿(形成 6 个瓣)。

7. 左过左,右过右,2 线同串 1 白,右线串 4 绿回线。

8. 左线向右串 1 绿,过 1 红串 1 小上过 2 红翻面串 1 小过 1 红向左过 1 绿,串 1 白向上过 4 红过 1 白向左过 1 绿,右线串 2 绿。

9. 左线串 2 绿,与右线对穿。

完成。

# 杨梅立式老鼠

图 5-12 为杨梅立式老鼠。

## 一、材料准备

用料:12 厘珠白色 88 个、彩色 62 个、红色 3 个、黑色 3 个、黄色 1 个,10 厘珠红色 1 个。

用线:0.5 线 4 m。

## 二、详细步骤

第一圈:

1. 右串 6 白回线(6)。

图 5-12　杨梅立式老鼠

2. 右串 7 白 1 红回 7 白到原位(尾)。

3. 右串 4 白回线(5)。

4. 左过 1 白右串 3 白回线(5)。

5. 右串 1 白 1 红 1 白过 1 白回原位(左后腿)。

6～7. 左过 1 白右串 3 白回线(5)。

8. 右串 1 白 1 红 1 白过 1 白回原位(右后腿)。

9. 左过 1 白右串 3 白回线(5)。

10. 左过 1 白上 1 白右串 2 白回线(5)。

### 第二圈:均为六珠花

1. 左过 1 白右串 4 白回线。

2～5. 左过 2 白右串 3 白回线。

6. 左过 2 白上 1 白右串 2 白回线。

### 第三圈:均为五珠花

1. 左过 1 白右串 3 白回线。

2～5. 左过 2 白右串 2 白回线。

6. 左过 2 白上 1 白,右串 1 白回线。

### 第四圈:

1. 右串 3 白回线(4)。

2～4. 左过 1 白,右串 2 白回线(4)。

5. 左过 2 白串 2 白 1 红 1 彩 1 红 2 白过 2 白,回原位(前腿)再上 1 白右串 2 白回线(6)。

### 第五圈:头部

1. 右串 4 白回线(5)。

2. 左过 1 白右串 4 白回线(6)。

3～4. 左过 1 白右串 3 白回线(5)。

5. 左过 1 白右串 4 白回线(6)。

6. 左过 1 白上 1 白右串 2 白回线(5)。

### 第六圈:

1. 左过 1 白右串 3 白回线(5)。

2. 左过 2 白右串 1 白 1 黑回线(5)右眼。

3. 左过 1 白右串 4 白回线(6)。

4～5. 左过 2 白右串 2 白回线(5)。

6. 左过 2 白左串 2 白回线(5)。

7. 右过 3 白串 1 白回线(5)。

8. 左过 2 白右过 1 白串 1 白 1 黑回线(6)左眼。

9. 左过 2 白上 1 白右串 1 白回线(5)。

10. 左过 1 白右过 4 白回线(5)。

### 嘴:在前五珠花上串线,在前上珠花正中上珠出线

1. 右串 3 白回线(4)。

2. 左过 2 白右串 1 白 1 红回线(5)。

3. 左过 2 白上 1 白,右串 1 白回线(5)。

4. 右过 1 白串 1 黑回线(鼻子)。

**左耳:在眼旁五珠花上编,线在与黑珠隔一个白珠的白珠两端**

1. 右串 4 白回线(5)。

2. 左过 1 白右串 2 白回线(4)。

3. 左过 1 白左串 3 白回线(5)。

4. 右过 2 白串 3 白回线(6)埋线。

**右耳:在右耳对称位置,编法同左耳,只把程序中的左改为右,右改为左**
完成。

# 福　袋

图 5-13 为福袋。

## 一、材料准备

用料:4 厘珠红色 173 个、黄色 95 个。

用线:每片 3 m。

## 二、详细步骤

注意:除注明外均为四珠花。

第一圈:

1. 右串 3 红回线(3)。

2~4. 左串 1 红右串 2 红回线。

5. 右串 2 红回线(3)。

第二圈:

1. 右串 4 红后从第一珠处穿过,再串 2 红回线
(编出两个四珠花)。

2~5. 左过 1 红右串 2 黄回线。

6. 左串 2 红 1 黄回线。

图 5-13　福　袋

第三圈:

1. 左串 3 黄,右向左过 2 黄串 3 红再过 3 黄回原位(编出两个四珠花)。

2~3. 右过 1 黄左串 1 黄 1 红回线。

4. 右过 1 黄左串 1 红 1 黄回线。

5. 右过 1 黄左串 2 黄回线。

6~7. 右过 1 红左串 2 红回线。

8. 右串 2 红回线(3)。

第四圈:

1. 右串 3 红回线。

2. 左过 1 红右串 2 红回线。

3. 左过 1 红右串 1 红 1 黄回线。

4. 左过 1 黄右串 2 黄回线。

5. 左过 1 红右串 1 黄 1 红回线。

6. 左过 1 黄右串 2 黄回线。

7. 左过 1 黄右串 1 黄 1 红回线。

8. 左过 1 黄右串 2 黄回线。

9. 左过 1 红右串 2 红回线。

10. 左串 2 红 1 黄回线。

**第五圈：**

1. 左串 3 红过第 1 红（3）再串 2 黄回线（4）。

2. 右过 1 红左串 1 黄 1 红回线。

3. 右过 1 黄左串 1 红 1 黄回线。

4～6. 右过 1 黄左串 2 黄回线。

7. 右过 1 黄左串 1 黄 1 红回线。

8. 右过 1 红左串 2 黄回线。

9. 右过 1 红左串 1 黄 1 红回线。

10. 右过 1 红右串 2 红回线。

**第六圈：**

1. 右串 3 红回线。

2. 左过 1 黄右串 1 红 1 黄回线。

3～4. 左过 1 黄右串 2 黄回线。

5～6. 左过 1 黄右串 1 红 1 黄回线。

7. 左过 1 黄右串 2 红回线。

8. 左过 1 红右串 2 黄回线。

9. 左过 1 黄右串 2 黄回线。

10. 左过 1 黄右串 2 红回线。

11. 左过 1 红左串 2 红回线。

**第七圈：**

1. 左串 3 红回线。

2. 右过 1 红左串 2 红回线。

3. 右过 1 黄左串 2 红回线。

4. 右过 1 黄左串 1 红 1 黄回线。

5. 右过 1 红左串 2 黄回线。

6. 右过 1 红左串 1 黄 1 红回线。

7. 右过 1 红左串 1 红 1 黄回线。

8～9. 右过 1 黄左串 2 黄回线。

10. 右过 1 红左串 1 黄 1 红回线。

11. 右过 1 红右串 2 红回线。

**第八圈：**

1. 右串 3 红回线。

2. 左过 1 黄右串 2 黄回线。

3～4. 左过 1 黄右串 1 红 1 黄回线。

5. 左过 1 红右串 1 红 1 黄回线。

6～7. 左过 1 黄右串 2 黄回线。

8. 左过 1 红右串 1 红 1 黄回线。

9. 左过 1 红右串 2 黄回线。

10. 左过 1 红右串 1 黄 1 红回线。

11. 左过 1 红左串 2 红回线。

**第九圈：**

1. 左串 2 红回线(3)。

2～3. 右过 1 黄左串 2 红回线。

4. 右过 1 红左串 2 黄回线。

5～6. 右过 1 黄左串 2 黄回线。

7. 右过 1 红左串 2 红回线。

8. 右过 1 红左串 1 黄 1 红回线。

9. 右过 1 红左串 2 红回线。

10. 右过 1 黄左串 2 红回线。

11. 右过 1 红左串 2 红回线。

12. 左串 1 红右串 2 红回线。

13. 左串 1 黄右串 2 红回线。

14. 右串 3 红回线。

**第十圈：**

1. 右串 2 红 1 黄回线。

2. 左过 1 黄右串 2 黄回线。

3～5. 左过 1 红右串 2 红回线。

6. 左过 1 红右串 1 红 1 黄回线。

7. 左过 1 黄右串 2 黄回线。

8. 左过 1 红右串 1 黄 1 红回线。

9～10. 左过 1 黄右串 2 红回线。

11. 左过黄右串 1 红 1 黄回线。

12. 左过 1 红右串 2 红回线。

13. 左过 1 红左串 2 红回线。

**第十一圈：**

1. 将线穿到右边四珠花上面一珠两端，左串 2 红回线(3)。

2～4. 右过 1 红左串 2 红回线。

5～6. 右过 1 黄左串 2 红回线。

7～10. 右过 1 红左串 2 红回线。

11. 右过 1 黄右串 2 红回线。

**第十二圈：**

1. 将线穿到左边四珠花上。

2. 左过 1 红右串 2 红回线。

3. 左过 1 红右串 1 黄 1 红回线。

4. 左过 1 红右串 1 黄 1 红回线。

5. 左过 1 红左串 2 红回线。

**第十三圈：**

1. 左串 2 红 1 黄回线。

2. 右过 1 黄左串 2 黄回线。

3. 右过 1 红右串 2 红回线。

**第十四圈：**

1. 将线穿到左边四珠花黄珠两端，右串 3 红回线。

2. 左过 1 红左串 2 红回线。

**完成福袋的一片，按此步骤再编另外一片，将两片用四珠花连接起来，装上提手和中国结完成。**

# 唐老鸭（一）

图 5 - 14 为唐老鸭（一）。

## 一、材料准备

用料：6 厘珠白色 360 个、黄色 105 个、紫色 14 个、粉色 32 个、红色 12 个、黑色 2 个。

用线：身体和头部 5 m、嘴 0.7 m、每条腿 1 m、尾 0.6 m、每个翅膀 0.7 m、胸花 0.1 m。

图 5 - 14　唐老鸭（一）

## 二、详细步骤

从底部开始：

第一圈：

1. 右串 5 白回（5）。

2. 右串 5 白回线（6）。

3～5. 左过 1 白右串 4 白回线（6）。

6. 左过 1 白上 1 白右串 3 白回线（6）（端面 15 珠）。

第二圈：

1. 左过 1 白右串 4 白回线（6）。

2. 左过 1 白右串 3 白回线（5）。

3. 左过 2 白右串 3 白回线（6）。

4～9. 同 2～3，3 次。

10. 左过 1 白上 1 白右串 2 白回线(5)(端面 20 珠)。

**第三圈：**

1. 左过 1 白右串 4 白回线(6)。

2～9. 左过 2 白右串 3 白回线(6)。

10. 左过 2 白上 1 白右串 2 白回线(6)(端面 20 珠)。

**第四圈：**

1. 右串 4 白回线(5)。

2. 左过 1 白右串 2 白回线(4)。

3. 左过 2 白右串 2 白回线(5)。

4. 左过 1 白右串 2 白回线(4)。

5. 左过 1 白右串 3 白回线(5)。

6. 左过 2 白右串 2 白回线(5)。

7～11. 左过 2 白右串 3 白回线(6)。

12. 左过 2 白上 1 白右串 1 白回线(5)(端面 19 珠)。

**第五圈：**

1. 左过 1 白右过 1 白左串 2 白回线(5)。

2. 右过 2 白左串 2 白回线(5)。

3～4. 右过 2 白左串 3 白回线(6)。

5. 右过 2 白左串 2 白回线(5)。

6. 右过 2 白上 1 白左串 1 白回线(5)(端面 13 珠)。

**第六圈：**

1. 右串 3 白回线(4)。

2～4. 左过 2 白右串 3 白回线(6)。

5. 左过 1 白右串 2 白回线(4)(端面 15 珠)。

**第七圈：**

1. 左过 1 白右串 3 白回线(5)。

2～4. 左过 1 白右串 2 白回线(4)。

5～8. 左过 2 白右串 2 白回线(5)。

9. 左过 2 白上 1 白右串 1 白回线(5)(端面 9 珠)。

**第八圈：**

1. 左过 2 白左串 2 白回线(5)。

2. 右过 2 白左串 2 白回线(5)。

3. 右过 3 白串 1 白回线(5)(端面 4 珠)。

**颈部：**

1. 右串 3 白回线(4)。

2～3. 左过 1 白右串 2 白回线(4)。

4. 左过 1 白上 1 白右串 1 白回线(4)。

5～12. 同 1～4,2 次。

13. 右串 4 白回线(5)。

14~15. 左过 1 白右串 2 白回线(4)。

16. 左过 1 白上 1 白右串 1 白回线(4)(端面 5 珠)。

头部：

第一圈：

1. 右串 5 白回线(6)。

2~4. 左过 1 白右串 4 白回线(6)。

5. 左过 1 白上 1 白右串 3 白回线(6)(端面 15 珠)。

第二圈：

1. 左过 1 白右串 3 白回线(5)。

2. 左过 1 白右串 4 白回线(6)。

3. 左过 2 白右串 2 白回线(5)。

4. 左过 1 白右串 3 紫 1 白回线(6)。

5. 右串 1 黑过 3 白回原位(填空,左眼)。

6. 左过 2 白右串 2 白回线(5)。

7. 左过 1 白右串 3 紫 1 白回线(6)。

8. 右串 1 黑过 3 白回原位(填空,右眼)。

9. 左过 2 白右串 2 白回线(5)。

10. 左过 1 白右串 4 白回线(6)。

11. 左过 2 白右串 2 白回线(5)。

12. 左过 1 白上 1 白右串 3 白回线(6)(端面 20 珠)。

第三圈：

1. 左过 2 白右串 3 白回线(6)。

2. 左过 1 白右串 3 白回线(5)。

3. 左过 2 白 1 紫右串 1 白 1 紫回线(6)。

4. 左过 1 紫右串 3 紫回线(5)。

5. 右回过 2 紫串 3 黄过 1 紫回原位(左眉)。

6. 左过 1 紫 1 白 1 紫右串 1 白 1 紫回线(6)。

7. 左过 1 紫右串 3 紫回线(5)。

8. 右过 1 紫串 3 黄再过 5 紫回原位(右眉)。

9. 左过 1 紫 2 白右串 2 白回线(6)。

10. 左过 1 白右串 3 白回线(5)。

11. 左过 3 白右串 2 白回线(6)。

12. 左过 1 白上 1 白右串 2 白回线(5)(端面 15 珠)。

第四圈：

1. 左过 2 白右串 3 白回线(6)。

2. 左过 2 白 1 紫右串 2 白回线(6)。

3. 左过 1 紫 1 白 1 紫右串 2 白回线(6)。

4. 左过 1 紫 2 白右串 2 白回线(6)。

5. 左过 3 白上 1 白右串 1 白回线(6)(端面 5 珠)。

冠：

第一圈：

1. 左过 1 白右串 1 白 2 粉 1 白回线（6）。

2～3. 左过 1 白右串 2 粉 1 白回线（5）。

4. 左过 1 白上 1 白右串 2 粉回线（5）（端面 8 珠）。

第二圈：

1. 右串 4 粉回线（5）。

2～3. 左过 1 粉右串 3 粉回线（5）。

4. 左过 1 粉左串 3 粉回线（5）。

5. 左过 1 粉右过 1 粉串 1 粉回线（4）。

6. 右串 3 粉回线（4）。

7. 左过 2 粉右过 1 粉串 1 粉回线（5）。

8. 左过 1 粉右过 2 粉串 1 粉回线（5）。

9. 左过 1 粉右过 1 粉串 2 粉回线（5）。

10. 左过 1 粉上 1 粉右串 2 粉回线（5）。

11. 右过 2 粉串 1 粉回线（4）。

12. 右过 3 粉回线（4）。

**嘴：重新起头线在眼旁五珠花上边一珠两端**

第一圈：

1. 右串 3 黄回线（4）。

2～4. 左过 1 白右串 2 黄回线（4）。

5. 左过 1 白上 1 黄右串 1 黄回线（4）。

第二圈：

1. 右串 3 黄回线（4）。

2. 左过 1 黄右串 3 黄回线（5）。

3. 左过 1 黄右串 2 黄回线（4）。

4. 右串 2 黄回线（3）。

5. 右过 1 黄串 1 黄再过 2 黄回原位。

6. 左过 2 黄右串 2 黄回线（5）。

7. 左上 1 黄串 1 黄回线（3）。

8. 左串 1 黄过 2 黄回线。

9. 将线在端面 7 珠上穿过回线。

**左腿：从底部看，头朝下，嘴向右，线穿在身体的第二圈左边六珠花左侧一珠两端**

第一圈：

1. 右串 3 白回线（4）。

2. 左过 1 白左串 2 白回线（4）。

3. 左串 3 白回线（4）。

4. 右过 1 白左串 2 白回线（4）。

5. 右过 3 白左串 2 白回线（6）。

6. 右过 2 白上 2 白串 1 白回线（6）（端面 4 珠）。

**第二圈：**

1. 右串 4 黄回线（5）。

2～3. 左过 1 白右串 3 黄回线（5）。

4. 左过 1 白上 1 黄右串 2 黄回线（5）（端面 8 珠）。

**第三圈：**

1. 左串 3 黄回 2 黄，右串 2 黄绕左边，第 3 黄回 2 黄再向右过 1 黄。

2. 左向右过 1 黄上 1 黄串 3 黄回 2 黄再向右过 2 黄，右串 3 黄绕左边头上 1 黄回 3 黄再向右过 1 黄。

3. 左上过 1 黄串 3 黄回 3 黄再向右过 1 黄，右串 3 黄绕左边头上 1 黄回 3 黄再向右过 1 黄。

4. 左上过 1 黄串 2 黄回 1 黄，右串 2 黄绕左边头上 1 黄回 2 黄（左过 3 黄，右过 4 黄回线拉紧）。

**右腿：在对称位置，编法相同，只把上述程序中左改为右，右改为左**

**左翅：线穿在左腿旁六珠花右上端一珠两端**

**第一圈：**

1. 右串 4 白回线（5）。

2. 左过 2 白右串 3 白回线（6）。

3. 左过 1 白左串 3 白回线（5）。

**第二圈：**

1. 右过 1 白左串 3 白回线（5）。

2. 右过 2 白左串 3 白回线（6）。

3. 右过 1 白串 1 白左串 2 白回线（5）。

4. 右串 3 白回线。

**右翅：在对称位置，编法同左翅，只把上述程序中左改为右，右改为左**

**尾部：线在尾部五珠花下部右边一珠两端**

1. 右串 3 白回线（4）。

2. 左过 1 白右串 3 白回线（5）。

3. 左过 1 白左串 2 白回线（4）。

4. 右过 1 白左串 6 白回线（8）。

5. 左过 2 白右过 2 白串 3 白回线（8）。

6. 左串 2 白 1 红回 2 白，埋线。

**胸花：**

1. 右串 3 红回线（3）。

2. 右串 1 红过 1 红，再串 1 红过 1 红。

3. 两线同时串 1 红。

4. 右串 3 红回线（3）。

5. 右串 1 红过 1 红，再串 1 红过 1 红，埋线将胸花固定在胸前颈下第二个四珠花前。

完成。

# 五瓣花吊坠

图 5-15 为五瓣花吊坠。

## 一、材料准备

用料：8 厘扁珠 15 个，6 厘圆珠 40 个。

用线：0.9 m。

## 二、详细步骤

1. 右串 5 白回线（5）。

2. 右串 1 扁，1 白 1 扁，1 白 1 扁回线（6）。

3~5. 左过 1 白，右串 3 白穿链过 2 白（4）再串 1 扁 1 白 1 扁回线。

6. 左过 1 白 1 扁，右串 3 白过 2 白（4）右串 1 扁 1 白回线（6）。

7. 左过 1 白，右串 3 白过 2 白（4）右串 1 扁回线。

8. 左过 1 白，右串 2 白回线（4）。

9. 右过 1 白，右串 2 白回线（4）左过 1 扁，右串 1 扁 1 白 1 扁 1 白回线（6）。

10. 左过 2 白回线（4）。

11. 左过 1 扁，右过 1 扁串 1 白 1 扁 1 白回线（6）。

12~15. 同 10~11，2 次。

16. 左过 1 扁 1 白 1 扁，右过 1 扁串 1 白回线（6）。

17. 把中间 5 个白珠穿紧埋线。

完成。

图 5-15 五瓣花吊坠

# 扁圆小吊坠

图 5-16 为扁圆小吊坠。

## 一、材料准备

用料：4 厘珠白色 30 个；6 厘珠 15 个，红色、黄色、蓝色、绿色、粉色各 3 个。

用线：0.6 m。

## 二、详细步骤

1. 串 5 小回线（5）。

2. 右串 1 红 1 小 1 彩 1 小 1 黄回线（6）。

3. 左过 1 小右串 1 小 1 彩 1 小 1 蓝回线（6）。

图 5-16 扁圆小吊坠

4. 左过 1 小右串 1 小 1 彩 1 小 1 绿回线(6)。

5. 左过 1 小右串 1 小 1 彩 1 小 1 粉回线(6)。

6. 左过 1 小 1 红右串 1 小 1 彩 1 小穿环回线(6)。

7. 左过 1 小右串 2 小回线(4)。

8. 左过 1 彩右串 1 绿 1 小 1 粉 1 小回线(6)。

9. 左过 2 小右串 1 小回线(4)。

10. 左过 1 彩右过 1 粉串 1 小 1 红 1 小。

11. 回线(6)。

12. 左过 1 彩右过 1 红串 1 小 1 黄 1 小。

13. 回线(6)。

14. 左过 1 彩右过 1 黄串 1 小 1 蓝 1 小。

15. 回线(6)。

16. 左过 1 彩 1 小 1 绿右过 1 蓝 1 串 1 小回线(6)。

17. 右过 4 小回线(5)。

完成。

# 青　蛙

图 5-17 为青蛙。

**图 5-17　青　蛙**

## 一、材料准备

用料:绿珠 55 个,白珠 24 个,黑珠 2 个,红珠 1 个。

用线:8 厘珠 2 m,6 厘珠 1.5 m。

## 二、详细步骤

1. 串 6 绿回线(6)。

2. 右串 5 绿回线(6)。

3. 左串 3 绿回线(4)脚。

4. 左串 1 绿左过 3 绿右过 1 绿回原位,脚完成。

5～6．左过1绿右串2白回线(4)。

（脚在白珠外"下"）

7．左过1绿右串1白1绿回线(4)。

8．左串3绿回线(4)脚。

9．左串1绿左过3绿,右过1绿回原位,脚完成。

10．左过1绿右串4绿回线(6)。

11．左过1绿上1绿右串2绿回线(5)。

（11珠圈）

12．左过1绿右串3绿回线(5)。

13．左过1绿右串1绿2白1绿回线(6)。

14．左串3绿回线(4)脚。

15．左串1绿左过3绿右过1绿回原位,脚完成。

16．左过1绿1白右串2白回线(5)。

17．左过1白右串2白回线(4)。

18．左过1白1绿右串1白1绿回线(5)。

19．左串3绿回线(4)脚。

20．左串1绿左过3绿右过1绿回原位,脚完成。

21．左过1绿右串2白2绿回线(6)。

22．左过1绿上1绿右串2绿回线(5)。

（13珠圈）（白珠冲前拿）

23．左过1绿右串2绿回线(4)。

24．左串4绿回线(5)。

25．左串1黑过2绿回原位(中间加1黑珠)。

26．右过1绿左串3绿回线(5)。

（中间加1黑珠,双眼完成）（17珠圈）

27．右过2绿右串1绿回线(4)。

28．左过1绿右串3白回线(5)。

29．左过2绿右串1白回线(4)。

30．左串1红左过2白回原位。

（中间加1红舌头）

31．左过1绿右过1白右串1白1绿回线(5)。

32．左过4绿回原位(4)(固定4绿珠花)。

33．左过1绿3白右过1白。

（两线在同一白珠上）

34．左过1白右串2白回线(4)。

35．左过2白右串1白回线(4)。

36．左过1白右串1白回线(3)。

37．左过2白右串1白回线(4)。

38．左过2白右过1白回线(4)。

完成。

# 小喇叭花

图 5-18 为小喇叭花。

## 一、材料准备

用料:4 厘珠白色 22 个(第 1 圈),6 厘珠彩色 15 个(第 2 圈),8 厘珠彩色 25 个(第 3 圈),米珠 240 个左右。

用线:2 m。

**图 5-18　小喇叭花**

## 二、详细步骤

1. 右串 5 白回线(5)。

2. 右串 1 白 1 彩 1 白回线(4)。

3~5. 左过 1 右串 1 彩 1 白回线(4)。

6. 左过 1 上 1 右串 1 彩回线(4)。

7. 右串 3 彩回线(4)。

8~10. 左过 1 右串 2 彩回线(4)。

11. 左过上 1 右串 1 彩回线(4)。

12. 右串 4 彩回线(5)。

13~15. 左过 1 右串 3 彩回线(5)。

16. 左过 1 上 1 右串 2 彩回线(5)。

17. 两线各串 10 小米珠隔 1 珠过 1 珠(左线向左,右线向右),再串 10 小米珠,隔 1 珠过 1 珠,共重复 5 次,编花边。

(重复上述程序再编一个喇叭花)

18. 线中间串一铃铛,两头并起穿过喇叭花到上端,串 1 彩珠后串 15 个小米珠再串 1 白 1 彩 1 白,再串 16 个小米珠,过 1 白 1 彩 1 白,串 15 个小米珠 1 彩珠,从另一个小喇叭花中串出,再串 1 小铃铛,将两线锁紧。

完成。

# 小辣椒

图 5-19 为小辣椒。

## 一、材料准备

用料:6 厘扁珠红色 68 个、绿色 31 个。

用线:1.2 m。

# 二、详细步骤

1. 右串 4 红回线(4)。

2. 右串 2 红回线(3)。

3. 左隔 1 过 1 右串 1 红回线(3)。

4. 右串 5 红回线(6)。

5. 左过 1 右串 2 红回线(4)。

6. 左过 1 上 1 右串 3 红回线(6)。

7~8. 左过 1 右串 4 红回线(6)。

9. 左过 3 右串 2 红回线(6)。

10. 左过 2 右串 3 红回线(6)。

11. 左过 1 右串 4 红回线(6)。

12. 左过 2 右串 3 回线(6)。

13. 左过 1 右串 4 回线(6)。

14. 左过 3 右串 2 红回线(6)。

15. 左过 1 上 1 右串 3 红回线(6)。

16. 左过 1 右串 4 红回线(6)。

17~18. 左过 2 右串 3 红回线(6)。

19. 左过 1 右串 4 红回线(6)。

20. 左过 3 右串 1 红回线(5)。

21. 左过 1 上 1 右过 1 串 2 红回线(6)。

22. 左过 1 右串 1 红 2 绿 1 红回线(6)。

23~25. 左过 2 右串 2 绿 1 红回线(6)。

26. 左过 2 上 1 右串 2 绿回线(6)。

27. 左过 1 右串 3 绿回线(5)。

28~30. 左过 2 右串 2 绿回线(5)。

31. 左过 2 上 1 右串 1 绿回线(5)。

32. 左过 1 右串 10 绿隔 6 绿过 3 绿串 1 绿过 1 绿回原位。

33. 左过 2 右过 2 回线(5)。

完成。

图 5-19　小辣椒

# 河　蚌

图 5-20 为河蚌。

# 一、材料准备

用料:扁珠彩色 60 个、白色 10 个、大白珠 1 个、中白珠 1 个。

用线:0.5 m×2。

图 5-20  河  蚌

## 二、详细步骤

第一圈：

1. 右串 3 彩 1 中白 2 彩，串 1 环回线(6)。

2. 右串 5 彩回线(6)。

3. 左过 1 彩右串 3 彩回线(5)。

4. 左过 1 彩串 2 彩右串 2 彩回线(6)。

第二圈：

1. 左串 1 彩 2 白 2 彩回线(6)。

2~3. 右过 2 彩左串 3 彩回线(6)。

4. 右过 1 彩串 1 彩 2 白 1 彩回线(6)。

第三圈：

1. 左过 1 彩右串 2 白 1 彩回线(5)。

2. 左过 2 彩右串 2 白 1 彩回线(6)。

3. 左过 1 彩上 1 彩右串 2 白回线(5)，完成一片。

用同样方法编另一片，但注意，大白珠与第一片共用，第一步不用串环。将两线穿到第一圈中间五珠花下边两珠两端，向下穿到内侧一面，串 1 大白回线。再将两片的两线穿到外侧，穿到第三圈，一条线过 10 个白珠后回线，将边缘拉紧。埋线

完成。

# 蜻  蜓

图 5-21 为蜻蜓。

## 一、材料准备

用料：8 厘珠紫色 20 个、翅膀 4 个，6 厘珠小红 1 个，10 厘珠黑色 2 个。

用线：1.1 m。

## 二、详细步骤

1. 右串 1 紫 1 白 2 紫回线（4）。

2. 右串 7 紫隔 1 回过 5 紫串 1 紫过 1 紫线回原位（尾）。

3. 右串 3 紫回线（4）。

4. 左过 1 紫右串 2 紫翅膀 1 白回线。

5. 左过 1 白右串 2 白回线（4）。

6. 左过 1 紫上 1 紫右串 2 翅膀回线。

7. 右串 1 白 1 黑 1 紫回线（4）。

8. 左过 1 紫右串 2 紫回线（4）。

9. 左过 2 翅膀右串 1 黑 1 白回线（4）。

10. 左过 1 白上 1 白右串 1 小红回线（4）。

11. 将线穿到背部中间一珠两端，左串 1 紫右串 2 紫穿链回线。

完成。

图 5 - 21　蜻　蜓

# 三角形挂件

图 5 - 22 为三角形挂件。

## 一、材料准备

用料：6 厘珠紫色 9 个、白色 12 个、黄色 12 个、橘色 18 个。

用线：0.9 m。

## 二、详细步骤

**注意：**除注明外均为四珠花。

1. 右串 2 白 2 橘回线。

2. 右串 2 紫 1 橘回线。

3~4. 左串 2 白 1 橘回线。

5. 右过 1 紫串 1 紫 1 橘回线。

6~7. 左串 2 白 1 橘回线。

8. 右串 2 紫串 1 橘回线。

9. 右过 1 橘左串 2 白回线。

10. 右串 1 紫 1 黄回线（3）。

11. 右串 2 橘 1 黄回线。

12. 左过 2 白串 1 黄回线。

13. 右串 2 橘 1 黄回线。

14~15. 左过 1 白串 1 紫（3）两线同时穿过 1 环。

图 5 - 22　三角形挂件

16. 右过 1 橘串 1 橘 1 黄回线。

17. 左过 2 白串 1 黄回线。

18. 右串 2 橘 1 黄回线。

19. 左过 1 白串 1 紫回线(3)。

20. 左过 1 白串 1 黄回线(3)。

21. 右过 1 橘串 1 橘 1 黄回线。

22. 左过 2 白右串 1 黄回线。

23. 右串 1 橘过 1 橘串 1 黄回线。

24. 左过 1 白 1 紫,回线(3)。

25. 将两线穿到中间两橘珠两端,右串 2 紫回线。

26. 左过 2 橘右串 1 紫回线。

完成。

# 茄　子

图 5-23 为茄子。

## 一、材料准备

用料:8 厘珠紫色尖珠 48 个,6 厘珠绿色 13 个。

用线:1.1 m。

## 二、详细步骤

**第一圈:**

1. 串 5 紫回线(5)。

2. 右串 4 紫回线(5)。

3～5. 左过 1 紫右串 3 紫回线(5)。

6. 左过 1 紫上 1 紫右串 2 紫回线(5)。

**第二圈:**

1. 左过 1 紫右串 4 紫回线(6)。

2. 左过 2 紫右串 3 紫回线(6)。

3～4. 左过 2 紫右串 2 紫回线(5)。

5. 左过 2 紫上 1 紫串 1 紫回线(5)。

**第三圈:**

1. 左过 1 紫右串 3 紫回线(5)。

2～3. 左过 2 紫右串 2 紫回线(5)。

4. 左过 1 紫上 1 紫右串 1 紫回线(4)。

**第四圈:**

1. 右串 3 紫回线(4)。

2～3. 左过 1 紫右串 2 紫回线(4)。

**图 5-23　茄　子**

4. 左过 1 紫上 1 紫右串 1 紫回线（4）。

**茄子把：**

1. 右串 3 绿回线（4）。

2~3. 左串 1 绿过 1 紫右串 2 绿回线（4）。

4. 左串 1 绿过 1 紫串 1 绿上 1 绿右串 1 回线（4）。

5. 左过 1 绿右串 1 绿穿环回线（3）。

完成。

# 两只小猫

图 5-24 为两只小猫。

## 一、材料准备

用料：共分为五个部分。

用线：共分为五个部分。

## 二、详细步骤

### 头部：（线 1.5 m）

1. 右串 6 白回线（6）。

2. 右串 4 白回线（5）。

3. 左过 1 右串 4 白回线（6）。

4. 左过 1 右串 3 白回线（5）。

5~6. 左过 1 右串 4 白回线（6）。

7. 左过 2 右串 3 白回线（6）。

8. 左过 1 右串 3 白回线（5）。

9. 左过 2 右串 3 白回线（6）。

10. 左过 1 右串 4 白回线（6）。

11. 左过 2 右串 3 白回线（6）。

12. 左过 2 右串 2 白回线（5）。

13. 左过 1 右串 4 白回线（6）。

14. 左过 1 上 1 右串 1 黑 1 白回线（5）眼。

15. 左过 1 右串 1 白 1 红 2 白回线（6）嘴。

16. 左过 2 右串 1 黑 1 白回线（5）眼。

17~18. 左过 2 右串 3 白回线（6）。

19. 左过 2 右串 2 白回线（5）。

20. 左过 1 右串 4 白回线（6）。

21. 左过 2 右串 2 白回线（5）。

22. 左过 2 上 1 右串 2 白回线（6）。

23. 左过 1 右串 3 白 1 线（5）。

图 5-24　两只小猫

24. 左过 1 白 1 黑上 1 白右串 2 白回线(6)。

25. 左过 1 红右串 1 白 1 黄 2 白回线(6)。

26. 左过 1 白 1 黑 1 白右串 2 白回线(6)。

27. 左过 2 右串 2 白回线(5)。

28. 左过 2 上 1 右串 1 白 1 红回线(6)。

29. 左过 1 右串 1 红过 1 黄再串 1 红 1 白回线(6)。

30. 左过 4 白串 1 白回线封顶(6)。

**身体:重新起头,从底部开始(线 2 m,基本上是白珠)**

**注意:除注明外均为四珠花。**

1. 右串 4 回线。

2. 左串 1 右串 2 回线。

3. 右串 3 回线。

4. 右串 3 回线。

5. 左过 1 右串 2 回线。

6. 左过 1 串 1 右串 1 回线,翻面左线变右线。

7~12. 同 4~6,2 次。

13. 右串 3 回线。

14. 左过 1 右串 2 回线。

15. 左过 1 右串 2 回线。

16. 右串 3 回线。

17~30. 左过 1 右串 2 回线。

31. 左过 1 上 1 右串 1 回线。

32. 右串 1 白 1 红 1 白回线。

33~36. 左过 1 右串 2 回线。

37. 左过 2 右串 2 回线(5)。

38. 左过 1 右串 2 回线。

39. 左过 2 右串 2 回线(5)。

40~44. 左过 1 右串 2 回线。

45. 左过 1 上 1 右串 1 回线。

46. 右串 1 红过头上的右边第二红珠再串 1 红回线。

47. 左过 1 红右过头上的黄珠再串 1 红回线。

48. 左过 1 白右过头上的 1 红再串 1 红回线。

49~50. 左过 1 白右串 2 白回线。

51. 左过 2 右串 1 白回线。

52. 左过 1 右串 2 白回线。

53. 左过 2 右串 1 白回线。

54. 左过 1 串 1 白右串 1 白回线。

55. 右过 1 上 1 串 1 白回线。

56. 右上过 1 再过头上的 1 白串 1 白回线。

57. 左过 2 串 1 白回线。

58. 左过 1 右过头上的 1 白再串 1 白回线。

59. 左过 1 右过头上的 1 红再下过 1 红,用左线回线封口。

**右前脚:从外侧编起**

1. 右串 3 白回线。

2～3. 左过 1 右串 2 白回线。

4. 左过 1 上 1 右串 1 白回线。

5. 右串 1 白 1 黄 1 白回线。

6～7. 左过 1 右串 2 回线。

8. 左过 1 上 1 右串 1 白回线。

9. 左串 1 黄 1 白回线。

10. 右过 1 左串 1 黄 1 白回线。

11. 右过 1 左串 1 黄回线。

12. 右过 3 黄回线。

**左前脚:从外侧编起**

1. 右串 3 白回线。

2～3. 左过 1 右串 2 白回线。

4. 左过 1 上 1 右串 1 白回线。

5. 右串 3 白回线。

6. 左过 1 右串 2 白回线。

7. 左过 1 右串 1 黄 1 白回线。

8. 左过 1 上 1 右串 1 白回线。

9. 右串 1 黄 1 白回线。

10. 左过 1 右串 1 黄 1 白回线。

11. 左过 1 左 1 黄回线。

12. 右过 3 黄回线。

**后脚:**

1. 右串 3 白回线。

2～3. 左过 1 右串 2 白回线。

4. 左过 1 上 1 右串 1 白回线。

5. 右过 1 左过 3 右串 3 白回线。

6. 左过 2 右串 1 白回线。

7. 左过 1 右过 1 串 1 白回线(左线变右线)。

8. 右串 1 白 1 黄 1 白回线。

9～10. 左过 1 右串 1 黄 1 白回线。

11. 左上 1 右串 1 黄回线。

12. 右过 3 黄回线,耳及尾。

完成。

**注意:**上述为头向右偏的小猫珠编步骤,在编头向左偏的小猫时,只需改变头部下列步骤:28. 左过2上1右串2白回线(6);29. 左过1右串1红过1黄再串2红回线(6)。编身体时,将步骤中的左改为右,右改为左即可。

# 小 鸡

图5-25为小鸡。

**图 5-25 小 鸡**

## 一、材料准备

用料:4厘珠白色72个、红色17个、黑色2个。

用线:0.8 m。

## 二、详细步骤

**从尾部开始:**

1. 串5白回线。

2. 右串4白回线(5)。

3. 左过1白右串3红(尾)过1白回原位,右串3白回线(5)。

4~5. 左过1白右串3白回线(5)。

6. 左过1白上1白右串2白回线(5)。

7. 左过1白右串4白回线(6)。

8. 右串3红过1白回原位,左过2白右串3白回线(6)。

9~10. 左过2白串3白回线(6)右串3红过1白回原位。

11. 左过2白上1白右串2白回线(6)。

12. 左过1白右串3白回线(5)。

13~15. 左过2白右串2白回线(5)。

16. 左过2白上1白右串1白回线(5)。

**头部:将线穿到五珠花的前面一珠两端**

1. 右串3白回线右串1红(嘴)过2白回原位。

2. 左过1白右串1黑(眼)1白回线(4)。

3~4. 左过1白右串2白回线(4)。

5. 左过1白上1白串1黑回线(4)。

6. 将线穿到头上五珠花后面两珠中间,两线同时串3红(冠),然后到五珠花的前面一珠回线,埋线。

完成。

# 小小猪挂件

图5-26为小小猪挂件。

# 一、材料准备

用料:白珠 55 个,彩珠 11 个,黑珠 2 个,米珠 4 个。

用线:6 厘珠 1.5 m,5 厘珠 1 m。

# 二、详细步骤

**第一圈:**

1. 右串 6 白回线(6)。

2. 右串 1 彩 1 小彩回 1 彩到原位(尾)。

3. 右串 4 白回线(5)。

4~7. 左过 1 白右串 3 白回线(5)。

8. 左过 1 白上 1 白右串 2 白回线(5)。

**第二圈:**

1. 左过 1 白右串 4 白回线(6)。

2~3. 左过 2 白右串 3 白回线(6)。

4. 右串 1 彩回 1 白再串 1 彩回 1 白到原位(脚)。

5. 左过 2 白右串 3 白回线(6)。

6. 右串 1 彩回 1 白再串 1 彩回 1 白到原位(脚)。

7. 左过 2 白右串 3 白回线(6)。

8. 左过 2 白上 1 白右串 2 白回线(6)。

**第三圈:**

1. 右串 3 彩过 1 白回原位(耳)。

2. 左过 1 白右串 1 黑 2 白串链回线(5)(眼)。

3. 左过 2 白串 3 彩过 1 白回原位(耳),右串 1 白 1 黑回线(5)(眼)。

4~6. 左过 2 白右串 2 白回线(5)。

7. 左过 2 白上 1 黑右串 1 白回线(5)。

**第四圈:**

1. 右过 1 白串 1 白 1 小彩 1 白回线(5)。

2. 左过 2 白右串 1 小彩 1 白回线(5)。

3. 左过 2 白上 1 白右串 1 小彩回线(5)。

完成。

**图 5 - 26　小小猪挂件**

# 京巴小狗

图 5 - 27 为京巴小狗。

# 一、材料准备

用料:白色 79 个,彩色 17 个,黑色 2 个,红色 1 个。

用线:6 厘珠 1.5 m,5 厘珠 1.25 m,4 厘珠 1 m。

## 二、详细步骤

图 5 – 27　京巴小狗

**第一圈：**

1. 右串 5 白回线(5)。

2. 右串 3 白 1 彩回 2 白串 1 白回原位(尾巴)。

3. 尾巴朝上，右串 4 白回线(5)。

4～6. 左过 1 白，右串 3 白回线(5)。

7. 左过 1 白上 1 白，右串 3 白回线(5)。

**第二圈：**

1. 左过 1 白，右串 4 白回线(6)。

2. 左过 2 白，右串 3 白回线(6)。

3. 左过 2 白，左串 1 白 1 彩 1 白(腿)，从下往上过 2 白，右串 3 白回线(6)。

4. 左过 2 白，右串 3 白回线(6)。

5. 左向下过 2 白，串 1 白 1 彩 1 白(腿)，过 3 白，串 2 白回线(6)。

**第三圈：**

1. 左过 1 白，右串 3 白回线(5)。

2～3. 左过 2 白，右串 2 白回线(5)。

4. 左过 1 白串 1 白 1 彩 1 白(腿)过 3 白，右串 2 白回线(5)。

5. 左过 3 白右串 1 白 1 彩 1 白回 2 白，右串 1 白回线(5)，将线串到上下五珠花连接处 1 珠的两边。

**头部：**

1. 右串 4 白回线(5)。

2～4. 左过 1 白，右串 3 白回线(5)。

5. 左过 1 白上 1 白，右串 2 白回线(5)。

6. 左过 1 白，右串 1 黑 1 白 1 红回线(5)。

7. 左过 2 白，右串 1 白 1 黑回线(5)。

8. 左过 2 白，左串 4 彩过 2 白回原位，左过 1 彩串 2 彩过 1 彩过 2 白回原位，(左耳)，右串 2 白回线(5)。

9. 左过 2 白，右串 2 白，串链回线(5)。

10. 左过 2 白，串 4 彩回 2 白到原位，左过 1 彩串 2 彩过 1 彩 2 白回原位，(右耳)过 1 黑串 1 白回线(5)。

完成。

# 吉娃娃挂件

图 5-28 为吉娃娃挂件。

## 一、材料准备

用料:5 厘珠白色 36 个、金色 13 个、黑色 2 个、红色 1 个。

用线:1 m。

## 二、详细步骤

**身体:**

1. 右串 4 白回线(4)。

2. 左串 1 白右串 2 白回线(4)。

3. 左串 1 白右串 1 白过第一个四珠花中间 1 珠后回线(4)。

**尾部:**

右串 2 白 1 金后从 2 白穿回。

**脚:**

在第二个四珠花的四角各串 1 白 1 金后,从白珠穿回,将两线穿到尾部对面 1 珠的一端编头部。

**头部:**

1. 右串 4 白回线(4)。

2. 左串 1 白右串 1 白 1 黑 1 白回线(5)。

3. 右串 3 白回线(4)。

4. 左串 1 红过 2 白后回原位(填空)。

5. 左串 1 白上 1 白右串 1 黑 1 白回线(5)。

6. 右串 1 白 1 金 1 白回线(4)。

7. 左过 1 白右过 1 金串 1 白回线(4)。

8. 右串 3 白回线(4)。

9. 左过 1 白右串 1 金 1 白回线(4)。

10. 左过 1 白右过 1 金串 1 白回线(4)。

11. 左过 1 黑 1 白右过 1 白串 1 白回线(5)。

**耳:将线穿到金珠两端**

1. 右串 2 金回线(3)。

2. 右串 2 金回 1 金后再从下面的金珠穿回。

完成。

**图 5-28　吉娃娃挂件**

# 大彩球

图 5-29 为大彩球。

## 一、材料准备

用料：16 厘透明白珠 30 个；5 厘钢珠 60 个；10 厘方珠 6 种颜色，每种颜色 10 个。

用线：0.6 线 6 m。

## 二、详细步骤

1. 串 5 大白回线（5）。

2. 右串 4 大白回线（5）。

3~5. 左过 1 右串 3 大白回线（5）。

6. 左过 1 上 1 右串 2 大白回线（5）。

7. 左过 1 右串 3 大白回线（5）。

8~10. 左过 2 右串 2 大白回线（5）。

11. 左过 3 右串 1 大白回线（5）（底白珠完成）。

12. 左串 1 彩珠右串 1 彩珠 1 小珠，左线对串过小珠（形成四珠花，左线变右线）。

13. 右线串 4 小珠，左线对串过 1 小珠（形成小珠 5 珠花，左线变右线）。

14. 左线过 1 彩珠过 1 大白珠，右线串 1 彩珠回线（4）。

15. 左线过 1 大白珠，右线过 1 小珠串 1 彩珠回线（4）。

16. 同 15（形成 1 个五叶花）。

17. 左线过 1 大白，右线过 1 小珠 1 彩珠与左线对串大白珠（达到 11 步状态）。

18. 直到完成 11 个花，装中国结后再完成第 12 个花。

注意：安排好彩珠花的位置处于对称状态。

完成。

图 5-29　大彩球

# 芭比公主

图 5-30 为芭比公主。

## 详细步骤

**从裙子开始：**

**注意：** 除注明外均为四珠花。

**第一层：**

1. 右串 4 彩回线。

2~55. 左串 1 彩右串 2 彩回线。

56．左串 1 彩上 1 彩，右串 1 彩回线。

（编出一圈 56 个四珠花）

**第二层至第五层：均为彩色四珠花**

1．右串 3 彩回线。

2～55．左过 1 彩右串 2 彩回线。

56．左过 1 彩上 1 彩右串 1 彩回线。

**第六层：**

1．右串 1 彩 1 白 1 彩回线。

2～4．左过 1 彩右串 2 彩回线。

5．左过 1 彩右串 1 白 1 彩回线。

6～53．重复第 2～5 步共 12 次。

54～55．左过 1 彩右串 2 彩回线。

56．左过 1 彩上 1 彩右串 1 彩回线。

（此层编完后层面顶点是 1 白 3 彩，一层内除彩珠外共有 14 个白珠）

图 5 - 30　芭比公主

**第七层、第八层：同第二层均为彩色四珠花**

**第九层**：同第六层，此层 1 面顶点也是 1 白 3 彩重复，只是白珠的位置纵向看是在第六层两白珠中间

**第十层至第十九层：均为彩色四珠花，编法同第二层**

**第二十层：均为五珠花**

1．左过 1 彩右串 1 彩 1 白 1 彩回线。

2～27．左过 2 彩右串 1 彩 1 白 1 彩回线。

28．左过 2 彩上 1 彩右串 1 白回线。

**第二十一层：均为四珠花**

1．右串 1 彩 1 白 1 彩回线。

2～27．左过 1 白右串 1 彩 1 彩回线。

28．左过 1 白上 1 彩右串 1 白回线。

**第二十二层：均为五珠花**

1．左过 1 白右串 1 彩 1 白 1 彩回线。

2～13．左过 2 白右串 1 彩 1 白 1 彩回线。

14．左过 2 白上 1 彩右串 1 白回线。

（此层编完后装上娃娃）

**第二十三层：均为四珠花**

1．右串 3 彩回线。

2～13．左过 1 白右串 2 彩回线。

14．左过 1 白上 1 彩右串 1 彩回线。

**第二十四、第二十五层：均为四珠花**

1．右串 3 彩回线。

2～13．左过 1 彩右串 2 彩回线。

14. 左过 1 彩上 1 彩右串 1 彩回线。

## 第二十六层：

1. 右串 4 彩回线（5）。

2. 左过 1 彩右串 2 彩回线（4）。

3. 左过 1 彩右串 3 彩回线（5）。

4～7. 左过 1 彩右串 2 彩回线（4）。

8. 左过 1 彩右串 3 彩回线（5）。

9. 左过 1 彩右串 2 彩回线（4）。

10. 左过 1 彩右串 3 彩回线（5）。

11～13. 左过 1 彩右串 2 彩回线（4）。

14. 左过 1 彩上 1 彩右串 1 彩回线（4）。

## 第二十七层：均为四珠花

1. 右串 3 彩回线。

2～17. 左过 1 彩右串 2 彩回线。

18. 左过 1 彩上 1 彩右串 1 彩回线。

## 第二十八层：

1. 右串 3 白回线（4）。

2～4. 左过 1 彩右串 2 白回线（4）。

5～9. 左串 2 白右串 2 白回线（5）。

（左袖:跨过胳膊）

10～17. 左过 1 彩右串 2 白回线（4）。

18～22. 左串 2 白右串 2 白回线（5）。

（右袖:跨过胳膊）

23. 左过 1 彩右串 2 白回线（4）。

24. 左过 1 彩上 1 白右串 1 白回线（4）。

## 第二十九层：

1. 右过 1 白串 4 白回线（6）。

2～5. 左过 2 白右串 3 白回线（6）。

6. 左过 1 白右串 2 白回线（4）。

7～11. 左过 2 白右串 3 白回线（6）。

12. 左过 1 白右串 2 白回线（4）。

13. 左过 2 白上 1 白右串 2 白回线（6）。

## 胸前蝴蝶花：

1. 右串 5 彩回线。

2. 右串 1 彩,然后从第一彩穿回。

3. 两线同时串一大彩珠。

4. 右串 5 彩回线。

5. 右串 1 彩,然后从第一彩穿回,向左过一大彩。

6. 将两线穿到胸前六珠花上固定。

**裙边：将线穿到第九层的一个白珠两端**

1. 左线串 4 彩，右串 4 彩 1 白 4 彩 1 大白 1 彩回过 1。

2. 左串 1 白，右串 2 白回线。

3. 左串 4 彩过第六层 1 白珠再串 4 彩，右串 4 彩 1 大白 1 彩后回 1 大白，再串 4 彩 1 白，在白珠处与右线回线。

4~27. 重复第 2~3 步共 12 次。

28. 左串 1 白上 1 白右串 1 白回线。

**注意：** 第六层花边编法与第九层相同。

**帽子：**

**第一圈：**

1. 右串 6 彩回线（6）。

2. 右串 5 彩回线（6）。

3~6. 左过 1 彩右串 4 彩回线（6）。

7. 左过 1 彩上 1 彩右串 3 彩回线（6）。

**第二圈至第四圈：均为四珠花**

1. 右串 3 彩回线。

2~17. 左过 1 彩右串 2 彩回线。

18. 左过 1 彩上 1 彩右串 1 彩回线。

**第五圈：均为五珠花**

1. 右串 1 彩 2 白 1 彩回线。

2~17. 左过 1 彩右串 2 白 1 彩回线。

18. 左过 1 彩上 1 彩右串 2 白回线。

**第六圈：均为六珠花**

1. 右过 1 白右串 4 彩回线。

2~17. 左过 2 白右串 3 彩回线。

18. 左过 2 白上 1 彩右串 2 彩回线。

**第七圈：均为六珠花**

1. 左过 1 彩右串 4 白回线。

2~17. 左过 2 彩右串 3 白回线。

18. 左过 2 彩上 1 白右串 2 白回线。

完成。

# 长臂猴

图 5-31 为长臂猴。

## 一、材料准备

用料：6 厘珠黄色 99 个、白色 24 个、黑色 2 个，5 厘珠小红 1 个、花珠 1 个。

用线：2 m。

## 二、详细步骤

**从头开始：**

**第一圈：**

1. 右串 6 黄回线（6）。

2. 右串 4 黄回线（5）。

3～4. 左过 1 右串 3 黄回线（5）。

5. 左过 1 右串 1 黄 1 白 1 黄回线（5）。

6. 左过 1 右串 2 白 1 黄回线（5）。

7. 左过 1 上 1 右串 1 白 1 黄回线（5）。

**第二圈：**

1. 右串 1 白 2 黄回线（4）。

2. 右串 3 白回过 1 黄到原位（左耳）。

3. 左过 1 右串 2 黄回线（4）。

4～5. 左过 2 右串 3 黄回线（6）。

6. 左过 1 右串 2 黄回线（4）。

7. 右串 3 白回过 1 黄到原位（右耳）。

8. 左过 1 右串 1 黄 1 白回线（4）。

9. 左过 2 白右串 3 白回线（6）。

10. 右串 1 黑过 3 白回原位（填空，右眼）。

11. 左过 2 白上 1 白左串 2 白回线。

12. 右串 1 黑过 3 白回原位（填空，左眼）。

**第三圈：**

1. 右串 1 小红向右过 1 白再串 3 白回线（5）。

2. 左过 1 白 1 黄右串 2 黄回线（5）。

3～5. 左过 2 黄右串 2 黄回线（5）。

6. 左过 1 黄 1 白上 1 白右串 1 黄回线（5）。

**身体：**

1. 左过 1 白 1 黄右串 1 花珠回线。

2. 右串 3 黄回线（4）。

3. 右串 2 黄回线（3）。

4. 左过 1 花珠右串 2 黄回线（4）。

5. 左上过 1 黄右串 1 黄回线（3）。

6. 右串 3 黄回线（4）。

7～8. 左过 1 黄右串 2 黄回线（4）。

9. 左过 1 黄上 1 黄右串 1 黄回线（4）。

10. 右串 10 黄回 8 黄再串 1 黄。过 1 黄（尾）。

11. 左右各过 2 黄，将线穿到四珠花中对面 1 珠两端。

12. 左右各串 5 黄 1 白 1 环回 5 黄，左右线对穿。

图 5－31　长臂猴

13. 将两线穿到花珠两端,各串 10 黄 1 白 1 环回 10 黄,在花珠上对穿。完成。

# 小乌龟

图 5 - 32 为小乌龟。

## 一、材料准备

用料:6 厘珠白色 13 个、黑色 2 个、小红 1 个,8 厘珠蓝色 17 个、白色 13 个。

用线:1.1 m。

## 二、详细步骤

图 5 - 32　小乌龟

### 底部:全用 8 厘珠

1. 4 白回线(4)。

2. 右串 1 蓝(腿)向下过 3 回线(4)右线变左线。

3. 右串 3 白回线(4)向下过 1 白串 1 蓝(腿)过 3 蓝回原位。

4. 右串 3 白回线(4)向下过 1 白串 1 蓝过 3 蓝回原位。

5. 左过 1 右串 2 白回线(4)串 1 蓝向下过 1 白。

### 背部:全用 8 厘珠

1. 右串 2 蓝回线(4)。

2. 穿环右串 3 蓝回线(4)。

3. 左过 2 白右串 1 蓝回线(4)。

4. 右过 1 蓝串 2 蓝回线(4)。

5. 左串 1 蓝 1 白回 1 蓝(尾)过 2 白右串 1 蓝回线(4)。

6. 右过 1 蓝线过环串 2 蓝回线(4)。

7. 左过 2 白右串 1 蓝回线(4)。

### 头部:6 厘珠

1. 右过 3 蓝串 1 小白回线(5)。

2. 右串 4 白回线(5)。

3. 右串 1 黑 2 白回线(4)。

4. 左过 1 白右串 2 白回线(4)。

5. 左过 1 白右串 1 白 1 黑回线(4)。

6. 左过 1 白右串 2 白回线(4)。

7. 左过 1 白 1 黑串 1 白回线(4)。

8. 左过 2 白右串 1 小红过 2 白回线。

完成。

# 小葫芦

图 5-33 为小葫芦。

## 一、材料准备

用料:6 厘扁珠黄色 95 个、红色 20 个。

用线:1.2 m。

## 二、详细步骤

图 5-33  小葫芦

**第一圈:**

1. 右串 5 黄回线(5)。

2. 右串 5 黄回线(6)。

3～5. 左过 1 黄右串 4 黄回线(6)。

6. 左过 1 黄上 1 黄右串 3 黄回线(6)。

**第二圈:**

1. 左过 1 黄右串 2 红 2 黄回线(6)。

2. 左过 1 黄右串 1 黄 2 红回线(5)。

3. 左过 2 黄右串 1 红 2 黄回线(6)。

4～9. 同 2～3,2 次。

10. 左过 1 黄上 1 红右串 1 黄 1 红回线(5)。

**第三圈:**

1. 左过 1 红右串 4 黄回线(6)。

2. 左过 2 黄右串 2 黄回线(5)。

3. 左过 2 红右串 3 黄回线(6)。

4～9. 同 2～3。

10. 左过 2 黄上 1 黄右串 1 黄回线(5)。

**第四圈:**

1. 左过 1 黄右过 1 黄,右串 1 黄 1 红 1 黄回线(6)。

2～4. 左过 3 黄右串 1 红 1 黄回线(6)。

5. 左过 3 黄上 1 黄右串 1 红回线(6)。

**第五圈:**

1. 右串 4 黄回线(5)。

2～4. 左过 1 红右串 3 黄回线(5)。

5. 左过 1 红上 1 黄右串 2 黄回线(5)。

**第六圈:**

1. 左过 1 黄右串 3 黄回线(5)。

2～4. 左过 2 黄右串 2 黄回线(5)。

5. 左过 2 黄上 1 黄右串 1 黄回线(5)。

6. 右串 1 黄 1 红 1 黄回穿 1 红 1 黄。
完成。

# 小丑鸭梨

图 5-34 为小丑鸭梨。

## 一、材料准备

用料：圆珠黄色 103 个、白色 27 个、绿色 5 个、黑色 3 个、红色 3 个。

用线：8 厘珠 3 m，6 厘珠 2.5 m，5 厘珠 1.9 m，4 厘珠 1.6 m。

## 二、详细步骤

第一圈：

1. 串 5 黄回线（5）。

2. 右串 2 黄 2 白 1 黄回线（6）。

3. 左过 1 黄，右串 2 白 2 黄回线（6）。

4～5. 左过 1 黄，右串 4 黄回线（6）。

6. 左过 1 黄上 1 黄右串 3 黄回线（6）。

第二圈：

1. 左过 1 黄，右串 3 黄 1 白回线（6）。

2. 左过 1 白，右串 2 白 1 红回线（5）。

3. 左过 2 白，右串 2 白 1 红回线（6）。

4. 右串 1 红过 2 白 1 红回原位（嘴）。

5. 左过 1 白，右串 3 白回线（5）。

6. 左过 2 黄，右串 3 黄回线（6）。

7. 左过 1 黄，右串 3 黄回线（5）。

8. 左过 2 黄，右串 3 黄回线（6）。

9. 左过 1 黄，右串 3 黄回线（5）。

10. 左过 2 黄，右串 3 黄回线（6）。

11. 左过 1 黄上 1 黄右串 2 黄回线（5）。

第三圈：均为六珠花

1. 左过 1 黄，右串 4 黄回线。

2. 左过 1 黄 1 白，右串 1 黄 2 白回线。

3. 左过 2 白，右串 1 黑 1 白 1 黑回线。

4. 左过 2 白，右串 1 白 1 黑 1 白回线。

5. 左过 1 白 1 黄右串 1 白 2 黄。

6～9. 左过 2 黄，右串 3 黄回线。

图 5-34　小丑鸭梨

10. 左过 2 黄上 1 黄右串 2 黄回线。

**第四圈：**

1. 左过 1 黄，右串 4 黄回线（6）。

2. 左过 2 黄，右串 1 黄 1 白回线（5）。

3. 左过 1 白 1 黑右串 3 白回线（6）。

4. 左过 2 白，右串 2 白回线（5）。

5. 左过 1 黑 1 白右串 3 白回线（6）。

6. 左过 2 黄，右串 2 黄回线（5）。

7. 左过 2 黄，右串 3 黄回线（6）。

8. 左过 2 黄，右串 2 黄回线（5）。

9. 左过 2 黄，右串 3 黄回线（6）。

10. 左过 2 黄上 1 黄右串 1 黄回线（5）。

**第五圈：均为七珠花**

1. 左过 1 黄右过 1 黄串 4 黄回线。

2. 左过 2 黄 1 白右串 3 黄回线。

3. 左过 3 白，右串 3 黄回线。

4. 左过 1 白 2 黄右串 3 黄回线。

5. 左过 3 黄上 1 黄右串 2 黄回线。

**第六圈：均为五珠花**

1. 左过 1 黄，右串 3 黄回线。

2~4. 左过 2 黄，右串 2 黄回线。

5. 左过 2 黄上 1 黄右串 1 黄回线。

**第七圈：**

1. 右串 2 绿回线。

2~4. 左过 1 黄右串 1 绿回线，锁紧。

5. 穿中国结。

完成。

# 圣诞老人头

图 5-35 为圣诞老人头。

## 一、材料准备

用料：白珠 29 个，红珠 10 个，黄珠 10 个，黑珠 4 个。

用线：4 厘珠 0.6 m，5 厘珠 0.75 m，6 厘珠 0.9 m。

## 二、详细步骤

**第一圈：**

1. 右串 4 红回线（4）。

2. 右串 1 白过 2 红回原位,在白珠上串 1 吊环。

3. 右串 1 红 2 白 1 红回线(5)。

4～5. 左过 1 红右串 2 白 1 红回线(5)。

6. 左过 1 红上 1 红右串 2 白回线(5)。

**第二圈：**

1. 左过 1 白右串 1 黑 2 黄 1 黑回线(6)。

2. 左过 1 白右串 2 黄回线(4)。

3. 左过 1 白右串 1 黄 1 黑回线(4)。

4. 左过 2 白右串 2 黄 1 黑回线(6)。

5. 左过 1 白右串 2 黄回线(4)。

6. 左过 1 白上 1 黑右串 1 黄回线(4)。

**第三圈：**

1. 右串 3 白回线(4)。

2. 左过 1 黄右串 2 白 1 红回线(5)。

3. 左过 1 黄右串 3 白回线(5)。

4～5. 左过 1 黄右串 2 白回线(4)。

6. 左过 1 黄右串 2 白 1 红回线(5)。

7. 左过 1 黄右串 3 白回线(5)。

8. 左过 1 黄上 1 白右串 1 白回线(4)。

9. 左过 2 白,右过 1 白右串 1 白回线(5)。

10. 左右各过 2 白右串 1 白回线(6)。

11. 左过 4 白回线(5)。

完成。

图 5－35 圣诞老人头

# 鼓脸小猫头挂件

图 5－36 为鼓脸小猫头挂件。

## 一、材料准备

用料:珠白色 40 个,黑色 2 个,红色 2 个,粉色 2 个,小红 1 个。

用线:5 厘珠 0.7 m,6 厘珠 0.85 m。

## 二、详细步骤

1. 右串 2 白 2 红回线(4)。

2. 右串 1 白 1 黑 2 白回线(5)。

3. 右串 3 白过 1 白回原位(左耳)。

4. 左过 1 白,右串 3 白回线(5)。

5. 右串 3 白回线(4)。

图 5－36 鼓脸小猫头挂件

6. 左过 1 白,右串 3 白回线(5)。

7. 右串 3 白装链,过 1 白回原位(右耳)。

8. 左过 1 红,右串 1 白 1 黑 1 白回线(5)。

9. 左过 1 白,右串 2 白回线(4)。

10. 左过 1 黑,右串 2 白 1 粉(脸蛋)回线(5)。

11. 左过 2 白,右串 2 白回线(5)。

12～13. 左过 2 白,右串 3 白回线(6)。

14. 左过 2 白,右串 1 白 1 粉(脸蛋)回线(5)。

15. 左过 1 黑 1 白,右串 2 白回线(5)。

16. 左串 1 小红(嘴)过 1 白,串 1 白回线(4)。

17. 右串 1 白过对面正中 2 白,串 1 白回线(5)。

完成。

# 足　球

图 5-37 为足球。

## 一、材料准备

用料:黑白色各 60 个。

用线:6 厘珠 1.8 m,5 厘珠 1.35 m,4 厘珠 1.2 m。

## 二、详细步骤

**第一圈:**

1. 右串 5 黑回线(5)。

2. 右串 2 白 1 黑 2 白回线(6)。

3～5. 左过 1 黑右串 1 白 1 黑 2 白回线(6)。

6. 左过 1 黑上 1 白右串 1 白 1 黑 1 白回线(6)。

**第二圈:**

1. 左过 1 白右串 1 黑 2 白 1 黑回线(6)。

2. 左过 1 黑右串 3 黑回线(5)。

3. 左过 2 白右串 2 白 1 黑回线(6)。

4～9. 同 2～3。

10. 左过 1 黑上 1 黑右串 2 黑回线(5)。

**第三圈:**

1. 左过 1 白右串 2 白 1 黑 1 白回线(6)。

2. 左过 1 白 1 黑右串 1 黑 2 白回线(6)。

3. 左过 1 黑 1 白右串 1 白 1 黑 1 白回线(6)。

4～9. 同 2～3。

图 5-37　足　球

10. 左过 1 白 1 黑上 1 白右串 1 黑 1 白回线(6)。

**第四圈：**

1. 左过 1 白右串 1 黑 2 白 1 黑回线(6)。

2. 左过 2 黑右串 2 黑回线(5)。

3. 左过 2 白右串 2 白 1 黑回线(6)。

4～9. 同 2～3。

10. 左过 2 黑上 1 黑右串 1 黑回线(5)。

**第五圈：**

1. 左过 1 白右过 1 白右串 1 白 1 黑 1 白回线(6)。

2. 左过 1 白 1 黑 1 白右串 1 黑 1 白回线(6)。

3～5. 同 2。

6. 左过 1 白 1 黑 1 白上 1 白右串 1 黑回线(6)。

7. 右过 4 黑回线(5)。

完成。

# 小海豚

图 5－38 为小海豚。

**图 5－38　小海豚**

## 一、材料准备

用料：6 厘扁珠蓝色 98 个、白色 27 个、黑色 2 个、红色 1 个。

用线：2.5 m。

## 二、详细步骤

**从尾部开始：**

**第一圈：**

1. 右串 7 蓝回线(7)。

2. 右串 6 蓝回线(7)。

3. 左过 1 蓝左串 3 蓝，右串 3 蓝回线(8)。

**第二圈：**

1．右串 4 蓝回线(5)。

2．左过 1 蓝右串 3 蓝回线(5)。

3．左串 1 白右串 1 蓝 2 白回线(5)。

4．左串 1 白隔 2 蓝上 1 蓝，右串 1 白 1 蓝回线(5)(围成一圈端面 6 蓝 2 白)。

**第三圈：**

1．左过 1 蓝右串 2 蓝回线(4)。

2．右串 4 蓝回线(5)。

3．左过 2 蓝右串 1 蓝回线(4)。

4．右串 4 蓝回线(5)。

5．左过 2 蓝右串 1 蓝回线(4)。

6．右过 1 蓝串 2 蓝 2 白回线(6)。

7～8．左过 1 白右串 2 白回线(4)。

9．左上过 2 蓝右串 1 白 2 蓝回线(6)(端面 8 蓝 4 白)。

**第四圈：**

1．左过 1 蓝右串 4 蓝回线(6)。

2．左过 2 蓝右串 2 蓝回线(5)。

3．左过 2 蓝右串 3 蓝回线(6)。

4．左过 1 蓝右串 2 蓝 2 白回线(6)。

5～6．左过 2 白右串 2 白回线(5)。

7．左过 2 蓝右串 1 白 2 蓝回线(6)(端面 9 蓝 4 白)。

**第五圈：**

1．左过 1 蓝右串 1 黑 3 蓝回线(6)。

2．左过 3 蓝右串 2 蓝回线(6)。

3．左过 2 蓝右串 2 蓝 1 黑回线(6)。

4．左过 1 蓝右串 2 蓝 1 白回线(5)。

5～6．左过 2 白右串 2 白回线(5)。

7．左过 1 蓝上 1 黑右串 2 蓝回线(5)(端面 9 蓝 4 白)。

**第六圈：**

1．左过 1 蓝右串 3 蓝 1 环回线(5)。

2．左过 3 蓝右串 1 蓝回线(5)。

3．左过 2 蓝，右过 1 蓝串 1 蓝回线(5)(端面 4 蓝 2 白)。

**第七圈：**

1．右串 1 蓝 1 红 2 蓝回线(5)。

2．左过 1 蓝右串 1 白回线(3)。

3．左过 2 白右串 2 白回线(5)。

4．左过 1 蓝右串 1 蓝回线(3)。

5．左过 2 蓝 1 红右串 1 蓝回线(5)。

6．右过 1 白 1 蓝回线(3)封口。

**翅：**

1. 将线穿到眼睛黑珠旁六珠花的 4 个蓝珠两端，右串 4 蓝回 1 蓝，再串 2 蓝回线·右线回过 3 蓝。

2. 将线穿到背部中间六珠花的一珠两端，右串 2 蓝回线，左过六珠花的 2 蓝，右串 4 蓝回 1 蓝再串 2 蓝回线，右线回过 5 蓝。

3. 将线穿到对面眼睛旁六珠花的 4 个蓝珠两端，右串 4 蓝回 1 蓝，再串 2 蓝回线，右线回过 3 蓝。埋线。

完成。

# 西　瓜

图 5－39 为西瓜。

## 一、材料准备

图 5－39　西　瓜

用料：10 厘珠绿色 16 个、白色 12 个、黄色 12 个、粉色 27 个、黑色 6 个。

用线：1.6 m。

## 二、详细步骤

1. 串 4 绿回线(4)。

2～5. 左串 1 绿，右串 2 绿回线(4)。

6. 右串 1 白 1 黄 1 白回线(4)。

7～16. 左过 1 绿，右串 1 黄 1 白回线(4)。

17. 左过 1 绿上 1 白右串 1 黄回线(4)。

18. 右过 1 黄串 1 粉 1 黑 1 粉回线(5)。

19. 左过 1 黄右串 2 粉回线(4)。

20. 左过 2 黄右串 1 黑 1 粉回线(5)。

21. 左过 1 黄右串 2 粉回线(4)。

22. 左过 2 黄右串 1 黑 1 粉回线(5)。

23. 左过 1 黄右串 2 粉回线(4)。

24. 左过 2 黄右串 1 黑 1 粉回线(5)。

25. 左过 1 黄上 1 粉右串 1 粉回线(4)。

26. 右串 1 粉 1 黑 1 粉回线(4)反面。

27. 左过 1 黑右串 1 粉回线(3)。

28. 左过 1 粉右串 2 粉回线(4)。

29. 左过 1 黑右串 1 粉回线(3)。

30. 左过 1 粉右串 1 黑 1 粉，左过 1 右串 1 粉回线(4)。

31. 左过 1 黑右串 1 粉回线(3)。

32. 左过 1 粉右串 2 粉回线(4)。

33．右串 2 粉回线(3)。

34．左过 1 黑右串 2 粉穿环回线(4)。

35．左过 1 粉右过 1 粉回线(3)。

36．左过 1 黑 2 粉回线。

完成。

# 蝴 蝶

图 5-40 为蝴蝶。

## 一、材料准备

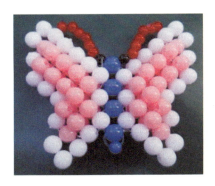

图 5-40 蝴 蝶

用料:白色 36 个,彩色 48 个。

用线:6 厘珠一片 0.7 m、一片 1.2 m。

## 二、详细步骤

1．右串 3 白 1 彩回线。

2．右串 1 白 2 彩回线。

3．左串 2 白 1 彩回线。

4．左串 1 白 2 彩回线。

5．右过 1 彩串 1 白 1 彩回线。

6．左串 3 彩回线。

7．右串 2 白 1 彩回线。

8．右串 1 白 2 彩回线。

9．右过 1 彩串 3 白过 1 彩再过 1 白 2 彩回原位。

10．左过 1 彩,右串 2 白回线。

11．翻面右过 1 白左串 2 彩回线。

12．右过 1 彩 1 白串 1 彩回线。

13．右过 2 白串 1 彩回线。

14．左过 1 彩,右串 2 白回线。

15．左串 2 白 1 彩回线。

16．左过 1 白串 2 彩回线。

17．右过 1 彩 1 白串 1 彩回线。

18．右过 1 白 1 彩串 1 彩回线。

19．左过 1 彩右过 2 白回线。

**重复做另一半两片,合拢串身、眼、须**

完成。

# 小鼠挂件

图 5-41 为小鼠挂件。

## 一、材料准备

用料:10 厘珠绿色 16 个、白色 12 个、黄色 12 个、粉色 27 个、黑色 6 个。

用线:1.6 m。

## 二、详细步骤

图 5-41　小鼠挂件

**身体:**

**第一圈:**

1. 右串 6 黄回线(6)。

2. 右串 4 黄回线(5)。

3. 右串 5 绿 1 黄回 5 绿(尾)。

4～5. 左过 1 黄右串 3 黄回线(5)。

6. 左串 2 黄 1 黑 1 黄过 1 黄回原位(5)(左脚)。

7～8. 左过 1 黄右串 3 黄回线(5)。

9. 左过 1 黄串 1 黄 1 黑 2 黄回 1 黄(右脚)再上 1 黄,右串 2 黄回线(5)。

**第二圈:**

1. 左过 1 黄右串 1 黄 1 绿 1 黄回线(5)。

2～3. 左过 2 黄右串 1 绿 1 黄回线(5)。

4～5. 左过 2 黄右串 2 绿 1 黄回线(6)。

6. 左过 2 黄上 1 黄右串 2 绿回线(6)。

**第三圈:**

1. 左过 1 黄右串 3 绿回线(5)。

2. 左过 1 黄右串 2 绿回线(4)。

3～4. 左过 2 黄右串 2 绿回线(5)。

5. 左过 1 绿右串 2 黄 1 绿 1 红回 1 绿 2 黄向右过 2 绿串 2 黄 1 绿绕过 1 红回 1 绿 2 黄(前脚)再向左过 3 绿上 1 绿,右串 1 绿回线(5)。

**第四圈:**

1. 右过 1 绿串 1 绿 1 黄 1 绿回线(5)。

2. 左过 1 绿右串 1 黄 1 绿回线(4)。

3. 左过 1 绿右串 2 黄 1 绿回线(5)。

4. 左过 1 绿上 1 绿右串 1 黄回线(4)。

**头部:**

1. 右串 5 黄回线(6)。

2. 左过 1 黄右串 2 黄回线(4)。

3. 左过 1 黄右串 4 黄回线(6)。

4. 左过 1 黄右串 3 黄回线(5)。

5. 左过 1 黄上 1 黄左串 2 黄回线(5)。

6. 右过 1 黄右串 3 黄,串环,回线(5)。

7. 左过 2 黄右串 2 黄回线(5)。

8. 左过 1 黄右串 3 黄 1 黑回线(6)(左眼)。

9. 左过 1 黄右串 3 黄回线(5)。

10. 左过 1 黄右串 1 红 1 黄回线(4)。

11. 左过 1 黄左串 1 黑 2 黄回线(5)(右眼)。

12. 右过 1 红 1 黄串 1 黄回线(4)。

13. 左过 1 黄右过 2 黄串 1 黄回线(5)。

14. 左过 1 黑 1 黄右过 1 黄串 2 黄回线(6)。

15. 左过 3 黄右串 1 黄回线(5)。

(将线穿到前边右红珠的四珠花上面一珠两端编嘴)

16. 右串 1 黄 1 黑 1 黄回线(4)。

17. 左过 1 黄右串 1 黄回线(3)。

18. 右过 1 黑串 1 黄回线(3)。

(将线穿到头顶左边五珠花右边一珠两端,在眼旁五珠花上编左耳)

19. 右串 2 黄 2 绿回线(5)。

20. 左过 1 黄右串 2 绿回线(4)。

21. 左过 1 黄左串 2 黄 1 绿回线(5)。

22. 右过 2 绿串 2 黄回线(5)。

**在右边对称位置上编右耳,上述程序中左改为右**

完成。

# 小靴子

图 5-42 为小靴子。

## 一、材料准备

用料:红色 106 个,黑色 48 个,小黑 16 个。

用线:6 厘珠 2.4 m。

## 二、详细步骤

### 底:均为四珠花

1. 右串 4 黑回线。

2. 右串 3 黑回线。

3. 右串 3 黑回线。

4. 左过 1 右串 2 黑回线。

**图 5-42　小靴子**

5. 左串 3 黑回线。

6. 右过 1 右串 2 黑回线。

7～10. 同 3～6。

11. 右串 3 黑回线。

12. 左过 1 右串 2 黑回线。

**鞋面:除注明外均为四珠花**

**第一圈:**

1. 右串 1 黑 1 红 1 黑回线。

2～15. 左过 1 黑右串 1 红 1 黑回线。

16. 左过 1 黑上 1 黑右串 1 红回线。

**第二圈:**

1. 右串 3 红回线。

2. 左过 2 红右串 2 红回线(5)。

3～12. 左过 1 红右串 2 红回线。

13. 左过 2 红右串 2 红回线(5)。

14. 左过 1 红上 1 红右串 1 红回线。

**第三圈:**

1. 右过 1 红串 2 红回线。

2. 左过 2 红串 1 红回线。

3. 左过 1 红串 2 红回线。

4. 右过 2 红串 1 红回线。

5. 右过 1 红串 3 红回线(5)。

6. 左过 2 红右串 2 红回线(5)。

7～11. 左过 1 红右串 2 红回线。

12. 左过 1 红上 1 红右串 1 红回线。

**第四圈:**

1. 右串 3 红回线。

2～7. 左过 1 红右串 2 红回线。

8. 左过 1 红上 1 红右串 1 红回线。

**第五圈:同第四圈**

**第六圈:**

1. 右串 1 红 2 小黑 1 红回线(5)。

2～7. 左过 1 红右串 2 小黑 1 红回线(5)。

8. 左过 1 红上 1 红右串 2 小黑回线(5)。

完成。

# 公鸡收纳盒

图 5-43 为公鸡收纳盒。

## 一、材料准备

用料：10 厘方珠红色 196 个、绿色 139 个、白色 135 个、黄色 123 个、粉色 53 个、蓝色 42 个、黑色 38 个、橘红色 33 个、紫色 30 个；眼：10 厘珠黑色 2 个；嘴：10 厘珠黄色 2 个，6 厘珠黄色 2 个。

用线：15 m。

图 5-43　公鸡收纳盒

## 二、详细步骤

**底：均为四珠花**

1. 右串 4 黄回线（脚）。

2～6. 左串 1 黄右串 2 黄回线。

7. 右串 3 黄用左线回线（脚）。

8. 左向右过 3，右向左过 1，将线穿到第二个四珠花上面一珠两端。

9. 右串 3 黄回线。

10～12. 左过 1 黄右串 2 黄回线。

13. 左过 1 黄左串 2 黄回线。

14. 左串 1 黑 2 黄回线。

15～17. 右过 1 黄左串 2 黄回线。

18. 右过 1 黄右串 1 黑 1 黄回线。

19. 右串 3 黄回线。

20～22. 左过 1 黄右串 2 黄回线。

23. 左过 1 黄左串 2 黄回线。

24. 右串 3 黄回线。

25. 左串 3 黄用右线回线（脚）。

26. 右过 2 黄，左过 3 黄，将线穿到第二个四珠花的两珠两端，左串 2 黄回线。

27～29. 右过 1 黄左串 2 黄回线。

30. 右串 3 黄用左线回线（脚）。

**身体：**

**第一圈：**

1. 右串 3 黑回线。

2～7. 左过 1 黄右串 2 黑回线。

8. 左过 1 黄右串 1 红 1 黑回线。

9. 左过 1 黑右串 1 红 1 黑回线。

10. 左过 1 黄右串 1 红 1 黑回线。

11～17. 左过 1 黄右串 2 黑回线。

18. 左过 1 黄右串 1 红 1 黑回线。

19. 左过 1 黑右串 1 红 1 黑回线。

20. 左过 1 黄上 1 黑右串 1 红回线。

**第二圈：**

1. 右串 3 红回线。

2～8. 左过 1 黑右串 2 红回线。

9～11. 左过 1 红右串 2 红回线。

12. 左过 1 黑右串 1 红 1 黑回线。

13～16. 左过 1 黑右串 2 红回线。

17. 左过 1 黑右串 1 红 1 黑回线。

18. 左过 1 黑右串 2 红回线。

19. 左过 1 红右串 2 红回线。

20. 左过 1 红上 1 红右串 1 红回线。

**第三圈：**

1. 右串 3 红回线。

2～3. 左过 1 红右串 2 红回线。

4～8. 左过 1 红右串 1 蓝 1 红回线。

9～13. 左过 1 红右串 2 红回线。

14～18. 左过 1 红右串 1 绿 1 红回线。

19. 左过 1 红右串 2 红回线。

20. 左过 1 红上 1 红右串 1 红回线。

**第四圈：**

1. 右串 3 红回线。

2～3. 左过 1 红右串 2 红回线。

4. 左过 1 红右串 1 红 1 蓝回线。

5. 右串 3 蓝回线。

6. 左过 1 蓝左串 2 蓝回线。

7. 右过 1 蓝右串 2 蓝回线。

8. 右串 3 蓝回线。

9. 左过 2 蓝右串 1 蓝回线。

10. 左过 1 蓝左串 2 蓝回线。

11. 右过 1 蓝右串 2 蓝回线。

12. 右串 3 蓝回线。

13. 左过 2 蓝右串 1 蓝回线。

14. 左过 1 蓝左串 2 蓝回线。

15. 右过 1 蓝右串 2 蓝回线。

16. 左过 1 蓝右串 2 蓝回线。

17～20．左过 1 红右串 2 红回线。

21．左过 1 红右串 1 红 1 绿回线。

22．右串 3 绿回线。

23．左过 1 绿左串 2 绿回线。

24．右过 1 绿右串 2 绿回线。

25．右串 3 绿回线。

26．左过 2 绿右串 1 绿回线。

27．左过 1 绿左串 2 绿回线。

28．右过 1 绿右串 2 绿回线。

29．右串 3 绿回线。

30．左过 2 绿右串 1 绿回线。

31．左过 1 绿左串 2 绿回线。

32．右过 1 绿右串 2 绿回线。

33．左过 1 绿右串 2 绿回线。

34．左过 1 红上 1 红右串 1 红回线。

**第五圈：**

1．右串 3 红回线。

2～5．左过 1 红右串 2 红回线。

6．左过 1 蓝右串 1 红 1 粉回线。

7．右串 2 粉 1 蓝回线。

8．左过 1 蓝左串 2 蓝回线。

9．右过 1 粉右串 2 粉回线。

10．右串 2 粉 1 蓝回线。

11．左过 2 蓝左串 1 蓝回线。

12．左过 1 蓝左串 2 蓝回线。

13．右过 1 粉右串 2 粉回线。

14．右串 2 粉 1 蓝回线。

15．左过 2 蓝左串 1 蓝回线。

16．左过 1 蓝左串 2 蓝回线。

17．右过 1 粉右串 2 粉回线。

18．左过 1 蓝右串 2 粉回线。

19．左过 1 蓝右串 2 红回线。

20～24．左过 1 红右串 2 红回线。

25．左过 1 绿右串 1 红 1 绿回线。

26．右串 1 绿 1 橘红 1 绿回线。

27．左过 1 绿左 2 绿回线。

28．右过 1 橘红右串 2 橘红回线。

29．右串 2 橘红 1 绿回线。

30．左过 2 绿左串 1 绿回线。

31．左过 1 绿左串 2 绿回线。

32．右过 1 橘红右串 2 橘红回线。

33．右串 2 橘红 1 绿回线。

34．左过 2 绿左串 1 绿回线。

35．左过 1 绿左串 2 绿回线。

36．右过 1 橘红右串 2 橘红回线。

37．左过 1 绿右串 2 绿回线。

38．左过 1 绿上 1 红右串 1 红回线。

**第六圈：**

1．右串 2 黄 1 红回线。

2～6．左过 1 红右串 2 红回线。

7．左过 1 红右串 2 粉回线。

8．左过 1 粉右串 2 粉回线。

9．右串 3 粉回线。

10．左过 1 粉左串 2 粉回线。

11．右过 1 粉右串 2 粉回线。

12．右串 3 粉回线。

13．左过 2 粉左串 1 粉回线。

14．左过 1 粉左串 2 粉回线。

15．右过 1 粉右串 2 粉回线。

16．右串 3 粉回线。

17．左过 2 粉左串 1 粉回线。

18．左过 1 粉左串 2 粉回线。

19．右过 1 粉右串 2 粉回线。

20～21．左过 1 粉右串 2 粉回线。

22．左过 1 红右串 1 粉 1 红回线。

23～27．左过 1 红右串 2 红回线。

28．左过 1 红右串 2 黄回线。

29．左过 1 绿右串 1 黄 1 绿回线。

30．右串 1 绿 2 橘红回线。

31．左过 1 橘红左串 2 橘红回线。

32．右过 1 橘红右串 2 橘红回线。

33．右串 3 橘红回线。

34．左过 2 橘红左串 1 橘红回线。

35．左过 1 橘红左串 2 橘红回线。

36．右过 1 橘红右串 2 橘红回线。

37．右串 3 橘红回线。

38．左过 2 橘红左串 1 橘红回线。

39．左过 1 橘红左串 2 橘红回线。

40. 右过 1 橘红右串 2 橘红回线。

41. 左过 1 橘红右串 2 绿回线。

42. 左过 1 绿上 1 黄右串 1 黄回线。

**第七圈：**

1. 右串 3 黄回线。

2. 左过 1 黄右串 2 紫回线。

3. 左过 1 红右串 1 紫 1 红回线。

4～6. 左过 1 红右串 2 红回线。

7. 左过 1 红右串 2 粉回线。

8～17. 左过 1 粉右串 2 白回线。

18. 左过 1 粉右串 1 白 1 粉回线。

19. 左过 1 红右串 1 粉 1 红回线。

20～22. 左过 1 红右串 2 红回线。

23. 左过 1 红右串 2 紫回线。

24. 左过 1 黄右串 1 紫 1 黄回线。

25. 左过 1 黄右串 2 黄回线。

26. 左过 1 绿右串 1 黄 1 绿回线。

27. 右串 3 绿回线。

28. 左过 1 橘红左串 2 绿回线。

29. 右过 1 绿右串 2 绿回线。

30. 右串 3 绿回线。

31. 左过 1 绿 1 橘红左串 1 绿回线。

32. 左过 1 橘红左串 2 绿回线。

33. 右过 1 绿右串 2 绿回线。

34. 右串 3 绿回线。

35. 左过 1 绿 1 橘红串 1 绿回线。

36. 左过 1 橘红左串 2 绿回线。

37. 右过 1 绿右串 2 绿回线。

38. 左过 1 绿右串 2 绿回线。

39. 左过 1 绿上 1 黄右串 1 黄回线。

**第八圈：**

1. 右串 3 黄回线。

2. 左过 1 黄右串 2 紫回线。

3. 左过 1 紫左串 2 紫回线。

4. 右过 4,左过 4,将线穿到右边一紫珠两端。

5. 左串 3 紫回线。

6. 右过 1 黄右串 1 黄 1 紫回线。

7. 左串 3 紫回线。

8. 左串 1 紫 2 黄回线。

9. 右过 1 黄左串 2 黄回线。

10. 右过 1 黄 1 绿串 1 绿回线。

11. 左串 3 绿回线。

12. 右过 1 绿右串 2 绿回线。

13. 左过 1 绿左串 2 绿回线。

14. 左串 3 绿回线。

15. 右过 2 绿串 1 绿回线。

16. 右过 1 绿串 2 绿回线。

17. 左过 1 绿串 2 绿回线。

18. 左串 3 绿回线。

19. 右过 2 绿串 1 绿回线。

20. 右过 1 绿串 2 绿回线。

21. 左过 1 绿串 2 绿回线。

22. 右过 1 绿左串 2 绿回线。

23. 右过 1 绿左串 2 黄回线。

24. 右过 1 黄左串 2 黄回线。

25. 右过 1 黄左串 2 紫回线。

26. 右过 1 紫右串 2 紫回线。

**第九圈：**

1. 左过 4,右过 4,将线穿到左边一紫珠两端,右串 3 紫回线。

2. 左过 1 黄右串 1 紫 1 黄回线。

3. 左过 1 黄右串 2 黄回线。

4. 左过 1 绿右串 1 黄 1 绿回线。

5. 右串 3 绿回线。

6. 左过 1 绿左串 2 绿回线。

7. 右过 1 绿右串 2 绿回线。

8. 右串 3 绿回线。

9. 左过 2 绿串 1 绿回线。

10. 左过 1 绿串 2 绿回线。

11. 右过 1 绿串 2 绿回线。

12. 右串 3 绿回线。

13. 左过 2 绿串 1 绿回线。

14. 左过 1 绿串 2 绿回线。

15. 左过 1 绿串 2 绿回线。

16. 左过 1 绿右串 2 绿回线。

17. 左过 1 绿上 1 黄右串 1 黄回线。

**第十圈：**

1. 左过 1 黄串 2 黄回线。

2. 右过 1 绿左串 1 黄 1 绿回线。

3～7. 右过 1 绿左串 2 绿回线。

8. 右过 1 绿左串 2 黄回线。

9. 右过 1 黄左串 2 黄回线。

10. 右过 1 黄左串 2 紫回线。

11. 右过 1 紫右串 2 紫回线。

12. 将线穿到最左端黄珠两端。

**第十一圈：**

1. 右串 3 黄回线。

2～6. 左过 1 绿右串 2 黄回线。

7. 左过 1 黄左串 2 黄回线。

**将线穿到另一端粉珠两端重新起头**

**第一圈：**

1. 右串 1 粉 2 白回线。

2～12. 左过 1 白右串 2 白回线。

13. 左过 1 粉左串 1 粉 1 白回线。

**第二圈：**

1. 左串 3 白回线。

2～12. 右过 1 白左串 2 白回线。

13. 右过 1 白右串 2 白回线。

**第三圈：**

1. 右串 3 白回线。

2～12. 左过 1 白右串 2 白回线。

13. 左过 1 白左串 2 白回线。

**第四圈：**

1. 左串 3 白回线。

2～3. 右过 1 白左串 2 白回线。

4. 左串 3 白回线。

5. 右过 2 白串 1 白回线。

6. 右过 1 白串 2 白回线。

7. 左过 1 白串 2 红回线。

8. 左串 3 红回线。

9. 右过 2 白串 1 白回线。

10. 右过 1 白串 2 白回线。

11. 左过 1 红串 1 红 1 白回线。

12. 左串 3 白回线。

13. 右过 3 白回线。

14. 左过 1 白, 右过 4 白, 左串, 2 白回线。

15. 右过 1 白左串 2 白回线。

16. 右过 1 白右串 2 白回线。

162

17. 左过 4,右过 4,将线穿到左边一白珠两端。

18. 右串 3 白回线。

19. 左过 1 白右串 1 白 1 红回线。

20. 左过 1 白右串 2 红回线。

21～23. 左过 1 红右串 2 红回线。

24. 左过 1 白右串 2 红回线。

25. 左过 1 白右串 2 白回线。

26. 左过 1 白左串 2 白回线。

27. 左串 2 红 1 黑回线。

28. 右过 1 白串 2 红回线。

29. 右串 5 红回线。

30. 左过 1 红右串 2 红回线。

31. 右串 2 红回线。

32. 安装嘴巴另一端,鸡冠同 27～31 步。

完成。

# 小老虎

图 5-44 为小老虎。

## 一、材料准备

用料:黄色 170 个,黑色 54 个,红色 9 个,大红 1 个。

用线:6 厘珠身体 3 m,每条腿 0.5 m。

## 二、详细步骤

**身体后臀:**

图 5-44    小老虎

1. 右串 3 黄回线(3)。

2～3. 左串 1 黄右串 2 黄回线(4)。

4. 右串 2 黄回线(3)左线向左过 4 黄,右线向左过 3 黄,左线变右线,将线穿到第 3 步四珠花一珠两端。

5. 右串 3 黄回线(4)。

6. 右串 1 黄 1 黑 1 黄 1 黑 1 黄 1 黑 1 红回 1 黑 1 黄 1 黑 1 黄 1 黑 1 黄到原位(尾)。

7. 左过 1 黄右串 2 黄回线(4)。

**身体:**

**第一圈:**

1. 左过 1 黄右串 1 黑 1 黄 1 黑回线(5)。

2～5. 左过 1 黄右串 1 黄 1 黑回线(4)。

6. 左过 2 黄右串 1 黄 1 黑回线(5)。

7. 左过 1 黄右串 1 黄 1 黑回线（4）。

8. 左过 1 黄上 1 黑右串 1 黄回线（4）。

**第二圈：**

1. 右串 3 黄回线（4）。

2～7. 左过 1 黄右串 2 黄回线（4）。

8. 左过 1 黄上 1 黄右串 1 黄回线（4）。

**第三圈：**

1. 右串 1 黑 1 黄 1 黑回线（4）。

2～7. 左过 1 黄右串 1 黄 1 黑回线（4）。

8. 左过 1 黄上 1 黑右串 1 黄回线（4）。

**第四圈：**

1. 右串 3 黄回线（4）。

2. 左过 1 黄右串 2 黄回线（4）。

3. 右串 2 黄回线（3）。

4～7. 左过 1 黄右串 2 黄回线（4）。

8. 右串 2 黄回线（3）。

9. 左过 1 黄右串 2 黄回线（4）。

10. 左过 1 黄上 1 黄右串 1 黄回线（4）。

**第五圈：**

1. 右串 1 黑 1 黄 1 黑回线（4）。

2. 左过 1 黄右串 1 黄 1 黑回线（4）。

3. 左过 1 黄右串 2 黄 1 黑回线（5）。

4. 左过 1 黄右串 1 黄 1 黑回线（4）。

5. 左过 1 黄右串 2 黄 1 黑回线（5）。

6～9. 左过 1 黄右串 1 黄 1 黑回线（4）。

10. 左过 1 黄上 1 黑右串 1 黄回线（4）。

**第六圈：**

1. 左过 1 黄左串 2 黄回线（4）。

2. 右过 1 黄左串 2 黄回线（4）。

3～4. 右过 2 黄串 1 黄回线（4）。

5. 右串 3 黄回线（4）。

6. 左过 1 黄右串 2 黄回线（4）。

7. 右串 3 黄回线（4）。

8. 左过 3 黄上 1 黄（4）左线变右线。

9. 左过 1 黄右串 3 黄回线（5）。

10. 左过 1 黄右串 2 黄回线（4）。

11. 左过 1 黄上 1 黄右串 2 黄回线（5）。

**第七圈:头部**

1. 右串 4 黄回线(5)。

2~6. 左过 1 黄右串 3 黄回线(5)。

7. 左过 1 黄右串 2 红 1 黄回线(5)。

8. 左过 1 黄上 1 黄右串 2 黄回线(5)。

**第八圈:**

1. 右串 3 黄过 1 黄回原位(左耳)。

2. 左过 1 黄右串 1 黄 1 黑 1 黄回线(5)(左眼)。

3~6. 左过 2 黄右串 2 黄回线(5)。

7. 左过 2 黄右串 1 黑 1 黄回线(5)(右眼)。

8. 左串 3 黄向左过 1 黄回原位(右耳)。

9. 右串 3 红回线(4)。

10. 左过 1 黄上 1 红右串 1 红回线(4)。

11. 左过 1 红 1 黄右串 1 红回线(4)。

12. 左过 1 黄右过 1 红串 1 红回线(4)。

13. 左过 1 黑串 1 黄右串 2 黄回线(5)。

14. 右串 3 黄回线(4)。

15. 右串 1 黑过 2 黄回原位(填空)(鼻)。

16. 左过 3 黄右串 1 大红回线(5)。

17. 左过 2 黄右过 1 黄串 1 黄回线(5)。

18. 将线穿到大红珠下边两黄珠两端,右串 3 黄回线(5)。

**右前腿:线在底部上端三珠花旁左边一珠两端**

1. 右串 3 黄回线(4)。

2. 左过 1 黑右串 1 黄回线(3)。

3. 右串 3 黄回线(4)。

4. 左过 1 黄右串 2 黄回线(4)。

5. 左串 1 黄右串 2 黄回线(4)。

6. 左过 1 黄上 1 黄右串 1 黑回线(4)。

7. 右串 3 黑回线(4)。

8. 左过 1 黄右串 1 黄回线(3)。

9. 左过 1 黄右过 1 黑串 1 黄回线(4)。

**左前腿:按上述步骤把左改为右,右改为左**

**右后腿:**

1. 右串 4 黄回线(5)。

2. 左过 1 黑右串 1 黑 1 黄回线(4)。

3. 左过 1 黄右串 1 黄 1 黑回线(4)。

4. 左过 1 黄右串 3 黑回线(5)。

5. 左过 1 黄右串 2 黄回线(4)。

6. 左过 1 黑上 1 黄右串 1 黑回线（4）。

7. 左过 1 黄右串 1 黄 1 黑回线（4）。

8～9. 左过 1 黄上 1 黑右串 1 黄回线（4）。

10. 左过 1 黑右过 2 黄回线（4）。

**左后腿：按上述步骤把左改为右，右改为左**

完成。

# 水晶兔

图 5-45 为水晶兔。

## 一、材料准备

用料：椭圆 8 厘珠白色 71 个、红色 40 个，4 厘圆珠白色 12 个、小红 1 个，6 厘珠黑色 2 个，米珠白色 3 个。

用线：1.6 m。

**图 5-45　水晶兔**

## 二、详细步骤

**身体：**

1. 串 5 红对穿。

2. 右串 1 白 1 小（米珠）回 1 白回原位（尾巴）右串 4 红回线（5）。

3～5. 左过 1 红右串 3 红对穿（5）。

6. 左过 1 红上 1 红右串 2 红回线（5）。

7. 左过 1 红右串 2 红 1 白 1 红回线（6）。

8. 左过 2 红右串 1 白 2 红回线（6）。

9～10. 左过 2 红右串 3 红对穿（6）。

11. 左过 2 红上 1 红右串 2 红对穿（6）。

12. 左过 1 红串 1 白 2 红回线（5）。

13～14. 右过 2 红左串 2 红对穿（5）。

15. 右过 2 红串 1 白 1 红回线（5）。

16. 左过 2 红上 1 红串 1 白对穿（5）。

**头部：**

1. 左过 5 白线回原位拉紧。

2. 右串 2 白 1 小红 2 白回线（6）。

3～5. 左过 1 白右串 3 白回线（5）。

6. 左过 1 白上 1 白右串 2 白回线（5）。

7. 左过 1 白右串 1 黑 2 白回线（5）。

8. 左过 2 白右串 1 白 1 黑回线（5）。

9～10. 左过 2 白右串 2 白对穿(5)。

11. 左过 2 白 1 黑串 1 白对穿(5)。

**左耳：**

串 5 白 1 小(米珠)回 1 白串 4 白回原位。

**腿：**

1. 过 2 红左串 1 小(4 厘珠)右串 1 小 1 白回线、线在中间位置(5)。

2. 左串 1 白右串 1 白左右线合并串 1 小。

3. 外侧左线向左过 1 红 1 小 1 白(4)。

4. 内侧右线向右过 2 红 1 小 1 白(5)。

5. 右串 3 白回线(6)。

完成。

# 龙

图 5－46 为龙。

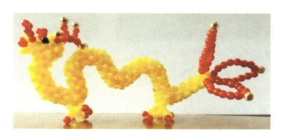

**图 5－46　龙**

## 一、材料准备

用料：4 厘珠黄色 256 个、红色 82 个、金色 7 个、大金 1 个、大红 1 个、黑色 2 个。

用线：3 m。

## 二、详细步骤

**头部：**

1. 右串 4 黄回线(4)。

2. 双线同时串 1 红后右串 1 黄回线(应使上面黄珠与红珠和下面黄珠垂直)。

3. 左串 1 黄，右串 2 黄回线(4)。

4. 左串 1 黄过第一个四珠花顶上一珠后再串 1 黄回线(4)。

5. 左线变右线，面对红珠，右串 3 黄回线(4)。

6～7. 左过 1 黄右串 2 黄回线(4)。

8. 左过 1 黄上 1 黄右串 1 黄回线(4)。

9. 右串 1 黑 1 黄 1 黑回线(4)(双眼)。

10. 右串 3 黄回线(4)。

11. 左过 1 黄右串 3 黄回线（5）。

12. 左过 1 黄右串 2 黄回线（4）。

13. 左过 1 黄右串 3 黄回线（5）。

14. 左过 1 黑右串 2 黄回线（4）。

15. 左过 2 黄右串 2 黄回线（5）。

16. 右串 1 金珠过 3 黄回原位（头顶，填空）。

17. 左过 2 黄右串 2 黄回线（5）。

18. 左过 3 黄右串 1 黄回线（5）。

19. 左过 5 黄回原位，将五珠花拉紧。

20. 左向下过 2 黄，右向下过 3 黄转 180 度，头朝下嘴朝前左右线不变，从嘴部数第三个四珠花上编。

**身体：**

1. 右串 3 黄回线（4）。

2～3. 左过 1 黄右串 2 黄回线（4）。

4. 左过 1 黄上 1 黄右串 1 黄回线（4），头朝下，面对嘴，线在四珠花左边一珠两端。

5. 左串 2 黄回线（3）。

6. 右过 1 黄左串 2 黄回线（4）。

7. 右过 1 黄左串 1 黄回线（3）（拐第一个弯）。

8～15. 重复 1～4 两次，编出两圈四珠花，头朝下，面对嘴，线在四珠花左边一珠两端。

16. 左串 2 黄回线（3）。

17. 右过 1 黄左串 2 黄回线（4）。

18. 右过 1 黄左串 1 黄回线（3）（拐第二个弯），头朝下，面对嘴，线在四珠花右边一珠两端。

19. 右串 3 黄回线（4）。

20～21. 左过 1 黄右串 2 黄回线（4）。

22. 左过黄上 1 黄右串 1 黄回线（4）。

23～26. 重复 19～22 一次，头朝下，面对嘴，线在四珠花左边一珠两端。

27. 左串 2 黄回线（3）。

28. 右过 1 黄左串 2 黄回线（4）。

29. 右过 1 黄左串 1 黄回线（3）（拐第三个弯）。

30. 右串 2 黄回线（3）。

31. 左过 1 黄右串 2 黄回线（4）。

32. 左过 1 黄右串 1 黄回线（3）（拐第四个弯）。

33. 右串 3 黄回线（4）。

34～35. 左过 1 黄右串 2 黄回线（4）。

36. 左过 1 黄上 1 黄右串 1 黄回线（4）。

37～40. 重复 33～36，头朝上面对嘴，线在四珠花左边一珠两端。

41. 左串 2 黄回线（3）。

42. 右过 1 黄左串 2 黄回线（4）。

43. 右过 1 黄左串 1 黄回线（3）（拐第五个弯）。

44. 右串 3 黄回线（4）。

45～46. 左过 1 黄右串 2 黄回线（4）。

47. 左过 1 黄上 1 黄右串 1 黄回线（4）。

48. 右过 3 黄，左过 1 黄，左右线不变，头朝上，面对嘴，线在四珠花右边一珠两端。

49. 右串 2 黄回线（3）。

50. 左过 1 黄右串 2 黄回线（4）。

51. 左过 1 黄右串 1 黄回线（3）（拐第六个弯）。

52. 右串 3 黄回线（4）。

53～54. 左过 1 黄右串 2 黄回线（4）。

55. 左过 1 黄上 1 黄右串 1 黄回线（4）。

56. 左过 3 黄，右过 1 黄，线在四珠花右边一珠两端，头朝上，面对嘴。

57. 右串 2 黄回线（3）。

58. 左过 1 黄右串 2 黄回线（4）。

59. 左过 1 黄右串 1 黄回线（3）（拐第七个弯）。

60. 右串 3 黄回线（4）。

61～62. 左过 1 黄右串 2 黄回线（4）。

63. 左过 1 黄上 1 黄右串 1 黄回线（4）。

64～67. 重复 61～63，头朝下面对嘴，线在四珠花左边一珠两端。

68. 左串 2 黄回线（3）。

69. 右过 1 黄左串 2 黄回线（4）。

70. 右过 1 黄左串 1 黄回线（3）（拐第八个弯）。

71. 右串 2 黄回线（3）。

72. 左过 1 黄右串 2 黄回线（4）。

73. 左过 1 黄右串 1 黄回线（3）（拐第九个弯）。

74. 右串 3 黄回线（4）。

75～76. 左过 1 黄右串 2 黄回线（4）。

77. 左过 1 黄上 1 黄右串 1 黄回线（4）。

78～81. 重复 74～77，头朝上面对嘴，线在四珠花左边一珠两端。

82. 左串 2 黄回线（3）。

83. 右过 1 黄左串 2 黄回线（4）。

84. 右过 1 黄左串 1 黄回线（3）（拐第十个弯）。

85. 右串 3 黄回线（4）。

86～87. 左过 1 黄右串 2 黄回线（4）。

88. 左过 1 黄上 1 黄右串 1 黄回线（4）。

89. 右过 3 黄，左过 1 黄，头朝下面对嘴，线在四珠花左边一珠两端。

90. 右串 2 黄回线（3）。

91. 左过 1 黄右串 2 黄回线（4）。

92. 左过 1 黄右串 1 黄回线（3）（拐第十一个弯）。

93. 右串 3 黄回线（4）。

94~95. 左过 1 黄右串 2 黄回线（4）。

96. 左过 1 黄上 1 黄右串 1 黄回线（4）。

97~100. 重复 93~96。

101. 左串 2 黄回线（3）。

102. 右过 1 黄左串 2 黄回线（4）。

103. 右过 1 黄左串 1 黄回线（3）（拐第十二个弯）。

104. 右串 2 黄回线（3）。

105. 左过 1 黄右串 2 黄回线（4）。

106. 左过 1 黄右串 1 黄回线（3）（拐第十三个弯）。

107. 左串 3 黄回线（4）。

108~109. 右过 1 黄左串 2 黄回线（4）。

110. 右过 1 黄上 1 黄左线向右过 1 黄，右线向左过 3 黄，左线变右线（4）。

111. 右串 3 黄回线（4）。

112. 左过 1 黄右串 2 黄回线（4）。

113. 左过 1 黄上 1 黄右串 1 黄回线（4）。

（编出一圈三个四珠花）

114~119. 同 111~113，2 次。

（编出三圈三个四珠花）

**尾部：**

右串 8 黄 1 金回 8 黄，左过 2 黄与右线穿到同处，串 8 黄后绕过金珠回 8 黄到原位编出一尾，用同样方法在尾部三珠花上编另外两个尾。

**爪：**

1. 编两后爪：线穿到第十二弯和第十三弯中间两个四珠花相连的一珠两端，右串 4 黄 1 红回 2 黄，串 2 黄 1 红回 2 黄，再串 2 黄 1 红回 4 黄到原位。

2. 将线穿到第三弯和第四弯中间两个四珠花相连的一珠两端，用相同方法编两前爪。

**角：**

1. 面对嘴，将线穿在头顶五珠花中间 3 黄珠两端，两线各串 4 红 1 金回 2 红再串 2 红 1 金回 4 红到原位。

2. 将线穿到嘴部四珠花一黄珠两端，各串 5 红回 2 红到原位，埋线。

完成。

# 盘 蛇

图 5-47 为盘蛇。

## 一、材料准备

用料：6 厘珠绿色 465 个、白色 293 个、黑色 2 个、红色 3 个、小红 1 个。

用线：3 m。

# 二、详细步骤

**尾部：**

1. 右串 3 彩回线（3）。

2. 右串 2 彩 1 小彩回过 2 彩再过 3 彩回原位。

3. 右串 3 彩回线（4）。

4. 左过 1 彩右串 1 彩 1 白回线（4）。

5. 左过 1 彩上 1 彩右串 1 彩回线（4）。

6. 右串 1 白 2 彩回线（4）。

7. 左过 1 彩右串 2 彩回线（4）。

8. 左过 1 彩右串 1 彩 1 白回线（4）。

9. 左过 1 白右串 1 白回线（3）断面形成 1 白 3 彩四珠花。

**身体：**

**第一圈：**

1. 右串 4 白回线（5）。

2. 左过 1 彩右串 2 彩回线（4）。

3. 左过 1 彩右串 3 彩回线（5）。

4. 左过 1 彩 2 白右过 1 彩串 1 彩回线（6）。

**第二圈：**

1. 右串 3 彩 2 白回线（6）。

2. 左过 1 白右过 1 白串 2 白回线（5）。

3. 左过 1 彩右串 2 彩回线（4）。

4. 左过 1 彩上 2 彩右串 1 彩回线（5）。

**第三圈：**

1. 右串 4 彩回线（5）。

2. 左过 1 彩右过 1 彩右串 1 彩 2 白回线（6）。

3. 左过 1 白右过 1 白串 2 白回线（5）。

4. 左过 1 彩上 1 彩右串 1 彩回线（4）。

**第四圈：**

1. 右串 1 白 2 彩回线（4）。

2. 左过 1 彩右串 3 彩回线（5）。

3. 左过 1 彩右过 1 彩串 1 彩 2 白回线（6）。

4. 左过 1 白上 1 白右过 1 白串 1 白回线（5）。

第五圈至第八圈、第九圈至第十二圈、第十三圈至第十六圈、第十七圈至第二十圈都重复第一圈至第四圈

**颈部：**

1. 右串 3 白回线（4）。

图 5－47　盘　蛇

2．左过 1 彩右串 1 彩回线(3)。

3．左过 1 彩右过 1 白串 1 彩回线转 180 度,左线变右线。

4．右串 2 彩 1 白回线(4)。

5．左过 1 白右串 2 白回线(4)。

6．左过 1 彩右串 2 彩回线(4)。

7．左过 1 彩上 1 彩右串 1 彩回线(4)。

8．右串 3 彩回线(4)。

9．左过 1 彩右串 1 彩 1 白回线(4)。

10．左过 1 白右串 2 白回线(4)。

11．左过 1 彩上 1 彩右串 1 彩回线(4)。

头部:

1．右串 4 彩回线(5)。

2~3．左过 1 彩右串 3 彩回线(5)。

4．右串 1 彩 2 白回线(4)。

5．左过 1 白串 3 红 1 小红回过 3 红后向左过 1 白回原位(舌)。

6．左串 2 白回线(4)。

7．右串 3 白回线(4)。

8．右过 4 白左过 4 白,将线穿到左边 1 白珠两端左线变右线。

9．左过 1 彩右串 1 白 1 彩回线(4)。

10．左过 1 彩右串 2 彩 1 黑回线(5)。

11．左过 2 彩右串 2 彩回线(5)。

12．左过 2 彩右串 1 彩 1 黑回线(5)。

13．左过 2 彩左串 2 彩回线(5)。

14．右过 1 彩串 1 彩左串 2 彩回线(5)。

15．左串 4 彩回线(5)。

16．左串 1 彩过 3 彩回原位(填空)。

17．右过 3 彩串 1 彩回线(5)。

18．左过 5 彩(沿嘴边)右过 1 彩 2 白,线绕在舌尖小珠上,再过 2 白(压住舌头)与右线回线拉紧,将嘴口缩小。

完成。

# 青　蛇

图 5-48 为青蛇。

## 一、材料准备

用料:6 厘珠浅色 445 个、深色 62 个、红色 3 个、小红 14 个、黑色 2 个。

用线:7 m。

# 二、详细步骤

**注意**：除注明外均为四珠花。

1. 右串 3 浅回线。

2. 右串 2 大 3 浅 1 小回 3 浅 2 大, 过 2 浅回原位(尾)。

**第一圈:**

1. 右串 3 浅回线。

2. 左过 1 右串 2 浅回线。

3. 左过 1 上 1 右串 1 浅回线。

**第二圈:同第一圈**

**第三圈:**

1. 右串 1 浅 2 深回线。

2. 左过 1 右串 1 深 1 浅回线。

3. 左过 1 上 1 右串 1 浅回线。

**第四圈:**

1. 右串 3 浅回线。

2. 左过 1 深右串 1 浅 1 深回线。

3. 左过 1 深上 1 浅右串 1 浅回线。

**第五圈、第六圈:同第一圈**

**第七圈:**

1. 右串 3 浅回线。

2. 左过 1 右串 2 深回线。

3. 左过 1 上 1 右串 1 深回线。

**第八圈:**

1. 右串 1 深 2 浅回线。

2. 左过 1 右串 2 浅回线。

3. 左过 1 深上 1 深右串 1 浅回线。

**第九圈:**

1. 右串 3 浅回线。

2. 左过 1 右串 2 浅回线。

3. 左过 1 上 1 右串 2 浅回线(5)。

**第十圈:**

1. 右串 3 浅回线。

2～3. 左过 1 右串 2 浅回线。

4. 左过 1 上 1 右串 1 浅回线。

图 5-48 青 蛇

第十一圈：

1. 右串 3 浅回线。

2. 左过 1 右串 2 浅回线。

3. 左过 1 右串 2 深回线。

4. 左过 1 上 1 右串 1 深回线。

第十二圈：

1. 串 1 深 2 浅回线。

2～3. 左过 1 右串 2 浅回线。

4. 左过 1 深上 1 深右串 1 浅回线。

**第十三圈、第十四圈：同第十圈**

**第十一至第十四圈的编法再重复 11 次，然后再编第十一圈和第十二圈一次，身体共编六十圈**

头部：

第一圈：

1. 右串 4 浅回线（5）。

2～3. 左过 1 右串 3 浅回线（5）。

4. 左过 1 上 1 右串 2 浅回线（5）。

第二圈：

1. 右串 3 浅回线（4）。

2～7. 左过 1 右串 2 浅回线（4）。

8. 左过 1 上 1 右串 1 浅回线（4）。

第三圈：

1. 右串 3 浅回线（4）。

2. 左过 2 右串 1 浅 1 黑回线（5）。

3. 左过 1 右串 2 浅回线（4）。

4. 左过 1 右串 1 浅 1 黑回线（4）。

5. 左过 2 右串 2 浅回线（5）。

6. 左过 1 上 1 右串 1 浅回线（4）。

第四圈：

1. 左过 1 右串 3 浅回线（5）。

2. 左过 1 右串 2 浅回线（4）。

3. 左过 2 右串 2 浅回线，左串 1 浅后左过 2，右过 4 回原位（填空）。

4. 左过 1 上 1 右串 1 浅回线。

5. 左过 2，左右同串 2 红回 1 红，埋线。

6. 用细线从顶端红珠穿过，串 7 小红回过 6 小红再串 7 小红回 6 小红，将线穿回固定（舌尖）。

完成。

# 圆肚双鬃大马

图 5-49 为圆肚双鬃大马。

## 一、材料准备

用料：6 厘珠白色 470 个、黑色 34 个、红色 11 个、蓝色 9 个、绿色 21 个、黄色 8 个、棕色 35 个，5 厘珠白色 18 个、黑色 2 个、棕色 9 个，4 厘珠白色 2 个，8 厘珠黄色 1 个。

用线：6 m。

## 二、详细步骤

图 5-49　圆肚双鬃大马

**底部：除注明外均为四珠花**

1. 右串 4 白回线。

2. 左串 1 白右串 2 白回线。

3～4. 右串 3 白回线。

5. 左过 1 白右串 3 白回线（5）。

6. 右串 1 小白，过 2 白回原位（填空）。

7. 左过 1 白，翻面，左线变右线右串 2 白回线。

8. 右串 3 白回线。

9. 左串 1 白右串 1 白 1 小白回线。

10. 左过 1 白右串 2 白回线。

11. 左过 1 白，翻面左线变右线，右串 2 白回线。

12. 右串 3 白回线。

13～14. 左过 1 白右串 2 白回线。

15. 左过 1 白翻面，左线变右线右串 2 白回线。

16～19. 同 12～15。

20～23. 同 8～11。

24. 右串 3 白回线。

25. 左过 2 白右串 2 白回线（5）。

26. 右串 1 小白，过 2 白回原位（填空）。

27. 左过 1 白翻面，左线变右线，右串 2 白回线。

28. 右串 3 白回线。

29～30. 左过 1 白右串 2 白回线。

**身体：**

**第一圈：**

1. 右串 3 白回线。

2～3. 左过 1 白右串 2 白回线。

4．左过 1 白右串 1 绿 1 白回线。

5～15．左过 1 白右串 2 白回线。

16．左过 1 白右串 1 绿 1 白回线。

17～21．左过 1 白右串 2 白回线。

22．左过 1 白上 1 白右串 1 白回线。

**第二圈：**

1．右串 3 白回线。

2～3．左过 1 白右串 2 白回线。

4．左过 1 白右串 2 绿回线。

5．左过 1 绿右串 1 黄 1 绿回线。

6．左过 1 白右串 1 绿 1 白回线。

7～15．左过 1 白右串 2 白回线。

16．左过 1 白右串 2 绿回线。

17．左过 1 绿右串 1 黄 1 绿回线。

18．左过 1 白右串 1 绿 1 白回线。

19～21．左过 1 白右串 2 白回线。

22．左过 1 白上 1 白右串 1 白回线。

**第三圈：**

1．右串 3 白回线。

2～3．左过 1 白右串 2 白回线。

4．左过 1 白右串 1 白 1 绿回线。

5．左过 1 绿右串 1 绿 1 黄回线。

6．左过 1 黄右串 2 黄回线。

7．左过 1 绿右串 1 蓝 1 绿回线。

8．左过 1 白右串 1 绿 1 白回线。

9～15．左过 1 白右串 2 白回线。

16．左过 1 白右串 2 绿回线。

17．左过 1 绿右串 1 蓝 1 黄回线。

18．左过 1 黄右串 2 黄回线。

19．左过 1 绿右串 2 绿回线。

20～21．左过 1 白右串 2 白回线。

22．左过 1 白上 1 白右串 1 白回线。

**背部：**

1．右过 1 白串 2 白回线。

2．左过 1 白右串 2 白回线。

3．左过 2 白右串 1 白回线。

4．左过 1 白右串 2 白回线。

5．左过 1 绿右串 1 绿 1 蓝回线。

6．左过 1 黄右串 2 蓝回线。

7. 左过 1 蓝右串 1 红 1 蓝回线。

8. 左过 1 绿串 1 白 1 绿用左线回线。

9. 左串 1 白过对面 1 绿,再串 1 蓝用左线回线。

10. 左过 1 蓝右过 1 红串 1 蓝回线。

11. 左过 1 黄右过 1 蓝串 1 蓝回线。

12. 左过 1 绿右串 1 绿 1 白回线。

13~14. 左过 2 白右串 1 白回线。

15. 右过 2 绿,用左线回线。

16. 将臀部两角压入身体中,形成两个凹坑,将线穿到两个白珠两端,右串 2 白回线,左过 2 白右串 1 白回线,实现在凹坑中填入 3 个白珠,使臀部变圆滑。

**颈部和头部:在前面 9 个珠子上编颈部,线在绿珠旁两白珠两端**

第一圈:

1. 右串 3 白回线(5)。

2. 左过 2 白右串 2 白回线(5)。

3~5. 左过 1 白右串 2 白回线(4)。

6. 左过 2 白上 1 白右串 1 白回线(5)。

第二圈:

1. 左串 1 白右串 2 白回线(4)。

2. 右串 3 白回线(4)。

3. 左串 1 白右串 2 白回线(4)。

4. 右串 3 白回线(4)。

5. 左串 1 白过 1 白(五珠花上面一珠)右串 1 白回线(4)。

6. 左过 1 白右过 1 白串 2 白回线(5)。

7. 左过 1 白右串 2 白回线(4)。

8. 左过 2 白上 1 白右串 1 白回线(5)。

第三圈:

1. 右串 3 白回线(4)。

2~5. 左过 1 白右串 2 白回线(4)。

6. 左过 1 白上 1 白右串 1 白回线(4)。

第四圈:

1. 右串 3 白回线(4)。

2. 左过 1 白右串 3 白回线(5)。

3. 右串 1 黑过 2 白回原位(填空右眼)。

4~6. 左过 1 白右串 2 白回线(4)。

7. 左过 1 白上 1 白右串 2 白回线(5)。

8. 右串 1 黑过 2 白回原位(填空左眼)。

9. 左过 2 白右串 2 白回线(5)。

10. 左过 2 白右串 1 白回线(4)。

11. 左过 1 白右串 1 白回线(3)。

12. 左过 3 白回线(4)。

(将线穿到两眼中间四珠花上边一珠两端,在四珠花上编脸)

13. 右串 3 白回线。

14~15. 左过 1 白右串 2 白回线。

16. 左过 1 白上 1 白右串 1 白回线。

17. 右串 3 白回线。

18~19. 左过 1 白右串 2 白回线。

20. 左过 1 白上 1 白右串 1 红回线。

21. 左右各过 1 白串 1 小黑,右过 1 白回线。

**左前腿:**

1. 右串 3 白回线。

2~3. 左过 1 右串 2 白回线。

4. 左过 1 上 1 右串 1 白回线。

5~8. 同 1~4。

9. 左串 2 白回线。

10. 右过 1 左串 2 白回线。

11. 右过 1 左串 1 白回线。

12~19. 同 1~4,2 次。

20. 右串 2 白回线。

21. 左过 1 右串 2 白回线。

22. 左过 1 右串 1 白回线。

23. 右穿 3 黑回线。

24~25. 左过 1 右串 2 黑回线。

26. 左过 1 上 1 右串 1 白回线。

**左后腿:**

1. 右串 3 白回线。

2~3. 左过 1 右串 2 白回线。

4. 左过 1 上 1 右串 1 白回线。

5~8. 同 1~4。

9. 左串 2 白回线。

10. 右过 1 左串 2 白回线。

11. 右过 1 左串 1 白回线。

12~19. 同 1~4,2 次。

20. 右过 2 白回线。

21. 左过 1 右串 2 白回线。

22. 左过 1 右串 1 白回线。

23. 右串 2 黑回线。

24~25. 左过 1 右串 2 黑回线。

26. 左过 1 上 1 右串 1 黑回线。

**右前腿：**

1．右穿 3 白回线(4)。

2～3．左过 1 右穿 2 白回线(4)。

4．左过 1 上 1 右穿 1 白回线(4)。

5～8．同 1～4。

9．左穿 2 白回线(3)。

10．右过 1 左穿 2 白回线(4)。

11．右过 1 左穿 1 白回线(3)。

12～19．同 1～4,2 次。

20．右穿 2 白回线(3)。

21．左过 1 右穿 2 白回线(4)。

22．左过 1 右穿 1 白回线(3)。

23．右穿 3 黑回线(4)。

24～25．左过 1 右穿 2 黑回线(4)。

26．左过 1 上 1 右穿 1 黑回线(4)。

**右后腿：**

1．右穿 2 白回线(3)。

2．左过 1 右穿 2 白回线(4)。

3．左过 1 右穿 1 白回线(3)。

4．右穿 3 白回线(4)。

5～6．左过 1 右穿 2 白回线(4)。

7．左过 1 上 1 右穿 1 白回线(4)。

8．左过 1,右过 3。

9．右过 2 白回线(3)。

10．左过 1 右穿 2 白回线(4)。

11．左过 1 右穿 2 白回线(3)。

12～19．同 4～7,2 次。

20．右穿 2 白回线(3)。

21．左过 1 右穿 2 白回线(4)。

22．左过 1 右穿 1 白回线(3)。

23～26．同 4～7。

27．右穿 3 黑回线(4)。

28～29．左过 1 右穿 2 黑回线(4)。

30．左过 1 上 1 右穿 1 黑回线(4)。

**两耳：**

线穿在含眼睛四珠花上面一白珠两端,右串 2 白 1 小白回 1 白,再串 1 白用左线回线。

**鬃：两线穿在颈部侧面与背相连接的一白珠两端**

1．右串 3 棕回线(4)。

2～5．左过 1 白右串 2 棕回线(4)。

6. 左过头顶一白右串 1 棕回线(3)转 180 度。

7～11. 左过 1 白右过 1 棕串 1 棕回线(4)。

**重新起头:线穿在头顶部两棕色珠两端**

1. 右串 1 红回线(3)。

2. 左串 1 红右串 1 红 1 大红回线(4)。

3～4. 左串 1 红右串 2 红回线(4)埋线。

**尾部:两线穿在尾部从下面数第四个四珠花上面一珠两端**

1～6. 左串 1 棕右串 2 棕回线。

7～9. 左串 1 小棕右串 2 小棕回线。

完成。

# 大绵羊

图 5-50 为大绵羊。

## 一、材料准备

**图 5-50 大绵羊**

用料:12 厘珠白色 369 个、黑色 18 个、红色 20 个,4 厘珠小白 90 个、黑色 2 个。

用线:7.5 m。

## 二、详细步骤

**身体底部:**

1. 右串 4 白回线(4)。

2. 左串 1 白右串 2 白回线(4)。

3～4. 右串 3 白回线(4)。

5. 左过 1 右串 2 白回线(4)。

6. 左过 1 左串 2 白回线(4)。

7. 左串 3 白回线(4)。

8. 右过 1 左串 2 白回线(4)。

9. 右过 1 右串 2 白回线(4)。

10. 右串 3 白回线(4)。

11. 左过 1 右串 2 白回线(4)。

12. 左过 1 左串 2 白回线(4)。

13. 左串 3 白回线(4)。

14. 右过 1 左串 2 白回线(4)。

15. 右过 1 右串 2 白回线(4)。

**身体侧面:**

**第一圈:**

1. 右串 3 白回线(4)。

2～8．左过 1 右串 2 白回线(4)。

9．左过 1 右串 3 白回线(5)。

10．左过 1 右串 2 白回线(4)。

11．左过 1 右串 3 白回线(5)。

12～15．左过 1 右串 2 白回线(4)。

16．左过 1 上 1 右串 1 白回线(4)。

**第二圈：**

1．右串 3 白回线(4)。

2～9．左过 1 右串 2 白回线(4)。

10．左过 1 右串 3 白回线(5)。

11．左过 3 右串 2 白回线(6)。

12．左过 1 右串 3 白回线(5)。

13～15．左过 1 右串 2 白回线(4)。

16．左过 1 上 1 右串 1 白回线(4)。

**第三圈：**

1．右串 3 白回线(4)。

2～9．左过 1 右串 2 白回线(4)。

10．左过 2 右串 1 白回线(4)。

11．右串 3 白回线(4)。

12．左过 3,左线向右过 1,右线向左过 2 串 1 白回线(4)。

13．左过 1 右串 2 白回线(4)。

14．左过 1 上 1 右串 1 白回线(4)。

15．右串 1 白向右过 4 回原位(4)。

16．右过 1 串 1 白回线(4)。

17．左过 1,右过 1 串 1 白回线(4)(端面为 6 珠)。

**头部：**

**第一圈：**

1．右串 3 白回线(4)。

2～3．左过 1 右串 2 白回线(4)。

4．右串 3 白回线(4)。

5．左过 1 右串 1 小白 1 白回线(4)。

6．右串 3 白回线(4)。

7．左过 1 右串 2 白回线(4)。

8．左过 1 上 1 右串 1 白回线(4)。

**第二圈：**

1．右串 3 白回线(4)。

2～3．左过 1 右串 2 白回线(4)。

4．左过 2 右串 1 白 1 黑回线(5)(左眼)。

5．右串 3 白回线(4)。

6．左过 1 右串 2 白回线(4)。

7．右串 2 白回线(3)。

8．左过 1 左串 1 白 1 小红回线(4)。

9．右串 2 小黑回线(3)。

10．右过 1 小黑 1 白串 1 白回线(4)。

11．左过 1 白串 1 白回线(3)。

12．左过 1 白左串 2 白回线(4)。

13．右串 1 白过 1 白串 1 白回线(4)。

14．右过 1 白串 2 白回线(4)。

15．左过 1 白右串 1 白 1 黑回线(4)。

16．左过 3 白右串 1 白回线(5)(右眼)(端面为 8 珠)。

**第三圈：**

1．右串 3 白回线(4)。

2～6．左过 1 右串 2 白回线(4)。

7．左过 1 上 1 右串 1 白回线(4)。

**第四圈：**

1．左过 2 右串 1 白回线(4)。

2．左过 1，右过 1 串 1 白回线(4)。

3．左过 2，右过 1 回线，封顶。

**左耳：**

1．右串 1 白 1 红 1 白回线(4)。

2～3．左过 1 右串 2 白回线(4)。

4．左过 1 上 1 右串 1 白回线(4)。

5．右向下过 1 串 3 白过 1 回原位(左耳)。

**左犄角：**

1．右串 2 小白 1 白回线(4)。

2．左过 1 红右串 1 红 1 白回线(4)。

3．左过 1 白右串 2 小白回线(4)。

4．左过 1 白上 1 小白右串 1 小白回线(4)。

5．右串 3 小白回线(4)。

6．左过 1 小白右串 1 小白 1 白回线(4)。

7．左过 1 红右串 1 红 1 白回线(4)。

8．左过 1 小白上 1 小白右串 1 小白回线(4)。

9．右串 1 白 2 小白回线(4)。

10．左过 1 小白右串 2 小白回线(4)。

11．左过 1 小白右串 1 小白 1 白回线(4)。

12．左过 1 红上 1 白右串 1 红回线(4)。

13．右串 1 白 1 红 1 白回线(4)。

14～15．左过 1 小白右串 2 小白回线(4)。

16. 左过 1 小白上 1 白右串 1 小白回线(4)。

17. 右串 2 小白 1 白回线(4)。

18. 左过 1 红右串 1 红 1 白回线(4)。

19. 左过 1 小白右串 2 小白回线(4)。

20. 左过 1 小白上 1 小白右串 1 小白回线(4)。

21. 右串 3 小白回线(4)。

22. 左过 1 小白右串 1 小白 1 白回线(4)。

23. 左过 1 红右串 1 红 1 白回线(4)。

24. 左过 1 小白上 1 小白右串 1 小白回线(4)。

25. 右串 1 白 2 小白回线(4)。

26. 左过 1 小白右串 2 小白回线(4)。

27. 左过 1 小白右串 1 小白 1 白回线(4)。

28. 左过 1 红上 1 白右串 1 红回线(4)。

29. 右串 1 白 1 红 1 白回线(4)。

30～31. 左过 1 小白右串 2 小白回线(4)。

32. 左过 1 小白上 1 白右串 1 小白回线(4)。

33. 右串 2 小白 1 白回线(4)。

34. 左过 1 红右串 1 红 1 白回线(4)。

35. 左过 1 小白右串 2 小白回线(4)。

36. 左过 1 小白上 1 小白右串 1 小白回线(4)。

**尾部:**在尾部两个五珠花间的四珠花上编出五个四珠花

**腿:**在身体底部四角四个四珠花上编出三圈四珠花,第三圈四珠花的顶部用黑色珠

右耳和右犄角编法相同

完成。

# 山　羊

图 5-51 为山羊。

## 一、材料准备

用料:6 厘珠白色 393 个、黄色 7 个、黑色 58 个、小红 4 个、小白 10 个、小小白 32 个。

用线:4 m。

## 二、详细步骤

**身体:从底部开始编**

1. 右串 4 白回线(4)。

2. 左串 1 白右串 2 白回线(4)。

3～4. 右串 3 白回线(4)。

5. 左过 1 右串 2 白回线(4)。

6. 左过 1 左串 2 白回线（4）。

7. 左串 3 白回线（4）。

8. 右过 1 左串 2 白回线（4）。

9. 右过 1 右串 2 白回线（4）。

10. 右串 3 白回线（4）。

11. 左过 1 右串 2 白回线（4）。

12. 左过 1 左串 2 白回线（4）。

13. 左串 3 白回线（4）。

14. 右过 1 左串 2 白回线（4）。

15. 右过 1 右串 2 白回线（4）。

16. 右串 3 白回线（4）。

17～18. 左过 1 右串 2 白回线（4）。

**身体侧面：**

**第一圈：**

1. 右串 3 白回线（4）。

2～17. 左过 1 右串 2 白回线（4）。

18. 左过 1 上 1 右串 1 白回线（4）。

**第二圈：**

1. 右串 3 白回线（4）。

2～8. 左过 1 右串 2 白回线（4）。

9. 左过 1 右串 1 黄 1 白回线（4）。

10～17. 左过 1 右串 2 白回线（4）。

18. 左过 1 上 1 右串 1 白回线（4）。

**第三圈：**

1. 右串 3 白回线（4）。

2. 左过 2 右串 2 白回线（5）。

3～7. 左过 1 右串 2 白回线（4）。

8. 左过 1 右串 2 黄回线（4）。

9. 左过 1 黄右串 1 白 1 黄回线（4）。

10. 左过 1 右串 1 黄 1 白回线（4）。

11～15. 左过 1 右串 2 白回线（4）。

16. 左过 2 上 1 白右串 1 白回线（5）。

**第四圈：**

1. 左过 2 白右串 1 白回线（4）。

2～5. 左过 1 白右过 1 白串 1 白回线（4）。

**颈部和头部：**

**第一圈：**

1. 右串 3 白回线（4）。

图 5－51　山　羊

2．左过 1 白右串 1 白 1 黄回线(4)。

3．左过 1 黄右串 2 白回线(4)。

4．左过 1 白右串 2 白回线(4)。

5．左过 1 黄右串 1 白 1 黄回线(4)。

6．左过 1 白上 1 白右串 1 白回线(4)。

**第二圈：**

1．右串 3 白回线(4)。

2～5．左过 1 白右串 2 白回线(4)。

6．左过 1 白上 1 白右串 1 白回线(4)。

**第三圈：**

1．右串 1 白 1 黑 2 白回线(5)。

2～4．左过 1 白右串 2 白回线(4)。

5．左过 1 白右串 1 白 1 黑 1 白回线(5)。

6．左过 1 白上 1 白右串 1 白回线(4)。

**嘴：**

1．左串 1 白右串 2 白回线(4)。

2．左串 1 小白右串 1 小白 1 小红回线(4)。

3．右串 3 小红回线(4)。

4．左过 1 小白串 1 白 1 小白回线(4)。

5．右过 1 小红左串 1 白 1 小白回线(4)。

6．右过 1 小红上 1 小白串 1 白回线(4)。

7．右过 1 白串 2 白回线(4)。

8．左过 1 白右串 2 白回线(4)。

9．左过 1 白上 1 白右串 1 白回线(4)。

10．左过 1 黑左串 2 白回线(4)。

11．右过 1 白左串 2 白回线(4)。

12．右过 1 白 1 黑串 1 白回线(4)。

13．右串 3 白回线(4)。

14～19．左过 1 白右串 2 白回线(4)。

20．左过 1 白上 1 白右串 1 白回线(4)。

21～22．左过 1 白右过 1 白左串 1 白回线(4)。

23．左串 3 白回线(4)。

**右犄角：线在头顶右边四珠花左边和下面两珠两端，重新起头**

1．右串 3 白回线(5)。

2．左过 1 右串 2 白回线(4)。

3．左过 1 上 1 右串 1 白回线(4)。

4．右串 2 白 1 小白回线(4)。

5. 左过 1 白右串 2 白回线(4)。

6. 左过 1 上 1 右串 1 白回线(4)。

7. 右串 3 白回线(4)。

8. 左过 1 右串 1 白 1 小白回线(4)。

9. 左过 1 上 1 右串 1 白回线(4)。

10. 右串 1 小白 2 白回线(4)。

11. 左过 1 右串 2 白回线(4)。

12. 左过 1 上 1 小白右串 1 白回线(4)。

13~18. 同 4~9。

19. 右串 1 小小白 2 白回线(4)。

20. 左过 1 右串 2 白回线(4)。

21. 左过 1 上 1 小小白右串 1 白回线(4)。

22. 右串 2 白 1 小小白回线(4)。

23. 左过 1 右串 2 白回线(4)。

24. 左过 1 上 1 右串 1 白回线(4)。

25. 右串 3 白回线(4)。

26. 左过 1 右串 1 白 1 小小白回线(4)。

27. 左过 1 上 1 右串 1 白回线(4)。

28. 右串 1 小小白 2 白回线(4)。

29. 左过 1 右串 2 白回线(4)。

30. 左过 1 上 1 小小白右串 1 白回线(4)。

31. 右串 3 小小白回线(4)。

32. 左过 1 右串 2 小小白回线(4)。

33. 左过 1 上 1 小小白右串 1 小白回线(4)。

34. 右串 3 小小白回线(4)。

35. 左过 1 小小白右串 2 小小白回线(4)。

36. 左过 1 小小白上 1 小小白右串 1 小小白回线(4)。

左犄角编法同右犄角,只把上述程序中左改为右,右改为左,起头从头顶左边四珠花的右面和下边两珠两端开始

**尾部:线穿在身体尾部两个五珠花中间的白珠两端**

1~2. 左串 1 黑,右串 2 黑回线(4)。

3. 左串 1 黑,右串 1 黑过 1 白回线(4),共编出三个四珠花。

**耳:线穿在眼睛黑珠旁一白珠两端**

1~2. 左串 1 黑右串 2 黑回线(4)。

3. 左串 1 黑,右串 1 黑过头顶侧面犄角 1 白珠回线。

**腿:在身体底部四角的四珠花上编四条腿,每腿编出三圈白色四珠花再编一圈黑色四珠花完成。**

# 坐姿猴子

图 5-52 为坐姿猴子。

## 一、材料准备

用料：6 厘珠彩色 267 个、白色 65 个、黑色 1 个、红色1个，8 厘珠黑色 2 个。

用线：3.7 m，每条腿 0.45 m。

## 二、详细步骤

**头部：**

**第一圈：**

1. 右串 5 彩回线（5）。

2. 右串 1 彩 1 白 3 彩回线（6）。

3. 左过 1 彩右串 4 彩回线（6）。

4. 左过 1 彩右串 4 彩回线（6）。

5. 左过 1 彩右串 2 彩 1 白 1 彩回线（6）。

6. 左过 1 彩上 1 彩右串 3 白回线（6）。

**第二圈：**

1. 左过 1 白右串 1 白 1 大黑 2 白回线（6）。

2. 左过 1 彩右串 3 彩回线（5）。

3. 左过 2 彩右串 3 彩回线（6）。

4～7. 同 2～3，2 次。

8. 左过 1 彩右串 2 彩 1 白回线（5）。

9. 左过 2 白右串 1 白 1 大黑 1 白回线（6）。

10. 左过 1 白上 1 白右串 2 白回线（5）。

**第三圈：**

1. 左过 1 大黑右串 3 白回线（5）。

2. 左过 1 白 1 彩右串 3 彩回线（6）。

3. 左过 2 彩右串 3 彩回线（6）。

4. 左串 3 白回 1 彩到原位，右上 1 白串 2 白向左过 1 彩回原位（左耳）。

5～8. 左过 2 彩右串 3 彩回线（6）。

9. 左串 3 白回 1 彩到原位，右串 1 彩 2 白向下过 1 白 2 彩（右耳）。

10. 左过 2 彩右串 2 彩（6）。

11. 左过 1 彩 1 白右串 2 彩 1 白回线（6）。

12. 左过 1 大黑 1 白上 1 白右串 1 白回线（5）。

**第四圈：**

1. 右串 2 白 1 黑回线（4）。

图 5-52 坐姿猴子

2. 左过 1 白右串 2 白回线(4)。

3. 左过 1 彩右串 1 白 2 彩回线(5)。

4. 左过 2 彩右串 3 彩回线(6)。

5. 左过 2 彩右串 2 彩回线(5)。

6～9. 同 4～5,2 次。

10. 左过 2 彩右串 3 彩回线(6)。

11. 左过 1 彩上 1 白右串 1 彩 1 白回线(5)。

### 第五圈:

1. 左过 1 白右串 1 白 1 红回线(4)。

2. 左过 2 白右串 1 白回线(4)。

3. 左过 2 彩右串 3 彩回线(6)。

4～6. 左过 3 彩右串 2 彩回线(6)。

7. 左过 2 彩 1 白上 1 彩右串 1 彩回线(6)。

**身体:在五珠花上**

**第一圈:**

1. 右串 5 彩回线(6)。

2～4. 左过 1 彩右串 4 彩回线(6)。

5. 左过 1 彩上 1 彩右串 3 彩回线(6)。

**第二圈:**

1. 左过 1 彩右串 3 彩回线(5)。

2. 左过 1 彩右串 4 彩回线(6)。

3. 左过 2 彩右串 2 彩回线(5)。

4～9. 同 2～3,3 次。

10. 左过 1 彩上 1 彩右串 3 彩回线(6)。

11. 左过 2 彩右串 3 彩回线(6)。

**第三圈:**

1. 左过 1 彩右串 3 彩回线(5)。

2. 左过 3 彩右串 2 彩回线(6)。

3～8. 同 1～2,3 次。

9. 左过 1 彩上 1 彩右串 2 彩回线(5)。

**左腿编法同右腿**

**手臂:在身体侧面五珠花的一珠两端**

1. 左串 1 彩右串 2 彩回线。

2～4. 同 1。

5. 左串 1 白右串 2 白回线。

**身体下部:**

1. 右串 3 彩回线(4)。

2～9. 过 1 彩右串 2 彩回线(4)。

10. 左过 3 彩右串 3 彩回线(7)。

11. 右串 10 彩 1 白回 10 彩(尾)。

12. 左过 3 彩上 1 彩右串 2 彩回线(7)。

13. 左过 1 彩左串 3 彩回线(5)。

14~15. 右过 2 彩左串 2 彩回线(5)。

16. 右过 2 彩右串 1 彩回线(4)。

17~19. 左右各过 1 彩右串 1 彩回线(4)。

20. 左过 3 彩回线。

**右腿:在四珠花上**

1. 右串 3 彩回线。

2~3. 左过 1 彩右串 2 彩回线。

4. 左过 1 彩上 1 彩右串 1 彩回线。

5~8. 同 1~4。

9. 右串 3 白回线。

10~11. 左过 1 彩右串 2 白回线。

12. 左过 1 彩上 1 白右串 1 白回线。

13. 左过 1 白右过 3 白右串 3 白回线。

完成。

# 大母鸡

图 5-53 为大母鸡。

## 一、材料准备

用料:6 厘珠白色 172 个、红色 105 个、黑色 60 个,5 厘珠小红 1 个。

用线:身体 1.5 m、头 1.1 m、左翅和尾 0.8 m、冠和嘴 0.4 m。

## 二、详细步骤

图 5-53　大母鸡

**身体:从底部开始**

1. 右串 5 白回线(5)。

2. 左串 4 白回线(5)。

3. 右过 1 右串 3 白回线(5)。

4. 左过 1 左串 3 白右串 3 白回线(8)。

5. 右串 4 白回线(5)。

6. 左过 1 左串 3 白回线(5)。

7. 右过 1 右串 4 白回线(6)。

**第一圈:**

1. 左过 1 右串 4 白回线(6)。

2～4. 左过 2 右串 3 白回线(6)。

5. 左过 1 右串 3 白回线(5)。

6～9. 左过 2 右串 3 白回线(6)。

10. 左过 1 右串 3 白回线(5)。

11. 左过 1 上 1 右串 2 白回线(5)。

**第二圈:**

1. 左过 1 右串 4 白回线(6)。

2～10. 左过 2 右串 3 白回线(6)。

11. 左过 1 右串 3 白回线(5)。

12. 左过 1 上 1 右串 2 白回线(5)。

**第三圈:**

1. 左过 1 左串 3 白回线(5)。

2. 右过 2 左串 2 白回线(5)。

3. 右过 2 右串 2 白回线(5)。

4. 左过 2 右串 2 白回线(5)。

5. 左过 3 右串 2 白回线(6)。

6. 左过 2 左串 3 白回线(6)。

7. 左过 1 串 1 白过对面 2 白右串 1 回线(6)(左边空下 10 个珠子编头)。

8. 右过 5 回线封背。

**头部:线在身体左边第二个六珠花右边一珠两端,重新起头**

**第一圈:**

1. 右串 5 白回线(6)。

2～4. 左过 2 右串 3 白回线(6)。

5. 左过 1 串 1 上 1 右串 2 白回线(6)。

**第二圈:**

1. 左过 1 右串 3 白回线(5)。

2～4. 左过 2 右串 2 白回线(5)。

5. 左过 2 上 1 右串 1 回线(5)。

**第三圈:**

1. 右串 4 白回线(5)。

2～3. 左过 1 右串 3 白回线(5)。

4. 左过 1 右串 1 白 1 黑 2 白回线(6)(左眼)。

5. 左过 1 上 1 右串 1 白 1 黑 1 白回线(6)(右眼)。

**第四圈:**

1. 左过 1 右串 4 白回线(6)。

2～3. 左过 2 右串 2 回线(5)。

4. 左过 2 右串 3 白回线(6)。

5. 左过 1 黑右串 3 白回线(5)。

6. 左过 2 右串 1 回线(4)。

7. 左过 1 黑 1 白右过 1 白串 1 白回线(5)。

8. 左过 1 右串 2 白回线(4)。

9～10. 左过 2 右串 1 白回线(4)。

11. 右过 3 回线(4),头部编完。

**鸡冠和嘴:将线穿在头部后端两个五珠花中间一珠两端**

1. 右串 3 红回线(4)。

2～3. 左过 1 右串 3 红回线(5)。

4. 左过 1 右串 2 红回线(4)。

5. 左过 1 白,右回过 2 红过 1 白将线穿到眼旁中间 2 白珠两端。

6. 左串 1 红右串 1 红,两线同时串 1 红 1 小红回过 1 红后各过 1 红 1 白回到中间,两线同时串 1 红后左串 2 红右串 3 红回线。

**左翅膀:将线穿在中间看过去第二个六珠花的两珠两端**

1. 左串 1 红右串 3 红回线(6)。

2. 左串 4 红回线(5)。

3. 右过 1 左串 1 红右串 2 红回线(5)。

4. 右串 4 红回线(5)。

5. 左过 2 右串 3 红回线(6)。

6. 左过 1 左串 3 红回线(5)。

7. 右过 1 左串 4 红回线(6)。

8. 左过 2 右串 3 红回线(6)。

9. 左过 1 串 1 红右串 3 红回线(6)。

10. 右过 2,左过 2,将线穿到尾部五珠花左边一珠两端。

**尾部:**

1. 右串 3 红回线(4)。

2. 左过 1 右串 3 红回线(5)。

3. 左过 1 左串 2 红回线(4)。

4. 左串 4 红回线(5)。

5～6. 右过 1 左串 3 红回线(5)。

7. 右过 1 右串 3 红回线(5)。

**右翅编法与左翅相同,只把右翅程序中左改为右,右改为左**

**右腿:在底部八珠花上编**

1. 右串 3 黑回线(4)。

2～7. 左过 1 右串 2 黑回线(4)。

8. 左过 1 上 1 右串 1 黑回线(4)。

9. 右串 3 黑回线(4)。

10～11. 左过 1 右串 2 黑回线(4)。

12. 左串 1 右串 2 黑回线(4)。

13. 左过 1 上 1 右串 1 黑回线(4)。

14. 左串 1 黑 1 小咖啡回 1 黑,过 1 黑,串 1 黑 1 小咖啡回 1 黑,过 1 黑,串 1 黑 1 小咖啡回 1 黑完成一条腿。

**用相同方法编另一条腿**

完成。

# 花母鸡

图 5-54 为花母鸡。

## 一、材料准备

用料：6 厘珠白色 307 个、黑色 2 个、红色 12 个，5 厘珠白色 32 个，4 厘珠小红 7 个，红米珠 20 个，长珠 7 个。

用线：身体和头部 2.5 m，尾部 1.2 m，每个翅 0.4 m。

**图 5-54 花母鸡**

## 二、详细步骤

**底部：**

1. 右串 6 白回线（6）。

2. 右串 4 白回线（5）。

3. 左过 1 左串 3 白回线（5）。

4. 右过 1，左串 3 白右串 3 白回线（8）。

5. 右串 4 白回线（5）。

6. 左过 1 左串 3 白回线（5）。

7. 右过 1 右串 3 白回线（5）。

**第一圈：**

1. 左过 1 右串 4 白回线（6）。

2~4. 左过 2 右串 3 白回线（6）。

5. 左过 2 右串 5 白回线（8）。

6~9. 左过 2 右串 3 白回线（6）。

10. 左过 1 上 1 右串 2 白回线（5）。

**第二圈：**

1. 左过 1 右串 4 白回线（6）。

2~5. 左过 2 右串 3 白回线（6）。

6~7. 左过 1 右串 3 白回线（5）。

8~11. 左过 2 右串 3 白回线（6）。

12. 左过 2 上 1 右串 2 白回线（6）。

**颈部：**

**第一圈：**

1. 左过 1 右串 4 白回线（6）。

2. 左过 2 右串 3 白回线(6)。

3. 左过 1 串 1 白右串 3 白回线(6)。

4. 左串 1 白过对面 1 白右串 3 白回线(6)。

5. 左过 2 上 1 白右串 2 白回线(6)。

**第二圈：**

1. 左过 1 右串 3 白回线(5)。

2～4. 左过 2 右串 2 白回线(5)。

5. 左过 2 上 1 白右串 1 白回线(5)。

**头部：**

**第一圈：**

1. 右串 4 白回线(5)。

2. 左过 1 右串 1 白 1 黑 1 白 1 红回线(6)。

3. 左过 1 右串 1 白 1 黑 2 白回线(6)。

4. 左过 1 右串 3 白回线(5)。

5. 左过 1 上 1 右串 2 白回线(5)。

**第二圈：**

1. 左过 1 右串 3 白回线(5)。

2. 左过 2 右串 3 白回线(6)。

3. 左过 1 黑串 1 白右串 2 白回线(5)。

4. 左串 1 白过 1 黑右串 2 白回线(5)。

5. 左过 2 右串 3 白回线(6)。

6. 左过 2 上 1 右串 1 白回线(5)。

7. 右过 1 串 2 白回线(4)。

8. 左过 2 右串 1 白回线(4)。

9. 左过 2 右串 1 白回线(4)。

10. 右过 3 白回线(4)，封顶。

**嘴：将线穿到左边黑红珠之间的一白珠两端**

1. 右串 2 白回线(3)。

2. 左过 1 右串 1 白回线(3)。

3. 左过 3，两线同串 1 长珠 1 小红回 1 长珠，左过 2，右过 2，各串 10 小红米珠，线穿到顶部编冠，两线在顶部五珠花一珠两端，面对右侧。

4. 左串 4 红回线(4)。

5. 右过 1 左串 4 红回线(6)。

6. 右过 1 右串 3 红回线(5)。

**尾部：从身体右侧开始，重新起头，线在右侧第二和第三珠两端**

1. 右串 4 白回线(6)。

2～3. 左过 2 右串 3 白回线(6)。

4～5. 左过 1 右串 4 白回线(6)。

6～8. 左过 2 右串 3 白回线(6)。

9. 左过 4 上 1 右串 2 白回线(8)。

10. 左过 1 右串 3 白回线(5)。

11~13. 左过 2 右串 3 白回线(6)。

14. 左过 1 串 1 白,隔过 2 珠上 1 白右串 2 白回线(6)。

15~17. 左过 2 右串 3 白回线(6)。

18. 左过 2 上 1 右串 1 白回线(5)。

19. 左过 2 右过 1 串 3 白回线(7)。

20. 左过 2 右串 2 白回线(5)。

21. 左过 2 右串 3 白回线(6)。

22. 左过 3 右串 1 白回线(5)。

23. 左过 2 右过 1 串 2 白回线(6)。

24. 左过 2 上 1 右串 1 白回线(5)。

25. 右过 4 白回线,埋线。

**右翅:线穿在颈部下右侧中间第二个六珠花的两个珠子两端**

1. 左串 1 白,右串 3 白回线(6)。

2. 左串 4 白回线(5)。

3. 右过 1,左串 1 白右串 2 白回线(5)。

4. 右串 4 白回线(5)。

5. 左过 2 右串 3 白回线(6)。

6. 左过 1 左串 3 白回线(5)。

7. 右过 1 左串 4 白回线(6)。

8. 右过 2 右串 3 白回线(6)。

9. 左过 1 右串 4 白回线(6),埋线。

**左翅编法相同,将右翅编法中左改为右,右改为左**
**腿部:**
面对头,头朝下,线在身体中间八珠花的左边一珠两端开始编一圈四珠花(中间一珠用小白)。

**右腿:**

1. 右串 3 小白回线(4)。

2. 左过 1 白右串 2 小白(4)。

3. 左过 1 白右串 2 小白回线(4)。

4. 左过 1 上 1 右串 1 小白回线(5)。

5~8. 同 1~4。

9~11. 编三个爪。

**左腿:从左边一珠开始,重新起头,编法同右腿**
**注意:**两腿中间没有爪,三个爪均朝外。
完成。

# 小狗挂件

图 5-55 为小狗挂件。

## 一、材料准备

用料：6 厘珠白色 94 个、小白 45 个、黑色 6 个、红色 6 个。

用线：2 m。

## 二、详细步骤

图 5-55　小狗挂件

**头部：**

1. 右串 4 小白 1 白回线(5)。

2. 右串 4 白回线(5)。

3～5. 左过 1 小白右串 3 小白回线(5)。

6. 左过 1 小白上 1 白右串 2 小白回线(5)。

7. 左过 1 白右串 1 黑 2 小白回线(5)。

8. 左过 1 白 1 小白右串 1 小白 1 黑回线(5)。

9. 左过 2 小白右串 2 小白回线(5)。

10. 右串 1 小白 1 红 1 小白回线(4)。

11～12. 左过 1 小白右串 1 红 1 小白回线(4)。

13. 右串 1 红 2 小白回线(4)。

14. 左过 2 小白 1 黑右串 1 小白回线(5)。

15. 右串 3 小白回线(4)。

16. 左过 1 小白右串 2 小白回线(4)。

17. 右串 1 红回过 4 小白(右边四珠花)回原位。

18. 左过 1 小白右串 2 小白回线(4)。

19. 左过 1 小白左串 2 小白回线(4)。

20. 右过 3 小白右串 1 小白回线(5)。

21. 左右各过 1 小白右串 1 小白回线(4)。

22. 左右各过 1 小白右串 1 红回线(4)。

**身体：**

1. 右串 4 白回线(5)。

2～4. 左过 1 红右串 3 白回线(5)。

5. 左过 1 红上 1 白右串 2 白回线(5)。

6. 左过 1 白右串 3 白回线(5)。

7～9. 左过 2 白右串 2 白回线(5)。

10. 左过 2 白上 1 白右串 1 白回线(5)。

11. 右向右过 1 白左向左过 4 白,左变右(将线穿到颈部后第二圈五珠花下边一珠两端)

头朝前,嘴朝下,在此五珠花上接着编身体后半部。

12. 右串 1 小白 1 白 1 小白回线(4)。

13～15. 左过 1 白右串 1 白 1 小白回线(4)。

16. 左过 1 白上 1 小白右串 1 白回线(4)。

17. 右串 4 白回线(5)。

18～20. 左过 1 白右串 3 白回线(5)。

21. 左过 1 白上 1 白右串 2 白回线(5)。

22. 左过 1 白右串 3 白回线(5)。

23～25. 左过 2 白右串 2 白回线(5)。

26. 左过 2 白上 1 白右串 1 白回线(5)。

27. 左串 2 小白 1 白回 2 小白,左过 3 白右过 2 白用右线回线(尾)。头朝下,尾朝前,左过 2 白右过 3 白,将线穿到左边五珠花下边一珠两端。

**左后腿:**

1. 右串 3 白回线(4)。

2. 左过 1 白右串 2 白回线(4)。

3. 左串 1 白上 1 白右串 1 白回线(4)。

4. 右串 1 黑回线。

5. 左过 1 白右过 1 白回线。

**用上述 1～5 步在对称位置编右后腿和前腿**

**两耳:将线分别穿在眼旁五珠花上面一珠两端**

1～2. 左串 1 小白,右串 2 小白回线(4)。

3. 左串 2 白右串 2 白回线(5)。

完成。

# 坐姿雪纳瑞犬

图 5-56 为坐姿雪纳瑞犬。

## 一、材料准备

用料:8 厘扁珠灰色 274 个、白色 179 个、黑色 3 个、红色 1 个。

用线:身体 1.75 m,头部 1.2 m,耳和腿各 0.5 m。

## 二、详细步骤

**身体:**

**第一圈:**

1. 右串 1 灰 3 白 2 灰对串(6)右串 2 灰 1 白回 2 灰线过 1 灰回原位(尾)。

**图 5-56 坐姿雪纳瑞犬**

2. 右串 4 灰回线(5)。

3. 左过 1 灰右串 3 灰回线(5)。

4～5. 左过 1 白右串 2 灰 1 白回线(5)。

6. 左过 1 白右串 3 灰回线(5)。

7. 左过 1 灰上 1 灰右串 2 灰回线(5)。

**第二圈：**

1. 右串 5 灰回线(6)。

2～3. 左过 1 灰右串 2 灰回线(4)。

4. 左过 1 灰右串 4 灰对串(6)。

5. 左过 2 灰右串 2 灰对串(5)(在此五珠花上编后腿)。

6. 左过 2 灰右串 3 灰回线(6)。

7. 左过 2 灰右串 3 灰对串(6)。

8. 左过 2 灰上 1 灰串 1 灰对串(5)(在此五珠花上编后腿)。

**第三圈：**

1. 右过 1 灰,左过 1 灰串 3 灰回线(6)。

2～3. 右过 1 灰左串 3 灰回线(5)。

4. 右过 3 灰串 2 灰回线(6)(此步编完后端面为 14 灰)。

**第四圈：**

1. 左过 1 灰右串 4 灰回线(6)。

2. 右串 4 灰回线(5)。

3. 左过 2 灰串 1 灰回线(4)。

4. 右过 1 灰串 3 灰回线(5)。

5. 左过 2 灰右串 3 灰回线(6)。

6. 左过 2 灰右串 2 灰回线(5)。

7～8. 左过 2 灰右串 3 灰回线(6)。

9. 左过 2 灰上 1 灰串 1 灰回线(5)(此步编完后端面为 14 灰)。

**第五圈：**

1. 右过 1 灰左串 4 灰回线(6)。

2～3. 右过 2 灰左串 3 灰回线(6)。

4. 右过 1 灰左串 3 灰回线(5)。

5. 右过 2 灰左串 2 灰回线(5)。

6. 右过 1 灰左串 3 灰回线(5)。

7. 右过 1 灰左串 3 灰回线(5)。

8. 右过 2 灰左串 2 灰回线(5)。

9. 右过 1 灰上 1 灰串 2 灰回线(5)(此步编完后端面为 16 灰)。

**第六圈：**

1. 右串 1 灰 1 白 2 灰对串(5)。

2. 左过 2 灰右串 3 灰对串(6)(在此六珠花上编前腿)。

3. 左过 2 灰右串 2 灰对串(5)。

4. 左过 2 灰右串 3 灰对串(6)(在此六珠花上编前腿)。

5. 左过 1 灰右串 1 灰 1 白 1 灰回线(5)。

6～8. 左过 2 灰右串 3 灰回线(6)。

9. 左过 2 灰上 1 灰右串 2 灰回线(6)(此步编完后端面为 15 灰 2 白)。

**第七圈：**

1. 左过 1 白右串 1 3 白回线(6)。

2. 左过 2 灰右串 2 白回线(5)。

3～5. 左过 1 灰右串 3 白回线(5)。

6. 左过 2 灰右串 2 白回线(5)。

7. 左过 1 白 1 灰串 1 灰 2 白回线(6)。

8～10. 右过 2 白左串 2 白回线(5)。

11. 右过 3 白串 1 白回线(5)(此步编完后端面为 6 白 8 灰)。

**第八圈：**

1. 右过 1 白串 3 灰回线(5)。

2～3. 左过 2 白右串 2 灰回线(5)。

4. 左过 3 灰右串 2 灰回线(6)。

5～6. 左过 1 灰右串 3 灰回线(5)。

7. 左过 4 灰右串 1 灰回线(6)(此步编完后端面为 9 灰)。

**第九圈：**

1. 右过 1 灰串 4 灰回线(6)。

2～3. 左过 1 灰右串 2 白回线(4)。

4. 左过 1 灰右串 1 白 1 灰回线(4)。

5. 左过 2 灰右串 3 灰回线(6)。

6. 左过 2 灰上 1 灰右串 2 灰回线(6)(此步编完后端面为 6 灰 3 白)打结。

**头部：从中间的 1 白珠两端起头**

**第一圈：**

1. 右串 3 白回线(4)。

2. 左过 1 白 1 灰右串 2 白 1 灰回线(6)。

3. 左过 2 灰右串 3 灰并串吊环回线(6)。

4. 左过 2 灰右串 3 灰回线(6)。

5. 左过 1 灰 1 白上 1 白右串 2 白回线(6)。

**第二圈：**

1. 右串 4 白回线(5)。

2. 左过 1 白右串 2 白回线(4)。

3. 左过 1 白串 3 白回线(5)。

4. 左串 5 白回线(6)。

5. 右过 1 白左串 3 白回线(5)。

6. 右过 1 白串 4 白回线(6)。

7. 左过 3 白右串 1 红回线(5)。

8．左过 1 白串 3 白后向左过 1 白回原位(4)，右过 1 白串 2 白过中间 1 白(4)后再过 1 红 2 白(即第 13 步四珠花的左边 2 白)。

9．左向左过 1 白右串 1 白 1 灰 1 白回线(5)。

10．左过 2 白右串 1 灰 1 白回线(5)。

11．左串 3 灰回线(4)。

12．右过 2 灰左串 2 灰回线(5)。

13．右过 2 白左串 1 灰 1 黑回线(5)。

14．右过 1 白左串 2 灰 1 白回线(5)。

15．右过 2 白左串 1 灰 1 白回线(5)。

16．右过 2 白串 1 白 1 灰回线(5)。

17．左过 2 灰右串 2 灰回线(5)。

18．左过 1 灰右串 2 灰回线(4)。

19．左过 2 灰串 1 灰回线(4)。

20．右过 1 灰左过 1 灰串 3 灰回线(6)。

21．右过 1 灰 1 白串 1 灰回线(4)。

22．右过 2 白串 2 灰 1 黑回线(6)。

23．左过 1 灰右串 1 白 2 灰回线(5)。

24．左过 1 灰右串 1 灰 1 白 1 黑回线(5)。

25．左过 1 灰 2 白串 2 灰回线(6)。

26．左过 2 灰右过 1 白串 2 灰回线(6)。

27．左过 2 灰串 2 灰回线(5)。

28．右过 3 灰串 1 灰回线(5)。

29．左过 1 灰右过 1 白 3 灰回线(6)，打结。

**左耳：接着在五珠花上编左耳**

1．左过 1 灰，右串 1 灰回线(3)。

2．左串 1 灰右过 1 灰串 3 灰回线(6)。

3．右过 1 灰串 3 灰回 2 灰向下过 2 灰，左串 1 灰绕过右边头上 1 灰回 1 灰再向下过 2 灰，回线。

**右耳：将线穿到右边相应位置**

1．右串 1 灰(3)。

2．右串 1 灰左过 1 灰串 3 灰回线(6)。

3．左过 1 灰串 3 灰回 2 灰向下过 3 灰，右串 1 灰绕过左边头上 1 灰回 1 灰再向下过 2 灰，埋线。

**右后腿：**

1．右串 3 灰回线(4)。

2～3．左过 1 灰右串 2 灰回线(4)。

4．左过 1 灰串 2 灰回线(4)。

5．右过 1 灰左串 2 灰回线(4)。

6．右过 2 灰串 1 灰回线(4)。

7. 右串 3 白回线（4）。

8～10. 左过 1 灰右串 2 白回线（4）。

11. 左过 1 灰上 1 白右串 1 白回线（4）。

12. 右串 4 白回线（5）。

13～15. 左过 1 白右串 3 白回线（5）。

16. 左过 1 白上 1 白右串 2 白回线（5）。

**左后腿：编法同右后腿，步骤 1～6 左右互换**

**右前腿：**

1. 左串 2 灰回线（3）。

2～3. 右过 1 灰左串 2 灰回线（4）。

4. 右过 2 灰左串 1 灰回线（4）。

5. 左串 3 灰回线（4）。

6～8. 右过 1 灰左串 2 灰回线（4）。

9. 右过 1 灰上 1 灰串 1 灰回线（4）。

10. 右串 3 白回线（4）。

11～13. 左过 1 灰右串 2 白回线（4）。

14. 左过 1 灰上 1 白右串 1 白回线（4）。

15. 右串 4 白回线（5）。

16～18. 左过 1 白右串 3 白回线（5）。

19. 左过 1 白上 1 白右串 2 白回线（5）。

**左前腿：编法同右前腿，步骤 1～9 左右互换**

完成。

# 站姿贵妇人小狗

图 5-57 为站姿贵妇人小狗。

## 一、材料准备

用料：6 厘珠白色 260 个、红色 12 个、小红 1 个、黑色 2 个、小黄 4 个。

用线：身体和头部及一耳 3 m，尾部和每只脚 0.3 m。

## 二、详细步骤

**身体：**

**第一圈：**

右串 6 白回线（6）。

**第二圈：**

1. 右串 4 白回线（5）。

2～5. 左过 1 右串 3 白回线（5）。

**图 5-57　站姿贵妇人小狗**

6. 左过 1 上 1 右串 2 白回线(5)。

**第三圈：**

1. 左过 1 右串 4 白回线(6)。

2~5. 左过 2 右串 3 白回线(6)。

6. 左过 2 上 1 右串 2 白回线(6)。

**第四圈、第五圈：同第三圈**

**第六圈：**

1. 左过 1 右串 3 回线(5)。

2~5. 左过 2 右串 2 白回线(5)。

6. 左过 2 上 1 右串 1 白回线(5)。

7. 右向右过 5 珠回线,拉紧五珠花,右串一珠,向左过 2 珠(在顶端六珠花上填空),转 180 度左右线各向上过 2 珠,将线穿到第五圈编出的六珠花的两珠两端,在六珠花上编头。

**头部：**

1. 右串 1 红 1 白 1 红回线(5)。

2~4. 左过 1 白右串 1 白 1 红回线(4)。

5. 左过 1 白上 1 红右串 1 白回线(4)。

6. 右串 4 白回线(5)。

7. 右串 1 白 1 黑 2 白回线(5)(左眼)。

8. 左过 1 白右串 3 白回线(5)。

9. 右串 1 白 1 黑 2 白回线(5)(右眼)。

10~11. 左过 1 白右串 3 白回线(5)。

12. 左过 1 白上 1 白右串 2 白回线(5)。

13. 左过 1 白右串 4 白回线(6)。

14. 左过 2 白右串 2 白回线(5)。

15. 右串 4 白回线(5)。

16. 左过 1 黑右串 3 白回线(5)。

17. 右串 1 白 1 小红 1 白回线(4)。

18. 左过 2 白右串 1 白回线(4)。

19. 左过 2 白右串 1 白回线(4)。

20. 右过 1 红 1 白串 1 白回线(4)。

21. 左过 1 黑右过 1 白串 2 白回线(5)。

22. 右串 4 白回线(5)。

23. 左过 2 白右串 2 白回线(5)。

24. 左过 2 白右串 3 白回线(6)。

25. 左过 1 白右串 3 白回线(5)。

26. 左过 1 白上 1 白右串 2 白回线(5)。

27. 左过 1 白右串 3 白回线(5)。

28. 左过 2 白上 1 白右串 2 白回线(6)。

29. 左过 1 白右串 3 白回线(5)。

30. 左过 2 白右串 2 白回线（5）。

31. 左过 1 白上 1 白右串 2 白回线（5）。

32. 左过 1 白右串 3 白回线（5）。

33. 左过 3 白右串 2 白回线（6）。

34. 左过 2 白右串 2 白回线（5）。

35. 左过 3 白右串 2 白回线（6）。

36. 左过 3 白右串 2 白回线（6）。

37. 右过 4 白串 1 白回线（6）。

38. 右过 5 白回线，封口。

**耳：线在六珠花的三个珠子两端**

1. 右串 1 白回线（填空）。

2. 左串 1 小黄，右串 1 小黄 1 红回线（4）。

3. 右串 1 白左串 3 白回线（5）。

4. 右串 4 白回线（5）。

5. 左过 1 白右串 3 白回线（5）。

**尾部：将线绕过尾部六珠花的六个珠两头，在尾部（六珠花和两个五珠花的交点）处穿出，中点两线同时串一红珠**

1. 右串 4 白回线（4）。

2. 右串 3 白回线（4）。

3. 左过 1 白右串 2 白回线（4）。

4. 左过 1 白右串 2 白回线（4）。

5. 左过 2 右串 1 白回线（4）。

6. 右线过 3 白回线。

**四只脚：**

将线绕过底部六珠花的六珠，两头在底部两个六珠花和一个五珠花的交点处穿出，两线同时穿一个红珠，然后用编尾部 1～5 步相同的编法编脚。

完成。

# 珠编泰迪狗

图 5-58 为珠编泰迪狗。

## 一、材料准备

用料：12 厘珠白色 344 个、红色 10 个、黑色 3 个、小红 1 个。

用线：头部 3.6 m，身体 2.4 m，每条腿 0.8 m，每只耳 0.7 m。

## 二、详细步骤

### 第一圈：从头开始

1. 右串 5 白回线。

2. 右串 5 白回线(6)。

3. 左过 1 白,右串 4 白回线(6)重复 3 次。

4. 左过 2 白,右串 3 白回线(6)。

**第二圈:**

1. 左过 1 白,右串 4 白回线(6)。

2. 左过 1 白,右串 3 白回线(5)。

3. 左过 2 白,右串 3 白回线(6)。

4～11. 2～3 重复 4 次。

12. 左过 2 白,右串 2 白回线(5)。

**第三圈:**

1. 左过 1 白,右串 4 白回线(6)。

2. 左过 2 白,右串 3 白回线(6)重复 8 次。

3. 左过 2 白上 1 白,右串 2 白回线(6)。

**第四圈:**

1. 左过 1 白,右串 4 白回线(6)。

2. 左过 2 白,右串 2 白回线(5)重复 6 次。

3. 左过 2 白,右串 3 白回线(6)。

4. 左过 2 白,右串 2 白回线(5)。

5. 左过 2 白上 1 白,右串 1 白回线(5)。

**第五圈:**

1. 左过 1 白,右串 3 白回线(5)。

2. 左过 2 白,右串 1 白 1 黑回线(5)右眼。

3. 左过 2 白,右串 2 白回线(5)。

4. 左过 2 白,右串 1 白 1 黑回线(5)左眼。

5. 左过 2 白,右串 2 白回线(5)。

6. 左过 2 白上 1 白,右串 1 白(5)。

**第六圈:**

1. 左过 1 白串 1 红(嘴)向右下过 2 白右串 3 白回线。

2. 左过 1 白,右串 2 白回线,重复 3 次。

3. 左过 2 白上 1 白,右串 1 白回线(5)。

4. 左过 2 白,右过 2 白回线。

5. 左串 1 黑回线(鼻子)。

**身体:**将两线分别穿到下巴四个五珠花下边六珠花的前面两个珠的两边

**第一圈:**

1. 右串 1 红 1 白 1 红回线(5)。

2. 左过 1 白,右串 1 白 1 红回线(4)共重复 3 次。

3. 左过 1 白 1 红,右串 1 白回线(4)。

**第二圈:**

1. 右串 5 白回线(6)。

图 5－58　珠编泰迪狗

2. 左过 1 白,右串 3 白回线(5)。

3. 左过 1 白,左串 4 白回线(6)。

第三圈:

1. 右过 1 白,左串 3 白回线(5)。

2. 右过 2 白,左串 2 白回线(5)。

第四圈:

1. 右过 1 白,右串 3 白回线(5)。

2. 左过 2 白,右串 3 白回线(6)。

3. 左过 2 白,右串 2 白(5)。

第五圈至第七圈:连编三圈六珠花

第八圈:

编一圈五珠花,将尾部六珠花锁紧。将线穿到尾部六珠花上边那颗珠的两边。

尾巴:

左串 3 白 1 小红回 2 白串 1 白回线锁紧。

耳:

1. 左串 1 红 1 白,右串 1 红 1 白回线(5)。

2. 右串 4 白回线(5)。

3. 左串 3 白回线(5)。

4. 左过 1 白,右串 3 白回线(5)两只耳朵对应。

右前腿:左前腿与右前腿相对应,位置在前胸正中 3 珠右侧处穿线

第一圈:

1. 右串 4 白回线(5)。

2. 左过 1 白,右串 2 白回线(4)。

3. 左过 1 白串 1 白隔 3 白过 1 白右串 1 白回线(5)(端面为三珠花)。

第二圈、第三圈:

1. 右串 3 白回线(4)。

2. 左过 1 白,右串 2 白回线(4)。

3. 左过 1 白上 1 白,右串 1 白回线(4)。

4~6. 同 1~3。

7. 右串 3 白回线。

左后腿:右左后腿相对应,在尾部六珠花处穿线

第一圈:

1. 右串 4 白回线(5)。

2. 左过 1 白,右串 2 白回线(4)。

3. 左过 1 白串 1 白隔 3 白上 1 白,右串 1 白回线(5)。

第二圈、第三圈:

1. 右串 3 白回线(4)。

2. 左过 1 白,右串 2 白回线(4)。

3. 左过 1 白上 1 白,右串 1 白回线(4)。

4～6．同 1～3。

7．右串 3 白回线，将前后腿编完。

完成。

# 贵妇人小狗

图 5-59 为贵妇人小狗。

## 一、材料准备

用料：8 厘扁珠棕色 265 个、白色 213 个、黑色 3 个(2 大 1 小)。

用线：身体 3 m，头部 2.5 m，每条腿 0.8 m。

图 5-59　贵妇人小狗

## 二、详细步骤

**身体：**

第一圈：

1．右串 6 棕回线(6)右串 3 棕 1 白回 3 棕过 1 棕到原位(尾)。

2．右串 4 棕回线(5)。

3～6．左过 1 棕右串 3 棕回线(5)。

7．左过 1 棕上 1 棕右串 2 棕回线(5)。

第二圈：

1．右串 5 棕回线(6)。

2～3．左过 1 棕右串 2 棕回线(4)。

4．左过 1 棕右串 4 棕对穿(6)。

5．左过 2 棕右串 2 棕对穿(5)(在此五珠花上编左后腿)。

6．左过 2 棕右串 1 棕 1 白 1 棕回线(6)。

7．左过 2 棕右串 1 白 2 棕对穿(6)。

8．左过 2 棕上 1 棕串 1 棕对穿(5)(在此五珠花上编右后腿)。

9．右过 1 棕左过 1 棕串 2 棕 1 白回线(6)。

10～11．右过 1 白左串 3 白回线(5)。

12．右过 3 棕串 2 棕回线(6)(端面为 4 白 10 棕)。

第三圈：

1．左过 1 白右串 3 棕 1 白回线(6)。

2．右串 4 白回线(5)。

3．左过 2 白串 1 白回线(4)。

4．右过 1 白串 3 白回线(5)。

5．左过 1 白 1 棕右串 3 棕回线(6)。

6．左过 2 棕右串 2 棕回线(5)。

7~8. 左过 2 棕右串 3 棕回线(6)。

9. 左过 2 棕上 1 棕串 1 棕回线(5)(端面为 4 白 10 棕)。

**第四圈：**

1. 右过 1 棕左串 4 棕回线(6)。

2~3. 右过 2 棕左串 3 棕回线(6)。

4. 右过 1 棕左串 3 棕回线(5)。

5. 右过 1 棕 1 白左串 1 棕 1 白回线(5)。

6. 右过 1 白左串 3 棕回线(5)。

7. 右过 1 白左串 2 棕 1 白回线(5)。

8. 右过 1 白 1 棕左串 2 棕回线(5)。

9. 右过 1 棕上 1 棕串 2 棕回线(5)(端面为 16 棕)。

**第五圈：**

1. 右串 4 棕对串(5)。

2. 左过 2 棕右串 3 棕对串(6)(在此六珠花上编左前腿)。

3. 左过 2 棕右串 2 棕对串(5)。

4. 左过 2 棕右串 3 棕对串(6)(在此六珠花上编右前腿)。

5. 左过 1 棕右串 3 棕回线(5)。

6~8. 左过 2 棕右串 3 棕回线(6)。

9. 左过 2 棕上 1 棕右串 2 棕回线(6)(端面 17 棕珠)。

**第六圈：**

1. 左过 1 棕右串 1 棕 1 白 2 棕回线(6)。

2. 左过 2 棕右串 2 棕回线(5)。

3~5. 左过 1 棕右串 3 棕回线(5)。

6. 左过 2 棕右串 2 棕回线(5)。

7. 左过 2 棕串 1 棕 1 白 1 棕回线(6)。

8~10. 右过 2 棕左串 1 白 1 棕回线(5)。

11. 右过 3 棕左串 1 白回线(5)(端面 6 白 8 棕)。

12. 右过 1 白串 3 白回线(5)。

13~14. 左过 2 白右串 2 白回线(5)。

15. 左过 3 棕右串 1 白 1 棕回线(6)。

16~17. 左过 1 棕右串 2 白 1 棕回线(5)。

18. 左过 3 棕上 1 白右串 1 白回线(6)(端面 9 白珠)。

**第七圈：**

1. 右过 1 白串 3 白回线(5)。

2. 左过 1 白右串 2 白回线(4)。

3. 左过 1 白右串 1 白回线(3)。

4. 左过 1 白右串 2 白回线(4)。

5. 左过 2 白右串 2 白回线(5)。

6. 左过 3 白右串 2 白过 1 白打结(端面 6 白珠)。

头部：线穿在前面右边一个四珠花两端

第一圈：

1. 右串 4 白回线（5）。

2. 左过 1 白右串 3 白回线（5）。

3. 左过 1 白右串 1 白 1 棕 2 白回线（6）。

4. 左过 1 白右串 3 棕回线（5）。

5. 左过 1 白右串 2 棕 1 白回线（5）。

6. 左过 1 白上 1 白右串 1 白 1 棕 1 白回线（6）。

第二圈：

1. 左过 1 白右串 3 棕 1 白回线（6）。

2～3. 左过 1 白右串 3 白回线（5）。

4. 左过 2 白右串 3 棕回线（6）。

5. 左过 1 棕右串 4 棕回线（6）。

6. 左过 1 白 1 棕右串 3 棕回线（6）。

7. 左过 2 棕右串 3 棕回线（6）。

8. 左过 1 棕 1 白右串 3 棕回线（6）。

9. 左过 1 棕上 1 棕右串 3 棕回线（6）。

第三圈：

1. 左过 1 棕右串 3 棕回线（5）。

2. 左过 1 棕 1 白右串 1 黑 1 白回线（5）。

3. 左过 2 白右串 3 白回线（6）。

4. 左向下过 1 白右串 2 白 1 红回线（5）。

5. 以六珠花为底，左线向右过 2 白串 2 白回线（5）左线变右线。

6. 左过 1 白串 2 白回线（4）。

7. 右串 1 小黑隔 2 白过 2 白回原位（鼻）。

8. 右过 2 白串 1 白回线（4）。

9. 左向左过 3 白右向左过 1 白左线变右线。

10. 右串 2 白 1 棕 1 黑回线（5）。

11. 左过 2 白 1 棕右串 1 棕回线（5）。

12. 左过 2 棕右串 2 棕回线（5）。

13. 左过 1 棕右串 4 棕回线（6）。

14. 左过 2 棕右串 2 棕回线（5）。

15. 左过 2 棕右串 3 棕回线（6）。

16. 左过 2 棕右串 3 棕回线（6）。

17. 左过 2 棕右串 2 棕回线（5）。

18. 左过 2 棕右串 3 棕回线（6）。

19. 左过 1 棕右串 2 白 1 棕回线（5）。

20. 左过 1 黑 2 白右串 1 白回线（5）。

21. 右过 1 白串 3 白回线（5）。

22. 左过 1 白右串 3 白回线(5)。

23. 左过 2 棕上 1 棕右串 1 白回线(5)(端面 6 白 10 棕)。

**第四圈：**

1. 左过 1 棕右过 1 白串 1 白 2 棕回线(6)。

2. 左过 3 棕右串 2 棕回线(6)。

3. 左过 2 棕右串 2 棕回线(5)。

4. 左过 3 棕右串 2 棕回线(6)。

5. 左过 1 棕 2 白右串 1 棕 1 白回线(6)。

6. 左过 3 白右串 1 棕回线(5)。

7. 左过 5 棕回线(6)。

**右耳：线穿在头部黑珠旁右边第四个棕珠两端**

1. 左串 1 红右串 2 红回线(4)。

2. 右串 1 红左串 1 红 2 棕回线(5)。

3. 右串 4 棕回线(5)。

4. 左过 1 棕左串 3 棕回线(5)。

5. 右过 1 棕串 3 棕回线。

**左耳：在头部左边对称位置，编法同右耳**

**右后腿：线穿在底部含有白珠的六珠花左边一珠两端**

1. 右串 3 棕回线(4)。

2~3. 左过 1 棕右串 2 棕回线(4)。

4. 左过 1 棕左串 2 棕回线(4)。

5. 右过 1 棕左串 2 棕回线(4)。

6. 右过 2 棕串 1 棕回线(4)。

7. 右串 3 白回线(4)。

8~10. 左过 1 棕右串 2 白回线(4)。

11. 左过 1 棕上 1 白右串 1 白回线(4)。

12. 右串 4 白回线(5)。

13~15. 左过 1 白右串 3 白回线(5)。

16. 左过 1 白上 1 白右串 2 白回线(5)。

17. 右过 9 白回线，将端部拉紧。

**左后腿：把上述程序中左改右，右改左**

**左前腿：线穿在底部中间一个五珠花右边一珠两端**

1. 右串 2 棕回线(3)。

2~3. 左过 1 棕右串 2 棕回线(4)。

4. 左过 2 棕右串 1 棕回线(4)。

5. 右串 3 棕回线(4)。

6~8. 左过 1 棕右串 2 棕回线(4)。

9. 左过 1 棕上 1 棕右串 1 棕回线(4)。

10. 右串 3 白回线(4)。

11~13. 左过 1 棕右串 2 白回线(4)。

14. 左过 1 棕上 1 白右串 2 白回线(4)。

15. 右串 4 白回线(5)。

16~18. 左过 1 白右串 3 白回线(5)。

19. 左过 1 白上 1 白右串 2 白回线。

20. 右过 9 白回线,将端部拉紧。

**右前腿:把上述程序中左改右,右改左**
**完成。**

# 黑白花小猪

图 5-60 为黑白花小猪。

## 一、材料准备

用料:6 厘珠白色 179 个、黑色 36 个、红色
1 个、粉色 2 个,4 厘珠黑色 1 个。

用线:3.2 m。

## 二、详细步骤

**从尾部开始:**

**第一圈:**

1. 串 5 白珠回线。

2. 右串 2 白 1 黑 1 小黑回 1 黑 2 白(尾巴)。

3. 右串 5 白回线(6)。

4~6. 左过 1 白,右串 4 白回线(6)。

7. 左过 1 白上 1 白,右串 3 白回线(6)。

**第二圈:尾朝下编**

1. 左过 1 白右串 4 白回线(6)。

2. 左过 1 白右串 1 白 2 黑回线(5)。

3. 左过 2 白右串 1 黑 2 白回线(6)。

4. 左过 1 白右串 3 白回线(5)。

5. 左过 2 白右串 3 白回线(6)。

6. 同 4。

7. 同 5。

8. 同 4。

9. 左过 2 白右串 1 白 2 黑回线(6)。

10. 左过 1 白上 1 白,右串 1 黑 1 白回线(5)。

**第三圈:均为六珠花**

1. 左过 1 白右串 2 白 2 黑回线。

图 5-60 黑白花小猪

2. 左过 2 白,右串 1 黑 2 白回线。

3. 左过 2 黑,右串 3 白回线。

4~5. 左过 2 白,右串 3 白回线。

6. 左过 1 白串 1 白 1 黑 1 白(后腿)过 2 白回原位左过 1 白右串 3 白回线。

7. 左过 2 白,右串 3 白回线。

8. 左向左过 1 白,左串 1 白 1 黑 1 白(后腿)向后过 3 白,右串 3 白回线。

9. 同 7。

10. 左过 2 黑上 1 白右串 2 白回线。

### 第四圈:均为六珠花

1. 左过 1 白,右串 4 白回线。

2. 左过 2 黑,右串 3 白回线。

3. 左过 2 白,右串 3 白回线。

4. 左过 2 白,右串 1 白 2 黑回线。

5. 左过 2 白,右串 1 黑 2 白回线。

6~8. 左过 2 白,右串 3 白回线。

9. 左过 2 白,右串 1 白 2 黑回线。

10. 左过 2 白上 1 白,右串 1 黑 1 白回线。

### 第五圈:均为六珠花

1. 左过 1 白,右串 4 白回线。

2~4. 左过 2 白,右串 3 白回线。

5. 左过 2 黑,右串 3 白回线。

6. 左过 2 白,右串 3 白回线。

7. 左过 2 白,右串 3 白回线,右往回过 3 白串 1 白 1 黑 1 白(前腿)过 2 白再过 3 白回原位。

8. 左过 2 白,右串 3 白回线,右过 1 白串 1 白 1 黑 1 白(前腿)向上过 1 白。

9. 左过 2 白,右串 3 白回线。

10. 左过 2 黑上 1 白,右串 2 白回线。

### 第六圈:

1. 左过 1 白,右串 3 白回线(5)。

2. 左过 1 白串 3 黑回 1 白上 1 黑串 2 黑回 1 白向上过 1 黑,左过 1 黑串 2 黑(耳)将耳穿紧回原位,左过 2 白,右串 1 黑 2 白回线(6)。

3. 左过 2 右串 2 白回线(5)。

4. 左过 1 白串 3 黑回 1 白上 1 黑串 2 黑,左过 1 白上 1 黑过 1 黑串 2 黑回 2 黑(耳)将耳穿紧回原位,右串 1 白 1 黑 1 白回线(6)。

5. 左过 2 白,右串 2 白回线(5)。

6. 左过 2 白,右串 3 白回线(6)。

7. 同 5。

8. 同 6。

9. 同 5。

10. 左过 2 白上 1 白右串 2 白回线（6）。

**第七圈：均为六珠花**

1. 左过 1 白 1 黑右串 3 白回线。

2. 左过 1 黑 2 白右串 2 白回线。

3. 左过 3 白右串 2 白回线。

4. 同 2。

5. 左过 3 白上 1 白右串 1 白回线。

**嘴：**

1. 右过 1 白右串 1 白 1 红 1 白回线。

2. 左过 1 白右串 2 白回线。

3. 左过 1 白右串 2 粉 1 白回线。

4. 左过 1 上 1 白右串 1 白回线。

完成。

# 珠编老鼠

图 5-61 为珠编老鼠。

## 一、材料准备

用料：灰色 224 个，黑色 3 个，红色 1 个。

用线：6 厘珠 3 m，4 厘珠 2 m。

## 二、详细步骤

**第一圈：**

1. 左串 6 灰珠回线（6）。

2. 右串 4 灰珠回线（5）。

3. 左串 9 灰 1 小红回 9 灰（尾巴）。

4. 左过 1 灰右串 3 灰回线（5）。

5. 左过 1 灰右串 4 灰回线（6）。

6~7. 左过 1 灰右串 3 灰回线（5）。

8. 左过 1 灰上 1 灰右串 3 灰回线（6）。

**第二圈：**

1. 左过 1 灰右串 4 灰回线（6）。

2. 左过 2 灰右串 3 灰（6）。

3. 左过 2 灰右串 3 灰回线（6）。

4. 左过 1 灰右串 3 会回线（5）。

5~7. 左过 2 灰右串 3 灰回线（6）。

8. 左过 1 灰上 1 灰右串 2 灰回线（5）。

图 5-61　珠编老鼠

第三圈:

1. 左过 1 灰右串 4 灰回线(6)。

2~5. 左过 2 灰右串 3 灰回线(6)。

6. 右串 4 灰回线(5)。

7. 左过 2 灰右串 1 灰回线(4)。

8. 右过 1 灰串 4 灰回线(6)。

9. 左过 2 灰右串 1 灰回线(4)。

10. 右过 1 灰串 3 灰回线(5)。

11. 左过 2 灰上 1 灰右串 2 灰回线(6)。

第四圈:

1. 左过 1 灰右串 4 灰回线(6)。

2. 左过 2 灰右串 2 灰回线(5)。

3. 左过 2 灰右串 3 灰回线(6)。

4. 左过 2 灰右串 2 灰回线(5)。

5~6. 左过 2 灰右串 3 灰回线(6)。

7. 左过 1 灰串 3 灰回线(5)。

8~9. 左过 1 灰右串 2 灰回线(4)。

10. 左过 1 灰右串 3 灰回线(5)。

11. 左过 2 灰上 1 灰右串 2 灰回线(6)。

第五圈:

1. 左过 1 灰右串 4 灰回线(6)。

2. 左过 3 灰右串 2 灰回线(6)。

3. 左过 3 灰左串 2 灰回线(6)。

4. 右过 2 灰串 3 灰回线(6)。

5. 左过 3 灰右串 2 灰回线(6)。

6. 左过 2 灰右串 3 灰回线(6)。

7~8. 左过 2 灰右串 2 灰回线(5)。

9. 左过 3 灰右串 2 灰回线(6)。

10. 左过 2 灰右串 3 灰回线(6)。

11. 左过 3 灰右串 2 灰回线(6)。

头部:

1. 右串 2 灰 1 小灰回过 2 灰回原位,左串 2 灰绕过右线 1 小灰珠后过 2 灰回原位然后两线对穿(左耳)。

2. 右串 3 灰回线(4)。

3~7. 左过 1 灰右串 2 灰回线(4)。

8. 左串 2 灰 1 小灰回过 2 灰回原位,右线向右下过两灰串 2 灰绕过左线 1 小灰后过 2 灰回原位再向左向上过 2 灰(右耳)。

9. 左过 2 灰上 1 灰右串 2 灰回线(6)。

10. 左过 1 灰右串 2 灰 1 黑回线(5)。

11. 左过 1 灰右串 2 灰回线(4)。

12～13. 左过 1 灰右串 2 灰回线(4)。

14. 左过 1 灰右串 1 灰 1 黑回线(4)。

15. 左过 2 灰上 1 灰右串 1 灰回线(5)。

16. 右过 1 灰串 3 灰回线(5)。

17. 左过 2 灰右串 2 灰回线(5)。

18. 左过 3 灰右串 1 红回线(5)。

19. 右串 1 小红向右过 1 红埋线(鼻子)完成。

**右后脚**：背朝下，头朝前，在尾部五珠花上编，线在左边五珠花左上角一珠两端

**注意**：除注明外均为四珠花。

1. 右串 3 灰回线。

2. 左过 1 灰右串 3 灰回线(5)。

3. 左串 1 灰上 1 灰右串 1 灰回线。

4. 左右各过 1 灰右串 1 灰回线。

5. 右串 3 灰回线。

**左后脚**：在右边对称位置编，步骤同上，只把左改为右，右改为左

**右前脚**：在胸部上端左边四珠花上编，线在四珠花右边一珠两端

**注意**：除注明外均为四珠花。

1. 左过 1 灰右串 3 灰回线(5)。

2. 左过 1 灰右串 2 灰回线。

3. 左过 1 灰上 1 灰右串 1 灰回线。

4. 右串 3 灰回线。

**左前脚**：在右边对称位置四珠花上编，步骤同右前脚，只把左改为右，右改为左

完成。

# Kitty 猫

图 5-62 为 Kitty 猫。

## 一、材料准备

用料：8 厘扁珠彩色 85 个、白色 120 个，6 厘圆珠黑色 2 个、红色 5 个，小白珠 1 个。

用线：3 m。

**注意**：若用 6 厘珠编用线 2.7 m，若用 4 厘珠编用线 1.9 m。

## 二、详细步骤

**身体**：从底部开始

**第一圈**：

1. 右串 6 彩回线(6)。

**图 5-62　Kitty 猫**

2. 右串 4 彩回线(5)(向前过头花在右侧,向内过在左侧)。

3～6. 左过 1 彩,右串 3 彩回线(5)4 次。

7. 左过 1 彩上 1 彩,右串 2 彩回线(5)。

**第二圈:均为四珠花**

1. 右串 3 彩回线。

2～6. 左过 1 彩,右串 2 彩回线 5 次。

7. 左串 6 彩 1 小彩隔 1 小彩回 6 彩(尾)。

8～12. 左过 1 彩,右串 2 彩回线 5 次。

13. 左过 1 彩上 1 彩,右串 1 彩回线。

**第三圈:均为四珠花**

1. 右串 1 彩 2 红回线。

2. 左过 1 彩,右串 1 红 1 彩回线。

3～4. 左过 1 彩,右串 2 彩回线 2 次。

5. 右串 3 白过 1 彩回原位(右前手)。

6～11. 左过 1 彩,右串 2 彩回线 6 次。

12. 右串 3 白过 1 彩回原位(左前手)。

13. 左过 1 彩,右串 2 彩回线。

14. 左过 1 彩上 1 彩,右串 1 彩回线。

**第四圈:均为五珠花**

1. 右过 1 彩,右串 1 彩 1 白 1 彩回线。

2. 左过 2 红,右串 1 白 1 彩回线。

3～5. 左过 2 彩,右串 1 白 1 彩回线 3 次。

6. 左过 2 彩上 1 彩,右串 1 白回线。

**头部:**

**第一圈:**

1. 右串 5 白回线(6)。

2. 左过 1 白,右串 3 白回线(5)。

3. 左过 1 白,右串 1 白 1 红 2 白回线(6)嘴。

4. 左过 1 白,右串 3 白回线(5)。

5. 左过 1 白,右串 4 白回线(6)。

6. 左过 1 白上 1 白,右串 3 白回线(6)。

**第二圈:**

1. 左过 1 白,右串 3 白回线(5)。

2. 左过 1 白,右串 4 白回线(6)。

3. 左过 2 白,右串 2 白回线(5)。

4. 左过 2 白,右串 1 白 1 黑 1 白回线(6)。

5. 左过 1 红,右串 4 白回线(6)。

6. 左过 2 白,右串 1 黑 2 白回线(6)。

7. 左过 2 白,右串 2 白回线(5)。

8. 左过 1 白,右串 4 白回线(6)。

9. 左过 2 白,右串 2 白回线(5)。

10. 左过 1 白上 1 白,右串 3 白回线(6)。

**第三圈:**

1. 左过 2 白,右串 3 白回线(6)。

2. 左过 1 白,右串 3 白回线(5)。

3. 左过 3 白,右串 2 白回线(6)。

4. 左过 1 黑 1 白,右串 2 白回线(5)。

5. 左过 1 白,右串 4 白回线(6)。

6. 左过 1 白 1 黑,右串 2 白回线(5)。

7. 左过 3 白,右串 2 白回线(6)。

8. 左过 1 白,右串 3 白回线(5)。

9. 左过 3 白,右串 2 白回线(6)。

10. 左过 2 白,右串 3 白 1 铁环回线(6)。

11. 左过 2 白,右串 2 白回线(5)。

12. 左过 4 白,右串 1 白回线(6)。

13. 左过 1 白,右过 2 白 1 铁环,串 2 白回线(6)。

14. 左过 4 白,右串 1 白回线(6)。

15. 右串 3 白回线(4)(右耳)。

16. 左过 1 白(前六珠花上的),左串 2 白回线(4)(右耳)。

17. 线穿到两四珠花下端珠上串头花(两线中间是 2 个珠子)。

18. 左串 1 彩,右串 1 彩 1 红回线。

19. 左串 1 彩过 2 白(6 珠圈上的),右串 1 彩回线。

20. 将线穿到左边对称位置编左耳,重复 15～16。

**后脚:在正中两个四珠花两侧的四珠花各串 1 脚**

1. 右串 3 白回线(4)。

2～3. 左过 1 白,右串 2 白回线 2 次。

4. 左过 1 彩上 1 白右串 1 白回线(4)。

完成。

# 大花猫

图 5－63 为大花猫。

## 一、材料准备

用料:6 厘珠黄色 198 个、橘色 237 个,8 厘珠红色 11 个,黑色 2 个,4 厘珠黄色 7 个。
用线:9 m。

## 二、详细步骤

**头部：**

1. 右串 1 黄 1 红 1 黄 3 红回线（6）。

2. 右串 2 黄 1 红 2 黄回线（6）。

3. 左过 1 黄右串 4 红回线（6）。

4. 左过 1 红右串 3 黄 1 红回线（6）。

5. 左过 1 黄右串 1 红 1 黄 2 红回线（6）。

6. 左过 1 红右串 1 黄 1 红 2 黄回线（6）。

7. 左过 1 红上 1 黄右串 2 红回线（5）。

8. 左过 1 黄右串 3 红 1 黄回线（6）。

9. 左过 1 红右串 2 红 1 黄 1 红回线（6）。

10. 左过 1 黄 1 红右串 1 黄 1 红回线（5）。

11. 左过 1 红右串 1 红 3 黄回线（6）。

12. 左过 1 红 1 黄右串 1 黄 1 白 1 黄回线（6）。

13. 左过 1 黄右串 2 白 1 黄回线（5）。

14. 左过 1 黄 1 红右串 1 白 2 黄回线（6）。

15. 左过 1 黄右串 2 黄 2 红回线（6）。

16. 左过 1 红 1 黄右串 1 黄 1 红回线（5）。

17. 左过 1 红右串 1 黄 2 红 1 黄回线（6）。

18. 左过 1 黄 1 红上 1 红右串 2 红回线（6）。

19. 左过 1 红右串 1 红 1 黄 1 红回线（5）。

20. 左过 2 红右串 1 红 2 黄回线（6）。

21. 左过 1 红右串 2 黄 2 红回线（6）。

22. 左过 2 黄 1 红右串 2 红回线（6）。

23. 左过 1 黄右串 1 黄 1 红 1 白 1 黄回线（6）。

24. 左过 2 黄右串 2 白回线（5）。

25～26. 左过 2 白右串 3 白回线（6）。

27. 左过 2 黄右串 2 白回线（5）。

28. 左过 1 黄右串 1 白 1 黄 2 红回线（6）。

29. 左过 1 红 2 黄右串 2 红回线（6）。

30. 左过 1 红右串 1 红 3 黄回线（6）。

31. 左过 3 红右串 1 黄 1 红（6）。

32. 左过 1 黄 1 红右串 1 黄 1 白 1 黄回线（6）。

33. 右串 1 白过 1 黄 1 红 1 黄回原位（填空）。

34. 左过 2 黄右串 1 白 1 黑回线（5）（左眼）。

35. 左过 1 黄右串 2 白 1 黄 1 红回线（6）。

36. 左过 2 红 1 黄右串 1 黄回线（5）。

37. 左过 1 红右过 1 黄串 3 白回线（6）。

**图 5 - 63　大花猫**

38．左过 3 白右串 2 白回线（6）。

39．左过 2 白右串 3 白回线（6）。

40．左过 3 白右串 2 白回线（6）。

41．左过 1 黄右串 2 白 2 黄回线（6）。

42．左过 3 红右串 1 红回线（5）。

43．左过 1 黄右过 1 黄串 2 白 1 黑（6）（右眼）。

44．左过 3 黄右串 1 白回线（5）。

45．右过 1 白串 3 白回线（5）。

46．右串 1 白过 3 白回原位（填空）。

47．左过 1 白右 1 大红 1 白回线（4）。

48．左过 2 白右串 2 白回线（5）。

49．右串 1 白过 3 白回原位（填空）。

50．右串 4 白回线（5）。

51．左过 2 白右串 2 白回线（5）。

52～53．左过 3 白右串 2 白回线（6）。

54．左过 2 白右串 2 白回线（5）。

55．左过 1 白右串 1 白过 1 白再串 1 白回线（5）。

56．右下过 1 白串 1 白（填在六珠花中间）向上过 2 白左向下过 2 白回线。

**身体：**

1．右串 2 红 1 黄 2 红 1 黄回线（6）。

2．右串 2 红 1 黄 2 红回线（6）。

3．左过 1 红右串 1 黄 2 红 1 黄回线（6）。

4．左过 1 红右串 2 红 1 黄 1 红回线（6）。

5．左过 1 黄右串 1 红 1 黄 2 红回线（6）。

6．左过 1 红右串 1 黄 2 红 1 黄回线（6）。

7．左过 1 红上 1 红右串 2 红 1 黄回线（6）。

8．左过 1 红右串 2 红 1 黄 1 红回线（6）。

9．左过 1 黄右串 2 黄 1 红回线（5）。

10．左过 1 红 1 黄右串 1 黄 2 红回线（6）。

11．左过 1 红右串 3 黄回线（5）。

12．左过 2 红右串 2 红 1 黄回线（6）。

13．左过 1 红右串 2 黄 1 红回线（5）。

14．左过 1 黄 1 红右串 1 红 1 黄 1 红回线（6）。

15．左过 1 黄右串 2 黄 1 红回线（5）。

16．左过 1 红 1 黄右串 1 黄 2 红回线（6）。

17．左过 1 红右串 3 黄回线（5）。

18～19．左过 1 红右串 1 白 1 黄回线（4）。

20．左过 2 红右串 2 黄回线（5）。

21．左过 1 红右串 2 黄 1 红 1 黄回线（6）。

22～23．左过 2 黄右串 2 红 1 黄回线(6)。

24．左过 1 红 1 黄右串 1 黄 1 红回线(5)。

25．左过 1 黄右串 1 红 1 黄 2 红回线(6)。

26．左过 1 红右串 1 黄 1 红 1 黄回线(5)。

27．左过 1 红右串 1 红 1 黄 1 红回线(5)。

28．左过 1 黄右串 1 红 1 黄 2 红回线(6)。

29．左过 1 黄 1 红右串 2 黄回线(5)。

30．左过 2 黄右串 2 红 1 黄回线(6)。

31．左过 2 黄右串 2 红 1 黄回县(6)。

32．左过 1 红 1 黄右串 1 红 2 黄回线(6)。

33．左过 1 黄右串 2 白回线(4)。

34～35．左过 1 白右串 2 白回线(4)。

36．左过 2 黄右串 1 白回线(4)。

37．左过 1 黄右串 3 白 1 黄回线(6)。

38～39．左过 2 红右串 2 红 1 黄回线(6)。

40．左过 1 红 1 黄 1 红右串 1 黄 1 红回线(6)。

41．左过 1 黄右串 1 红 1 黄 2 红回线(6)。

42．左过 1 红 1 黄右串 1 黄 1 红回线(5)。

43．右串 1 红 1 黄 2 大红 1 黄回线(6)。

44．左过 2 红右串 2 红 1 黄回线(6)。

45．右串 2 红 1 黄 2 红回线(6)。

46．左过 1 黄 1 红右串 1 黄 1 红回线(5)。

47．左过 1 黄右串 1 红 1 黄 2 红回线(6)。

48．左过 1 红 1 黄 1 红右串 2 黄回线(6)。

49．左过 2 红右串 2 红 1 黄回线(6)。

50．左过 2 红右串 2 红 1 黄回线(6)。

51．左过 1 黄 1 白右串 3 白回线(6)。

52．左过 1 白右串 3 白回线(5)。

53．左过 1 白上 1 白右串 2 白回线(5)。

54．左过 1 白右串 3 白回线(5)。

55．左过 1 白 1 红右串 2 白 1 黄回线(6)。

56．左过 2 红右串 2 红 1 黄回线(6)。

57．左过 1 红 1 黄右串 1 红 1 黄回线(5)。

58．左过 1 红右串 1 黄 1 白 1 红回线(5)。

59．左过 1 黄右串 3 白 1 红回线(6)。

60．左过 1 红 1 黄 1 红右串 1 黄 1 红回线(6)。

61．左过 1 黄串 2 大红右串 1 红 1 黄回线(6)。

62．左串 1 黄 3 白 1 红回线(6)。

63．右过 1 红 1 黄 1 白左串 2 白回线(6)。

64. 右过 1 白左串 3 白回线（5）。

65. 右过 1 白左串 3 白过 1 白回线（6）。

66. 右过 1 黄 2 红左串 2 黄 1 红 1 黄回线（7）。

67. 右过 1 红 1 白左串 1 红 1 白回线（5）。

68. 右过 2 白左串 3 白回线（6）。

69. 右过 1 白左串 4 白回线（6）。

70. 右隔 1 白过 1 白左串 1 白回线（3）。

71. 左过 1 白左串 4 白回线（6）。

72. 右过 2 白左串 2 白回线（5）。

73. 右过 1 白 1 红串 1 黄 2 白回线（6）。

74. 左过 2 白左串 3 白回线（6）。

75. 右过 1 白左串 1 红 1 黄 1 红回线（5）。

76. 右过 1 黄 2 红左串 1 红 1 黄回线（6）。

77. 右过 1 红 1 黄左串 1 红 1 黄回线（5）。

78. 右过 1 红左串 1 黄 1 白 1 红回线（5）。

79. 右过 1 黄左串 3 白 1 红回线（6）。

80. 右过 1 红 1 黄 1 红左串 1 黄 1 红回线（6）。

81. 右过 1 黄左串 1 红 1 黄 2 红回线（6）。

82. 右过 1 红串 2 大红 2 黄回线（6）。

83. 左过 1 红左串 1 黄 2 白 1 黄回线（6）。

84. 右过 1 黄串 3 黄回线（5）。

85. 左过 1 白串 3 白 1 黄回线（6）。

86. 右过 1 黄串 1 大红 1 白 1 大红 1 白回线（6）。

87. 左过 1 白右串 2 大红 2 白回线（6）。

88. 右串 1 白左过 1 白串 2 白回线（5）。

89. 右串 2 白过对面 1 白（黄珠旁）再串 2 白回线（6）。

90. 左过 3 白右串 2 白回线（6）。

91. 左过 2 黄串 3 白回线（6）。

92. 右过 3 白左串 2 白回线（6）。

93. 右过 3 白右串 2 白回线（6）。

94. 左过 2 白右串 3 白回线（6）。

95. 左过 1 白 1 红 1 黄 1 白左串 1 白回线（6）。

96. 右过 1 白左过 1 白串 2 白回线（5）。

97. 右过 3 白串 1 白回线（5）。

98. 右过 1 白串 3 白回线（5）。

99. 左过 3 白右串 2 白回线（6）。

100. 右串 3 白 2 黄回线（6）。

101. 左过 1 黄 2 红 1 黄右过 1 黄串 1 红回线（7）。

102. 左过 1 红 2 白右过 1 白串 1 回线（6）。

103. 左过 2 白右过 1 白串 2 白回线(6)。

104～105. 左过 1 白右串 2 白回线(4)。

106. 左过 2 白右串 3 白回线(6)。

107. 左过 1 白 2 红右串 1 白回线(5)。

108. 左过 2 黄 1 白右过 1 白串 1 白回线(6)。

109. 右过 2 白左过 2 白串 1 白回线(6)。

110. 右过 5 白回线(5)。

**右后腿:线穿在 3 白 2 红五珠花的红白二珠两端(左红右白)**

1. 左串 1 黄右串 2 白回线(5)。

2. 右串 3 白回线(4)。

3. 左过 1 黄 1 红右串 1 红 1 黄回线(5)。

4. 左过 1 白右串 2 白回线(4)。

5. 左过 1 白上 2 白右串 1 白回线(5)。

6. 右串 3 白回线(4)。

7. 左过 1 白右串 1 白 1 红回线(4)。

8. 左过 1 红右串 1 红 1 白回线(4)。

9. 左过 1 白上 1 白右串 1 白回线(4)。

10. 右串 3 白回线(4)。

11. 右串 3 白回线(4)。

12. 左过 1 白右串 1 白回线(3)。

13. 左过 1 白右串 2 白回线(4)。

14. 左过 1 红右串 1 白回线(3)。

15. 左过 1 白右串 2 白回线(4)。

16. 左过 2 白右串 2 白回线(5)。

17. 左过 4 白回线(5)。

**左后腿:编法与右后腿相同只需把右改左,左改右**

**左前腿:在 2 黄 1 红 1 黄 2 白六珠花上编,线在黄珠两端**

1. 右串 3 白回线(4)。

2. 左过 1 白右串 2 白回线(4)。

3. 左过 1 白右串 2 黄回线(4)。

4. 左过 2 黄 1 红右串 3 黄回线(6)。

5. 左过 1 白右串 1 红 1 白回线(4)。

6. 左过 2 白右串 1 白回线(4)。

7. 右串 3 白回线(4)。

8. 左过 1 黄右串 1 白 1 黄回线(4)。

9. 左过 1 黄右串 1 红 1 黄回线(4)。

10. 左过 1 红上 1 白右串 1 红回线(4)。

11. 右串 1 黄 1 白回线(3)。

12. 右串 3 白回线(4)。

13. 左过 1 白右串 2 白回线（4）。

14. 右串 3 白回线（4）。

15. 左过 1 白右串 1 黄回线（3）。

16. 左过 1 红上 1 黄右串 1 黄回线（4）。

17. 右过 1 白左过 1 白串 2 白回线（5）。

18. 右过 4 白回线（5）。

**右前腿：在白色六珠花上编，线在头下端两白珠两端**

1. 右串 1 红 2 白回线（5）。

2. 左过 2 白右串 2 白回线（5）。

3. 左过 1 白右串 1 白 1 黄回线（4）。

4. 左过 1 白上 1 红右串 1 红回线（4）。

5. 右串 1 黄 1 红 1 黄回线（4）。

6～7. 左过 1 白右串 2 白回线（4）。

8. 左过 1 白上 1 黄右串 1 白回线（4）。

9. 右串 1 白 1 黄回线（3）。

10. 左过 1 红右串 1 黄回线（3）。

11. 左过 1 白右串 1 白回线（3）。

12. 左过 1 白上 1 白右串 1 白回线（4）。

**尾部：头朝前编，线在尾部中间两个四珠花的两个红珠两端**

1. 右串 2 红 1 黄回线（5）。

2. 右串 1 黄 2 红回线（4）。

3. 左过 2 红右串 1 红回线（4）。

4. 左过 1 红右串 1 红 1 黄回线（4）。

5. 左过 1 红 1 黄右串 2 红回线（5）。

6. 右串 3 黄回线（4）。

7～8. 左过 1 红右串 2 黄回线（4）。

9. 左过 1 红上 1 黄右串 1 黄回线（4）。

10. 右串 1 红 1 黄 1 红回线（4）。

11. 左过 1 黄右串 1 黄 1 红回线（4）。

12. 左过 1 黄右串 1 黄 1 小黄回线（4）。

13. 左过 1 黄上 1 红右串 1 黄回线（4）。

14. 右串 1 小黄 1 红 1 黄回线（4）。

15. 左过 1 黄右串 1 红 1 黄回线（4）。

16. 左过 1 黄右串 1 红 1 黄回线（4）。

17. 左过 1 黄上 1 小黄右串 1 红回线（4）。

18. 右串 2 黄 1 小黄回线（4）。

19～20. 左过 1 红右串 2 黄回线（4）。

21. 左过 1 红上 1 黄右串 1 黄回线（4）。

22. 右串 1 红 1 黄 1 红回线（4）。

23. 左过 1 黄右串 1 黄 1 小黄回线（4）。

24. 左过 1 黄右串 1 黄 1 红回线（4）。

25. 左过 1 黄上 1 红右串 1 黄回线（4）。

26. 右串 1 红 1 黄 1 红回线（4）。

27. 左过 1 黄右串 1 黄 1 红回线（4）。

28. 左过 1 黄右串 1 黄 1 小黄回线（4）。

29. 左过 1 黄上 1 红右串 1 黄回线（4）。

30. 右串 1 小黄 2 黄回线（4）。

31～32. 左过 1 黄右串 2 黄回线（4）。

33. 左过 1 黄上 1 小黄右 1 黄回线（4）。

34. 右串 1 红 1 黄 1 小黄回线（4）。

35～36. 左过 1 黄右串 1 黄 1 红回线（4）。

37. 左过 1 黄上 1 红右串 1 黄回线（4）。

38. 左串 1 黄过 2 黄回线。

完成。

# 小黄鸭

图 5-64 为小黄鸭。

## 一、材料准备

用料：5 厘珠黄色 81 个、红色 15 个、黑色 2 个，6 厘珠黄色 51 个、红色 6 个。

用线：2 m。

## 二、详细步骤

**头部：5 厘珠**

**第一圈：**

1. 右串 5 黄回线（5）。

2. 右串 5 黄回线（6）。

3～5. 左过 1 黄右串 4 黄回线（6）。

6. 左过 1 黄上 1 黄右串 3 黄回线（6）。

**第二圈：**

1. 左过 1 黄右串 3 黄回线（5）。

2. 左过 1 黄右串 4 黄回线（6）。

3. 左过 2 黄右串 2 黄回线（5）。

4. 左过 1 黄右串 4 黄回线（6）。

5. 左过 2 黄右串 2 黄回线（5）。

6. 左过 1 黄右串 4 黄回线（6）。

**图 5-64 小黄鸭**

7．左过 2 黄右串 2 黄回线（5）。

8．左过 1 黄右串 1 黄 1 黑 2 黄回线（6）。

9．左过 2 黄右串 2 黄回线（5）。

10．左过 1 黄上 1 黄右串 1 黄 1 黑 1 黄回线（6）。

**第三圈：**

1．左过 2 黄右串 3 黄回线（6）。

2．左过 1 黄右串 3 黄回线（5）。

3．左过 3 黄右串 2 黄回线（6）。

4．左过 1 黄右串 3 黄回线（5）。

5．左过 3 黄右串 2 黄回线（6）。

6．左过 1 黄右串 3 黄回线（5）。

7．左过 3 黄右串 2 黄回线（6）。

8．左过 1 黑右串 2 红 1 黄回线（5）。

9．左过 3 黄右串 1 红 1 黄回线（6）。

10．左过 1 黑 1 黄右串 2 红回线（5）。

11．左过 2 黄右串 1 红 2 黄回线（6）。

12～13．左过 3 黄右串 2 黄回线（6）。

14．左过 2 黄 1 红右串 1 黄 1 红回线（6）。

15．左过 4 红右串 1 黄回线。

**身体：6 厘珠**

**第一圈：**

1．右串 4 黄回线（5）。

2．左过 1 黄右串 3 黄回线（5）。

3～4．左过 1 黄右串 4 黄回线（6）。

5．左过 1 黄上 1 黄右串 2 黄回线（5）。

**第二圈：**

1．左过 1 黄右串 3 黄回线（5）。

2．左过 2 黄右串 2 黄回线（5）。

3．左过 2 黄右串 3 黄回线（6）。

4．左过 1 黄右串 3 黄回线（5）。

5．左过 2 黄右串 2 黄回线（5）。

6．左过 1 黄右串 3 黄回线（5）。

7．左过 3 黄右串 2 黄回线（6）。

**第三圈：**

1．左过 3 黄右串 2 黄回线（6）。

2．左过 2 黄右串 2 黄回线（5）。

3．左过 3 黄右串 1 黄回线（5）。

4．右过 4 黄回线（5）。

嘴巴：在两眼中间的五球花上编，头朝上，从右边一黄珠上起头

1. 右串 3 红回线(4)。

2. 左过 1 黄右串 2 红回线(4)。

3. 左过 1 黄左串 2 红回线(4)。

4. 右过 1 红右串 3 红回线(4)。

右翅：头朝前，在头部右端侧面六珠花和五珠花上编，在六珠花一珠上起头

1. 右串 3 黄回线(4)。

2. 左过 1 黄右串 2 黄回线(4)。

3. 右过 1 黄右串 3 黄回线(5)。

4. 左过 1 黄 1 大黄串 1 黄回线(4)。

5. 左串 3 黄回线(4)。

6. 右过 1 黄右串 2 黄回线(4)。

7. 左过 1 黄左串 1 黄回线(3)。

左翅：在身体左边与右翅位置对称，编法与右翅相同

尾巴：在身体后部六珠花的一黄珠上起头

1. 左过 1 黄，右过 1 黄，右串 2 黄回线(5)。

2. 左过 2 黄，右串 1 黄回线(4)。

3. 右串 1 黄，埋线。

脚：在底部头下六珠花上编，线穿在六珠花的下端三黄珠两端

1. 右串 2 黄回线(5)。

2. 右串 1 黄过 1 黄回线(3)埋线。

完成。

# 大黄鸭

图 5-65 为大黄鸭。

## 一、材料准备

用料：6 厘珠黄色 127 个，5 厘珠黄色 83 个。

用线：身体 2.1 m，头部 1.2 m(从底部开始编)。

## 二、详细步骤

**第一圈：**

1. 右串 6 黄回线(6)。

2. 右串 5 黄回线(6)。

3~6. 左过 1 右串 4 黄回线(6)。

7. 左过 1 上 1 右串 3 黄回线(6)。

**第二圈：**

1. 左过 1 右串 4 黄回线(6)。

图 5-65　大黄鸭

2. 左过 1 右串 3 黄回线(5)。

3. 左过 2 右串 3 黄回线(6)。

4～11. 同 2～3,4 次。

12. 左过 1 上 1 右串 3 黄回线(6)。

**第三圈：**

1. 左过 1 右串 3 黄回线(5)。

2～3. 左过 2 右串 3 黄回线(6)。

4. 左过 2 右串 2 黄回线(5)。

5. 左过 2 右串 3 黄回线(6)。

6～7. 左过 2 右串 2 黄回线(5)。

8. 左过 2 右串 3 黄回线(6)。

9. 左过 2 右串 2 黄回线(5)。

10～11. 左过 2 右串 3 黄回线(6)。

12. 左过 2 右串 2 黄回线(5)。

13. 左过 1 上 1 右串 3 黄回线(6)。

**第四圈：**

1. 左过 2 右串 3 黄回线(6)。

2. 左过 2 右串 2 黄回线(5)。

3. 左过 3 右串 2 黄回线(6)。

4. 左过 1 串 1 用右线回线(3)左向右过 1,右向右过 5,将线穿到右边一珠两端左线变右线。

5. 右过 1 左串 4 黄回线(6)。

6. 右过 1 左串 2 黄回线(4)。

7. 右过 2 左串 2 黄回线(5)。

8. 右过 3 左串 2 黄回线(6)。

9. 右过 2 左串 2 黄回线(5)。

10. 右过 3 左串 2 黄回线(6)。

11. 右过 1 串 1 黄用左线回线(3)左向左过 1,右过 5,将线穿到左边一珠两端。

12. 左过 1 右串 1 黄过对面 2 黄再串 1 黄回线(6)。

13. 左过 2 右过 1(4)。

**背部封完,两线同时穿一黄珠后将线穿到前面中间两珠两端,在前面一圈 6 个珠上**

**头部:用小一号珠子编**

**第一圈：**

1. 右串 5 黄回线(7)。

2～4. 左过 1 右串 4 黄回线(6)。

5. 左过 1 上 1 右串 3 黄回线(6)。

**第二圈：**

1. 左过右串 3 黄回线(5)。

2. 左过 1 右串 4 黄回线(6)。

3. 左过 2 右串 2 黄回线(5)。

4. 左过 1 右串 4 黄回线(6)。

5. 左过 2 右串 2 黄回线(5)。

6. 左过 1 右串 1 黑 3 黄回线(6)。

7. 左过 2 右串 2 黄回线(5)。

8. 左过 1 右串 2 黄 1 黑回线(6)。

9. 左过 2 右串 2 黄回线(5)。

10. 左过 1 上 1 右串 3 黄回线(6)。

**第三圈：**

1. 左过 2 右串 3 黄回线(6)。

2. 左过 1 右串 3 黄回线(5)。

3. 左过 3 右串 2 黄回线(6)。

4. 左过 1 右串 3 黄回线(5)。

5. 左过 3 右串 2 黄回线(6)。

6. 左过 1 黑右串 3 黄回线(5)。

7. 左过 3 右串 2 黄回线(6)。

8. 左过 1 黑右串 3 黄回线(5)。

9. 左过 3 右串 2 黄回线(6)。

10. 左过 1 上 1 右串 2 黄回线(5)。

**第四圈：**

1. 左过 2 右串 3 黄回线(6)。

2～4. 左过 3 右串 2 黄回线(6)。

5. 左过 3 上 1 右串 1 黄回线。

6. 右过 4 回线，将线从对面珠穿出，穿到右眼黑珠下边第三黄珠两端。

**嘴：**

1. 右串 3 红回线。

2. 左过 1 右串 4 红回线。

3. 左过 1 右串 2 红回线右串 2 红过对面 2 红埋线。

完成。

# 考　拉

图 5-66 为考拉。

## 一、材料准备

用料：6 厘珠彩色 55 个、黑色 6 个、白色 18 个、红色 1 个。

用线：1.5 m。

## 二、详细步骤

头部：

第一圈：

1. 右串 5 彩回线（5）。

2. 右串 4 彩，串环回线（5）。

3. 右串 4 白过 1 彩回原位（右耳 1）。

4. 左过 1 彩右串 1 彩 1 黑 1 彩回线（5）。

5. 右过 1 黑 1 彩上 1 白串 2 白过 1 黑回原位（右耳 2）。

6. 左过 1 彩右串 3 彩回线（5）。

7. 左过 1 彩右串 1 黑 2 彩回线（5）。

8. 右串 4 白过 1 彩回原位（左耳 1）。

9. 右串 1 彩串 2 白过 1 白回原位（左耳 2）。

10. 左过 1 彩上 1 彩，过环，右串 2 彩回线（5）。

第二圈：

1. 左过 1 彩右串 3 彩回线（5）。

2. 左过 2 彩右串 2 彩回线（5）。

3. 左过 1 黑 1 彩右串 1 彩 1 红回线（5）。

4. 左过 1 彩 1 黑右串 2 彩回线（5）。

5. 左过 2 彩上 1 彩右串 1 彩回线（5）。

**身体：在五珠花上接着编身体**

第一圈：

1. 右串 4 彩回线（5）。

2～3. 左过 1 彩右串 3 彩回线（5）。

4. 左过 1 彩右串 1 彩 2 白回线（5）。

5. 左过 1 彩上 1 彩右串 1 白 1 彩回线（5）。

第二圈：

1. 左过 1 彩右串 1 白 2 彩回线（5）。

2～3. 左过 2 彩右串 2 彩回线（5）。

4. 左过 2 彩右串 1 彩 1 白回线（5）。

5. 左过 2 白上 1 白右串 1 白回线（5）。

第三圈：

左向左过 1 彩，右向左过 4 彩，将线穿到白珠旁一彩珠两端，左线变右线。

左脚：

1. 右过 1 彩串 2 彩 1 黑回线（5）。

2. 左向左过 1 白 1 彩，右向左过 4 彩，将线放白珠旁一彩珠两端，右串 1 黑 1 彩回线（3）。

3. 左过 2 彩回线（3）。

**右脚：在对称位置按上述步骤编，把程序中左右互换**

**鼻子：在眼旁五珠花上编鼻子，将线穿到眼旁五珠花下边两珠两端**

图 5－66　考　拉

1．右串 1 彩回线（填空）。

2．两线同时串 2 彩，在五珠花上左过 2 彩，右过 3 彩回线。

完成。

# 小松鼠

图 5－67 为小松鼠。

## 一、材料准备

**图 5－67　小松鼠**

用料：6 厘珠蓝色 102 个、白色 50 个、黑色 2 个、小红 1 个。

用线：3 m。

## 二、详细步骤

**从头部开始：**

1．右串 5 蓝回线（5）。

2．右串 5 蓝，向右过 1 蓝左串 5 蓝向左过 4 蓝（编出两耳）。

3．右串 1 黑 3 蓝回线（5）。

4．左过 1 右串 3 蓝回线（5）。

5．左过 1 右串 2 蓝 1 黑回线（5）。

6．左过 1 右串 1 蓝 1 白 1 蓝回线（5）。

7．左过 1 上 1 黑右串 1 白 1 蓝回线（5）。

8．左过 1 右串 1 白 2 蓝回线（5）。

9～10．左过 2 右串 2 蓝回线（5）。

11．左过 2 右串 1 蓝 1 白回线（5）。

12．左过 2 白串 1 小红再回头过 2 白上 1 白右串 1 白回线（5）。

13．右串 4 白回线（5）。

14．左过 1 右串 1 白 3 蓝回头过 1 白（手）串 2 蓝回线（5）。

15～16．左过 1 右串 3 蓝回线（5）。

17．左过 1 蓝上 1 白右串 1 蓝 1 白 3 蓝回头过 1 白（手）回线（5）。

18．左过 1 白右串 4 白回线（6）。

19．左过 2 白右串 3 白回线（6）。

20～21．左过 2 蓝右串 3 蓝回线（6）。

22．左过 2 蓝上 1 白右串 2 蓝回线（6）。

23．左串 2 蓝回线（3）。

24．右串 3 蓝回线（4）。

25．左过 1 蓝 1 白右串 1 蓝 1 白回线（5）。

26．左过 2 白右串 2 白回线（5）。

27. 左过 1 白右串 3 蓝回线（5）。

28. 右过 1 蓝串 1 蓝回线（3）。

29. 右过 1 蓝串 2 蓝回线（4）。

30. 左过 2 蓝右串 1 白 1 蓝回线（5）。

31. 左过 3 蓝右串 1 白回线（5）。

32. 左串 1 白过 1 白串 1 白过 1 白串 1 白右串 2 白回线（8）（线在一个白珠的两端）。

**尾巴：**

1. 右串 3 白回线（4）。

2. 右串 2 蓝回线（3）。

3. 左过 1 白右串 2 蓝回线（4）。

4. 左上 1 白串 1 蓝回线（3）。

5. 右串 2 蓝 1 白回线（4）。

6. 左过 1 白右串 2 白回线（4）。

7. 左过 1 蓝右串 2 蓝回线（4）。

8. 左过 1 蓝上 1 蓝串 1 蓝回线（4）。

（线在靠近背部一蓝珠两端用线穿过背上两个五珠花的中间再回原位过 1 蓝）

9. 右串 4 蓝回线（5）。

10. 左过 1 蓝右串 2 蓝 1 白回线（5）。

11. 左过 1 白右串 3 白回线（5）。

12. 左过 1 白上 1 蓝右串 2 蓝回线（5）。

13. 左过 1 蓝右串 4 蓝回线（6）。

14. 左过 2 蓝右串 3 蓝回线（6）。

15. 左过 1 蓝 1 白右串 1 蓝 2 白回线（6）。

16. 左过 1 白 1 蓝上 1 蓝右串 1 白 1 蓝回线（6）。

17. 左过 1 蓝右串 1 白 2 蓝回线（5）。

18. 左过 2 蓝右串 2 蓝回线（5）。

19. 左过 2 蓝右串 1 白 1 蓝回线（5）。

20. 左过 2 白上 1 白右串 1 白回线（5）。

21. 右串 3 白回线（4）。

22. 左过 1 右串 1 蓝回线（3）。

23. 左过 1 右过 1 串 1 蓝回线（4）。

完成。

# 长颈鹿

图 5 - 68 为长颈鹿。

## 一、材料准备

用料：4 厘珠白色 438 个、棕色 186 个、黑色 2 个、小黑 2 个、红色 1 个。

用线：身体 3.2 m，每条腿 0.9 m。

## 二、详细步骤

**身体：**

**第一圈：**

1. 右串 7 棕回线（7）。

2. 右过 1 棕串 1 棕 9 白 3 棕回 9 白，再串 1 棕过 1 棕回原位（尾）。

3. 右串 5 白回线（6）。

4. 左过 1 棕右串 3 白回线（5）。

5. 左过 1 棕右串 2 棕 1 白回线（5）。

6. 左过 1 棕右串 2 白回线（4）。

7. 左过 1 棕右串 2 棕 1 白回线（5）。

8. 左过 1 棕右串 3 白回线（5）。

9. 左过 1 棕上 2 白右串 2 白回线（6）。

**第二圈：**

1. 右串 1 白 2 棕回线（4）。

2. 左过 1 白右串 1 棕 1 白回线（4）。

3. 左过 2 白右串 2 白回线（5）。

4. 左过 1 白右串 2 白回线（4）。

5. 左过 1 棕右串 1 白 1 棕回线（4）。

6. 左过 1 棕右串 2 白回线（4）。

7. 左过 1 白右串 2 白回线（4）。

8. 左过 1 棕右串 1 白 1 棕回线（4）。

9. 左过 1 棕右串 2 白回线（4）。

10. 左过 1 白右串 2 白回线（4）。

11. 左过 2 白上 1 白右串 1 白回线（5）。

**第三圈：**

1. 右串 2 棕 1 白回线（4）。

2. 左过 1 棕右串 1 白 1 棕回线（4）。

3. 左过 1 棕右串 2 白回线（4）。

4. 左过 1 白右串 2 棕回线（4）。

5. 左过 1 白右串 1 棕 1 白回线（4）。

6. 左过 1 白右串 2 白回线（4）。

7. 左过 1 白右串 1 白 1 棕回线（4）。

8. 左过 1 白右串 2 棕回线（4）。

9. 左过 1 白右串 2 白回线（4）。

10. 左过 1 白右串 2 白回线（4）。

11. 左过 1 白上 1 棕右串 1 棕回线（4）。

图 5 - 68　长颈鹿

**第四圈：**

1. 右串 2 白 1 棕回线（4）。

2. 左过 1 棕右串 2 白回线（4）。

3. 左过 1 白右串 2 棕回线（4）。

4. 左过 1 白右串 1 棕 1 白回线（4）。

5. 左过 1 棕右 1 白 1 棕回线（4）。

6. 左过 1 棕右串 2 白回线（4）。

7. 左过 1 白右串 2 棕回线（4）。

8. 左过 1 白右串 1 棕 1 白回线（4）。

9. 左过 1 棕右串 2 白回线（4）。

10. 左过 1 白右串 2 棕回线（4）。

11. 左过 1 白上 1 白右串 1 棕回线（4）。

**第五圈：**

1. 右串 1 棕 2 白回线（4）。

2. 左过 1 白右串 2 棕回线（4）。

3. 左过 1 白右串 1 棕 1 白回线（4）。

4. 左过 1 棕右串 1 白 1 棕回线（4）。

5. 左过 1 棕右串 2 白回线（4）。

6. 左过 1 白右串 2 棕回线（4）。

7. 左过 1 白右串 1 棕 1 白回线（4）。

8. 左过 1 棕右串 1 白 1 棕回线（4）。

9. 左过 1 棕右串 2 白回线（4）。

10. 左过 1 白右串 2 白回线（4）。

11. 左过 1 棕上 1 棕右串 1 白回线（4）。

**第六圈：**

1. 右串 1 白 2 棕回线（4）。

2. 左过 1 白右串 1 棕 1 白回线（4）。

3. 左过 1 棕右串 1 白 1 棕回线（4）。

4. 左过 1 棕右串 2 白回线（4）。

5. 左过 1 白右串 2 棕回线（4）。

6. 左过 1 白右串 1 棕 1 白回线（4）。

7. 左过 1 棕右 1 白 1 棕回线（4）。

8. 左过 1 棕右串 2 白回线（4）。

9. 左过 1 白右串 2 棕回线（4）。

10. 左过 1 白右串 1 棕 1 白回线（4）。

11. 左过 1 白上 1 白右串 1 白回线（4）。

**第七圈：**

1. 右串 3 白回线（4）。

2. 左过 1 棕右串 1 白 1 棕回线（4）。

3. 左过 1 棕右串 2 白回线(4)。

4. 左过 1 白右串 2 白回线(4)。

5. 左过 1 白右串 3 白回线(5)。

6. 左过 1 棕右串 1 白 1 棕回线(4)。

7. 左过 1 棕右串 2 白回线(4)。

8. 左过 1 白右串 3 白回线(5)。

9. 左过 1 白右串 2 白回线(4)。

10. 左过 1 棕右串 1 白 1 棕回线(4)。

11. 左过 1 棕上 1 白右串 1 白回线(4)。

### 第八圈:

1. 右过 1 白串 2 白回线(4)。

2. 左过 1 白右串 1 棕 1 白回线(4)。

3. 左过 2 白串 1 白回线(4)。

4. 左过 1 白串 1 白 1 棕回线(4)。

5. 右过 1 棕左串 2 棕回线(4)。

6. 右过 1 白上 1 白串 1 白回线(4)。

7. 右过 1 白串 2 白回线(4)。

8. 左过 1 棕右串 2 白回线(4)。

9. 左过 1 白上 1 白串 1 白回线(4)端面留下 7 珠,在此 7 珠上编颈。

### 颈部:

### 第一圈:

1. 右串 1 白 2 棕回线(4)。

2. 左过 1 白右串 1 棕 1 白回线(4)。

3. 左过 2 白右串 2 白回线(5)。

4. 左过 1 白右串 2 棕回线(4)。

5. 左过 1 白右串 1 棕 1 白回线(4)。

6. 左过 1 白上 1 白右串 1 白回线(4)。

### 第二圈:

1. 右串 1 白 1 棕 1 白回线(4)。

2. 左过 1 棕右串 1 白 1 棕回线(4)。

3. 左过 1 棕右串 2 白回线(4)。

4. 左过 1 白右串 2 白回线(4)。

5. 左过 1 棕右串 1 白 1 棕回线(4)。

6. 左过 1 棕上 1 白右串 1 白回线(4)。

### 第三圈:

1. 右串 2 白 1 棕回线(4)。

2. 左过 1 棕右串 2 棕回线(4)。

3~4. 左过 1 白右串 2 白回线(4)。

5. 左过 1 白右串 1 棕 1 白回线(4)。

6. 左过 1 白上 1 白右串 1 白回线(4)。

**第四圈：**

1. 左过 1 白右串 1 棕 2 白回线(5)。

2. 左过 1 棕右串 2 白回线(4)。

3. 左过 2 白右串 1 白 1 棕回线(5)。

4. 左过 1 棕上 1 棕右串 1 棕回线(4)端面为四珠。

**第五圈：**

1. 右串 3 白回线(4)。

2. 左过 1 白右串 2 棕回线(4)。

3. 左过 1 白右串 1 棕 1 白回线(4)。

4. 左过 1 白上 1 白右串 1 白回线(4)。

**第六圈：**

1. 右串 3 白回线(4)。

2. 左过 1 白右串 2 白回线(4)。

3. 左过 1 棕右串 1 白 1 棕回线(4)。

4. 左过 1 棕上 1 白右串 1 白回线(4)。

**第七圈：**

1. 右串 3 白回线(4)。

2. 左过 1 白右串 2 棕回线(4)。

3. 左过 1 白右串 1 棕 1 白回线(4)。

4. 左过 1 白上 1 白右串 1 白回线(4)。

**第八圈：**

1. 右串 3 白回线(4)。

2. 左过 1 白右串 2 白回线(4)。

3. 左过 1 棕右串 1 白 1 棕回线(4)。

4. 左过 1 棕上 1 白右串 1 白回线(4)。

**头部：**

**第一圈：**

1. 右串 4 白回线(5)。

2. 左过 1 白右串 3 白回线(5)。

3. 右串 1 白 1 黑 1 白回线(4)(左眼)。

4. 左过 1 白右串 4 白回线(6)。

5. 右串 1 黑 2 白回线(4)(右眼)。

6. 左过 1 白上 1 白右串 2 白回线(5)。

**第二圈：**

1. 右过 1 白串 3 白回线(5)。

2．左过 2 白右串 3 白回线（6）。

3．左过 2 白左串 2 白回线（5）。

4．右过 1 白左串 2 白回线（4）。

5．右过 2 白串 1 白回线（4）。

6．右过 2 白串 2 白回线（5）。

7．左过 3 白右串 1 白回线（5）。

8．右过 1 白串 3 白回线（5）。

9．左过 1 黑 1 白串 1 白回线（4）。

10．右过 1 白，左过 1 白串 1 白回线（4）。

11．左串 3 白回线（4）。

12．右过 1 白左串 1 红 1 白回线（4）。

13．右过 1 白左串 2 白回线（4）。

14．右串 1 小黑过 1 白串 1 小黑过 1 白回线，将两线穿到两眼间五珠花中间，同时串 3 棕，向左右分别过 1 白串 2 白 1 棕回 2 白（犄角），埋线。

耳：

将线穿在眼旁五珠花上边一珠两端，右串 3 棕回 2 棕左串 2 棕绕过右边头上 1 棕回 2 棕埋线。

**左前腿：均为四珠花**

**第一圈：**

1．右串 2 棕 1 白回线。

2～3．左过 1 白右串 2 白回线。

4．左过 1 白上 1 棕右串 1 棕回线。

**第二圈和第三圈：均为白色四珠花**

**第四圈：**

1．右串 3 白回线。

2．左过 1 白右串 2 白回线。

3．左过 1 白右串 2 棕回线。

4．左过 1 白上 1 白右串 1 棕回线。

**第五圈：**

1．右串 1 棕 2 白回线。

2～3．左过 2 白右串 2 白回线。

4．左过 1 棕上 1 棕右串 1 白回线。

**第六圈和第七圈：均为白色四珠花**

**第八圈：**

1．右串 1 白 1 棕 1 白回线。

2～3．左过 1 白右串 1 棕 1 白回线。

4．左过 1 白上 1 白右串 1 棕回线。

**第九圈：**

1．右串 3 棕回线。

2～3. 左过 1 棕右串 2 棕回线。

4. 左过 1 棕上 1 棕右串 1 棕回线。

**其余三条腿按对称位置仿左前腿编**
完成。

# 大嘴蛙挂件

图 5 - 69 为大嘴蛙挂件。

## 一、材料准备

用料：6 厘珠绿色 56 个、红色 6 个、白色 20
个、黑色 4 个。

用线：1.6 m。

## 二、详细步骤

**身体：**

1. 串 5 绿回线(5)。

2. 右串 4 绿回线(5)。

3. 左过 1 右串 2 绿 1 红 1 绿回线(6)。

4. 左过 1 右串 1 红 3 绿回线(6)。

5. 左过 1 绿串 1 绿 1 红 2 绿回线(6)。

6. 右过 1 绿左串 3 绿回线(5)。

7. 右过 1 绿串 1 红 3 绿回线(6)。

8. 左过 1 右串 3 回线(5)。

9. 左过 2 右串 2 绿 1 红回线(6)。

10. 左过 1 红右串 3 绿 1 红回线(6)。

11. 左过 3 右串 2 回线(6)。

12. 左过 1 右串 3 回线(5)。

13. 左过 2 右串 2 回线(5)。

14. 左过 1 右串 1 绿 1 白 2 绿回线(6)。

15. 左过 3 红右串 2 绿回线(6)。

16. 左过 1 右串 1 绿 1 白 2 绿回线(6)。

17～18. 左过 2 右串 2 绿回线(5)。

19. 左过 2 右串 1 绿 1 白 1 绿回线(6)。

20. 左过 1 右串 1 白 1 绿 1 白 1 绿穿环回线(6)。

21. 左过 3 右串 1 白 1 绿回线(6)。

22. 左过 3 绿回线将两线穿到右边白珠的两端。

23. 右串 2 白 1 黑回线(4)。

24. 右串 1 白左串 2 白回线(4)。

图 5 - 69　大嘴蛙挂件

25. 左过对面 1 白右串 1 白 1 黑回线（4）。

26. 左过 1 白上 1 白串 1 白回线（4）。

27. 右过 1 白左过 2 白回线（4）。

28. 左过 1 黑 1 白右过 2 白，在白珠两端右线变左线。

29. 左过 3 绿右过 1 绿串 1 白回线（6）。

30. 右串 2 白 1 黑回线（4）。

31. 左过 1 白右串 2 白回线（4）。

32. 左过对面 1 白右串 1 白 1 黑回线（4）。

33. 左过 1 白上 1 白串 1 白回线（4）。

34. 左过 3 白回线（4）。

35. 线到下面的四珠花上转 1 圈。

完成。

# 七彩粽子

图 5-70 为七彩粽子。

## 一、材料准备

用料：6 厘珠 216 个，紫色 18 个、粉色 63 个、红色 51 个、绿色 39 个、浅绿色 27 个、黄色 15 个、蓝色 3 个。

用线：3.3 m。

**图 5-70　七彩粽子**

## 二、详细步骤

第一片：

第一圈：

1. 右串 1 粉 2 紫 1 粉回线。

2～5. 左串 1 粉右串 1 紫 1 粉回线。

6. 右串 1 紫 2 粉回线。

第二圈：

1. 右串 3 红回线。

2～4. 左过 1 粉右串 2 红回线。

5. 左过 1 粉右串 1 红 1 粉回线。

6. 左过 1 粉串 1 紫 1 粉回线。

第三圈：

1. 左串 1 紫 2 粉回线。

2. 右过 1 红左串 2 红回线。

3～5. 右过 1 红左串 2 绿回线。

6. 右过 1 红串 2 绿回线。

**第四圈：**

1. 右串 3 浅绿回线。

2. 左过 1 绿右串 2 浅绿回线。

3. 左过 1 绿右串 1 浅绿 1 绿回线。

4. 左过 1 绿右串 1 绿 1 红回线。

5. 左过 1 红右串 1 红 1 粉回线。

6. 左过 1 粉串 1 紫 1 粉回线。

**第五圈：**

1. 左串 1 紫 2 粉回线。

2. 右过 1 红左串 2 红回线。

3. 右过 1 绿左串 2 绿回线。

4. 右过 1 浅绿左串 2 浅绿回线。

5. 右过 1 浅绿左串 2 黄回线。

6. 右过 1 浅绿右串 2 黄回线。

**第六圈：**

1. 右串 2 蓝 1 黄回线。

2. 左过 1 黄右串 1 黄 1 浅绿回线。

3. 左过 1 浅绿右串 1 浅绿 1 绿回线。

4. 左过 1 绿右串 1 绿 1 红回线。

5. 左过 1 红右串 1 红 1 粉回线。

6. 左过 1 粉右串 1 粉 1 紫回线。

**第二片：**

**第一圈：**

1. 右过 1 粉串 2 粉回线。

2～5. 左过 1 紫右串 2 粉回线。

6. 左过 1 紫串 1 紫 1 粉回线。

**第二圈：**

1. 左串 1 紫 2 粉回线。

2～5. 右过 1 粉左串 2 红回线。

6. 右过 1 粉 1 红串 1 红回线。

**第三圈：**

1. 右过 1 绿串 2 绿回线。

2～3. 左过 1 红右串 2 绿回线。

4. 左过 1 红右串 1 绿 1 红回线。

5. 左过 1 红右串 1 红 1 粉回线。

6. 左过 1 粉串 1 紫 1 粉回线。

**第四圈：**

1. 左串 1 紫 2 粉回线。

2. 右过 1 红左串 2 红回线。

3. 右过 1 绿左串 2 绿回线。

4～5. 右过 1 绿左串 2 浅绿回线。

6. 右过 1 绿 1 浅绿串 1 浅绿回线。

## 第五圈：

1. 右过 1 黄串 2 黄回线。

2. 左过 1 浅绿右串 1 黄 1 浅绿回线。

3. 左过 1 浅绿右串 1 浅绿 1 绿回线。

4. 左过 1 绿右串 1 绿 1 红回线。

5. 左过 1 红右串 1 红 1 粉回线。

6. 左过 1 粉串 1 紫 1 粉回线。

## 第六圈：

1. 左串 1 紫 2 粉回线。

2. 右过 1 红左串 2 红回线。

3. 右过 1 绿左串 2 绿回线。

4. 右过 1 浅绿左串 2 浅绿回线。

5. 右过 1 黄左串 2 黄回线。

6. 右过 1 黄 1 蓝串 1 蓝回线。

## 第三片：

## 第一圈：

1. 两片之间放入中国结,右过 1 蓝串 2 黄回线。

2. 左过 1 黄右串 1 黄 1 浅绿回线。

3. 左过 1 浅绿右串 1 浅绿 1 绿回线。

4. 左过 1 绿右串 1 绿 1 红回线。

5. 左过 1 红右串 1 红 1 粉回线。

6. 左过 1 粉 1 紫串 1 粉回线。

## 第二圈：

1. 左过 1 紫串 2 粉回线。

2. 右过 1 红左串 2 红回线。

3. 右过 1 绿左串 2 绿回线。

4. 右过 1 浅绿左串 2 浅绿回线。

5. 右过 1 黄左串 1 浅绿 1 黄回线。

6. 右过 2 黄串 1 浅绿回线。

## 第三圈：

1. 右过 1 浅绿串 1 绿 1 浅绿回线。

2. 左过 1 浅绿右串 1 绿 1 浅绿回线。

3. 左过 1 浅绿右串 2 绿回线。

4. 左过 1 绿右串 1 绿 1 红回线。

5. 左过 1 红右串 1 红 1 粉回线。

6. 左过 1 粉 1 紫串 1 粉回线。

**第四圈：**

1. 左过 1 紫串 2 粉回线。

2. 右过 1 红左串 2 红回线。

3～5. 右过 1 绿左串 1 红 1 绿回线。

6. 右过 2 绿串 1 红回线。

**第五圈：**

1. 右过 1 红串 1 粉 1 红回线。

2～4. 左过 1 红右串 1 粉 1 红回线。

5. 左过 1 红右串 2 粉。

6. 左过 1 粉 1 紫串 1 粉回线。

**第六圈：**

1. 压入中国结双线，左过 2 紫右串 1 粉回线。

2～5. 左过 1 紫右过 1 粉串 1 粉回线。

6. 右过 2 粉 1 紫回线。

完成。

# 五彩粽子

图 5-71 为五彩粽子。

## 一、材料准备

材料：6 厘珠 216 个，粉色 24 个、红色 12 个、绿色 96 个、浅绿色 48 个、黄色 36 个。

用线：6 厘珠 3.3 m，4 厘珠 2.1 m。

## 二、详细步骤

**第一片：**

**第一圈：**

1. 右串 4 绿回线。

2～5. 左串 1 浅绿右串 2 绿回线。

6. 右串 3 绿回线。

**第二圈：**

1. 右串 2 绿 1 浅绿回线。

2. 左过 1 浅绿右串 2 黄回线。

3～4. 左过 1 浅绿右串 1 粉 1 黄回线。

5. 左过 1 浅绿右串 1 黄 1 浅绿回线。

6. 左过 1 绿串 2 绿回线。

图 5-71 五彩粽子

**第三圈：**

1. 左串 2 绿 1 浅绿回线。

2. 右过 1 黄左串 1 黄 1 粉回线。

3. 右过 1 粉左串 2 红回线。

4. 右过 1 粉左串 1 红 1 粉回线。

5. 右过 1 黄左串 1 黄 1 浅绿回线。

6. 右过 1 绿串 2 绿回线。

**第四圈：**

1. 右串 2 绿 1 浅绿回线。

2. 左串 1 黄右串 1 黄 1 粉回线。

3. 左过 1 红右串 1 粉 1 红回线。

4. 左过 1 红右串 2 粉回线。

5. 左过 1 黄右串 1 黄 1 浅绿回线。

6. 左过 1 绿串 2 绿回线。

**第五圈：**

1. 左串 2 绿 1 浅绿回线。

2. 右过 1 黄左串 1 浅绿 1 黄回线。

3～4. 右过 1 粉左串 1 浅绿 1 黄回线。

5. 右过 1 黄左串 2 浅绿回线。

6. 右过 1 绿串 2 绿回线。

**第六圈：**

1. 右串 3 绿回线。

2～5. 左过 1 浅绿右串 2 绿回线。

6. 左过 1 绿右串 2 绿回线。

**第二片：**

**第一圈：**

1. 右过 1 绿串 2 绿回线。

2～5. 左过 1 绿右串 1 浅绿 1 绿回线。

6. 左过 1 绿串 2 绿回线。

**第二圈：**

1. 左串 2 绿 1 浅绿回线。

2. 右过 1 浅绿左串 2 黄回线。

3～4. 右过 1 浅绿左串 1 粉 1 黄回线。

5. 右过 1 浅绿左串 1 黄 1 浅绿回线。

6. 右过 2 绿串 1 绿回线。

**第三圈：**

1. 右过 1 绿串 1 绿 1 浅绿回线。

2. 左过 1 黄右串 1 黄 1 粉回线。

3. 左过 1 粉右串 2 红回线。

4. 左过 1 粉右串 1 红 1 粉回线。

5. 左过 1 黄右串 1 黄 1 浅绿回线。

6. 左过 1 绿串 2 绿回线。

**第四圈：**

1. 左串 2 绿 1 浅绿回线。

2. 右过 1 黄左串 1 黄 1 粉回线。

3. 右过 1 红左串 1 粉 1 红回线。

4. 右过 1 红左串 2 粉回线。

5. 右过 1 黄左串 1 黄 1 浅绿回线。

6. 右过 2 绿串 1 绿回线。

**第五圈：**

1. 右过 1 绿串 1 绿 1 浅绿回线。

2. 左过 1 黄右串 1 浅绿 1 黄回线。

3～4. 左过 1 粉右串 1 浅绿 1 黄回线。

5. 左过 1 黄右串 2 浅绿回线。

6. 左过 1 绿串 2 绿回线。

**第六圈：**

1. 左串 3 绿回线。

2～5. 右过 1 浅绿左串 2 绿回线。

6. 右过 2 绿串 1 绿回线。

**第三片：**

**第一圈：**

1. 两片之间放入中国结，右过 1 绿串 2 绿回线。

2～5. 左过 1 绿右串 1 浅绿 1 绿回线。

6. 左过 2 绿串 1 绿回线。

**第二圈：**

1. 左过 1 绿串 1 绿 1 浅绿 1 绿回线。

2. 右过 1 浅绿左串 2 黄回线。

3～4. 右过 1 浅绿左串 1 粉 1 黄回线。

5. 右过 1 浅绿左串 1 黄 1 浅绿回线。

6. 右过 2 绿串 1 绿回线。

**第三圈：**

1. 右过 1 绿串 1 绿 1 浅绿回线。

2. 左过 1 黄右串 1 黄 1 粉回线。

3. 左过 1 粉右串 2 红回线。

4. 左过 1 粉右串 1 红 1 粉回线。

5. 左过 1 黄右串 1 黄 1 浅绿回线。

6. 左过 2 绿串 1 绿回线。

**第四圈：**

1. 左过 1 绿串 1 绿 1 浅绿回线。

2. 右过 1 黄左串 1 黄 1 粉回线。

3. 右过 1 红左串 1 粉 1 红回线。

4. 右过 1 红左串 2 粉回线。

5. 右过 1 黄左串 1 黄 1 浅绿回线。

6. 右过 2 绿串 1 绿回线。

**第五圈：**

1. 右过 1 绿串 1 绿 1 浅绿回线。

2. 左过 1 黄右串 1 浅绿 1 黄回线。

3～4. 左过 1 粉右串 1 浅绿 1 黄回线。

5. 左过 1 黄右串 2 浅绿回线。

6. 左过 2 绿串 1 绿回线。

**第六圈：**

1. 压入中国结双线，左过 2 绿串 1 绿回线。

2～5. 左过 1 绿右过 1 浅绿串 1 绿回线。

6. 右过 3 绿回线。

完成。

# 大熊猫

图 5-72 为大熊猫。

## 一、材料准备

用料：6 厘珠白色 238 个、黑色 184 个、小黑 2 个。

用线：身体 3 m，头部 2 m，每条腿 0.6 m。

## 二、详细步骤

**头部：**

**第一圈：**

1. 右串 5 白回线（5）。

2. 右串 5 白回线（6）。

3～5. 左过 1 白右串 4 白回线（6）。

6. 左过 1 白上 1 白右串 3 白回线（6）。

**第二圈：**

1. 左过 1 白右串 4 白回线（6）。

2. 左过 1 白右串 3 白回线（5）。

3. 左过 2 白右串 3 白回线（6）。

4～9. 同 2～3，3 次。

图 5-72 大熊猫

10.　左过 1 白上 1 白右串 2 白回线(5)。

**第三圈：**

1.　左过 1 白右串 4 白回线(6)。

2～9.　左过 2 白右串 3 白回线(6)。

10.　左过 2 白上 1 白右串 2 白回线(6)。

**第四圈：**

1.　左过 1 白右串 3 白回线(5)。

2.　左过 2 白右串 3 白回线(6)。

3.　左过 2 白右串 2 黑回线(5)左串 1 小黑过 2 黑回原位(填空,右眼)。

4.　左过 2 白右串 1 黑 1 白回线(5)。

5～6.　左过 2 白右串 2 白回线(5)。

7.　左过 2 白右串 2 黑回线(5)。

8.　左过 2 白右串 1 黑 1 白回线(5)左串 1 小黑过 1 黑 1 白回原位(填空,左眼)。

9.　左过 2 白右串 3 白回线(6)。

10.　左过 2 白上 1 白右串 1 白回线(5)。

**第五圈：**

1.　右过 1 白右串 3 白回线(5)。

2.　左过 2 白右串 2 白回线(5)。

3.　左过 1 白 1 黑右串 1 白 1 黑回线(5)。

4.　左过 1 黑 1 白右串 2 白回线(5)。

5.　左过 1 白 1 黑右串 1 白 1 黑回线(5)。

6.　左过 1 黑 1 白上 1 白右串 1 白回线(5)。

**第六圈：**

1.　左过 1 白右串 3 白回线(5)。

2.　左过 2 白右串 2 白回线(5)。

3.　左过 1 白右串 2 白回线(4)。

4.　左过 1 白上 1 白右串 1 白回线(4)。

5.　右串 1 黑过 2 白回原位(鼻)。

**身体：**头顶朝下,嘴朝前,以嘴下第三圈的六珠花为中心,在它的外面一圈花的下边珠子上编,将线穿到六珠花下的五珠花下边两珠两端

**第一圈：**

1.　右串 4 白回线(6)。

2.　左过 3 白右串 4 白回线(8)。

3～4.　左过 2 白右串 4 白回线(7)。

5.　左过 3 白右串 4 白回线(8)。

6.　左过 3 白上 1 白右串 2 白回线(7)。

**第二圈：**

1.　左过 1 白右串 4 白回线(6)。

2.　左过 2 白右串 2 黑 1 白回线(6)。

3. 左过 1 白右串 3 黑回线（5）。

4. 左过 2 白右串 2 黑 1 白回线（6）。

5. 左过 1 白右串 3 白回线（5）。

6. 左过 2 白右串 3 白回线（6）。

7. 左过 1 白右串 3 白回线（5）。

8. 左过 2 白右串 3 黑回线（6）。

9. 左过 1 白右串 2 黑 1 白回线（5）。

10. 左过 2 白上 1 白右串 2 黑回线（6）。

**第三圈：**

1. 左过 1 白右串 1 黑 3 白回线（6）。

2. 左过 1 白 1 黑右串 2 白 1 黑回线（6）。

3～4. 左过 2 黑右串 3 黑回线（6）。

5. 左过 1 黑 1 白右串 2 黑 1 白回线（6）。

6～7. 左过 2 白右串 3 白回线（6）。

8. 左过 1 白 1 黑右串 3 黑回线（6）。

9. 左过 2 黑右串 3 黑回线（6）。

10. 左过 2 黑上 1 黑右串 2 黑回线（6）。

**第四圈：**

1. 左过 1 白右串 1 黑 3 白回线（6）。

2. 左过 2 白右串 3 白回线（6）。

3. 左过 1 白 1 黑右串 2 白 1 黑回线（6）。

4～5. 左过 2 黑右串 3 黑回线（6）。

6. 左过 1 黑 1 白右串 2 黑 1 白回线（6）。

7. 左过 2 白右串 3 白回线（6）。

8. 左过 1 白 1 黑右串 3 黑回线（6）。

9. 左过 2 黑右串 3 黑回线（6）。

10. 左过 2 黑上 1 黑右串 2 黑回线（6）。

**第五圈：**

1. 左过 1 白右串 4 白回线（6）。

2～3. 左过 2 白右串 3 白回线（6）。

4. 左过 1 白 1 黑右串 3 白回线（6）。

5～6. 左过 2 黑右串 2 白 1 黑回线（6）。

7. 左过 1 黑 1 白右串 3 白回线（6）。

8. 左过 1 白 1 黑右串 2 白 1 黑回线（6）。

9. 左过 2 黑右串 2 白 1 黑回线（6）。

10. 左过 2 黑上 1 白右串 2 白回线（6）。

**第六圈：**

1. 左过 1 白右串 4 白回线（6）。

2. 左过 2 白右串 2 白回线(5)。

3. 左过 2 白右串 3 白回线(6)。

4～9. 同 2～3,3 次。

10. 左过 2 白上 1 白右串 1 白回线(5)。

第七圈:

1. 左过 1 白右过 1 白右串 3 白回线(6)。

2. 左过 3 白右串 1 白回线(5)。

3. 左过 3 白右串 2 白回线(6)。

4. 左过 3 白右串 1 白回线(5)。

5. 左过 3 白上 1 白右串 1 白回线(6)。

**左后腿:从侧面六珠花下边右白珠开始**

1. 右串 2 黑回线(3)。

2. 右串 4 黑回线(5)。

3. 左过 1 白 1 黑右串 3 黑回线(6)。

4. 右串 4 黑回线(5)。

5. 隔 1 黑珠,左过 1 黑右串 1 黑回线(3)。

6. 左过 1 黑上 1 黑右串 1 黑回线(4)。

7. 左过 1 黑,右过 1 黑串 2 黑回线(5)。

8. 左过 1 黑右串 3 黑回线(5)。

9～10. 左过 2 黑右串 2 黑回线(5)。

11. 左过 3 黑右串 1 黑回线(5)。

12. 左过 3 黑,右过 1 黑,左线变右线,右串 3 黑回线(4)。

**左前腿:编法同左后腿,右腿与左腿编法相同,只把上述程序中右改为左,左改为右**

**尾部:**

1. 右串 3 黑回线(4)。

2～3. 左过 1 右串 2 黑回线(4)。

4. 左过 2 右串 2 黑回线(5)。

5. 左过 1 上 1 右串 1 黑回线(4)。

6. 右过 4 黑回线将五珠花拉紧。

7. 右串 1 黑过 2 黑回线。

**左耳:在头部眼睛上面一圈六珠花上编,面对自己,线穿在头部上端中间六珠花的右边第二珠两端**

1. 右串 5 黑回线。

2. 右串 1 黑过对面的 1 黑和头上的 1 白回线。

**右耳与左耳对称,编法相同**

完成。

# 小热带鱼挂件

图 5-73 为小热带鱼挂件。

## 一、材料准备

用料：6 厘珠深蓝色 6 个、浅蓝色 10 个、白色 14 个、粉色 14 个、绿色 10 个、黄色 6 个、红色 2 个、紫色 8 个、小金珠 11 个、黑色 2 个。

用线：1.5 m。

图 5-73  小热带鱼挂件

## 二、详细步骤

**第一圈：**

1．右串 2 深蓝 2 浅蓝回线。

2．左串 1 浅蓝右串 2 白回线。

3．左串 1 白 3 小金回 2 小金再串 2 粉回线。

**第二圈：**

1．左串 2 绿 1 粉回线。

2．右过 1 白左串 1 粉 1 白回线。

3．右过 1 浅蓝左串 1 白 1 浅蓝回线。

4．右串 2 浅蓝 1 浅蓝回线。

**第三圈：**

1．右串 1 浅蓝 2 白回线。

2．左过 1 白右串 2 粉回线。

3．左过 1 粉右串 2 绿回线。

4．左过 1 绿左串 2 黄回线。

**第四圈：**

1．左串 2 红 1 黄回线。

2．右过 1 绿左串 1 黄 1 绿回线。

3．右过 1 粉左串 1 绿 1 粉回线。

4．右过 1 白右串 1 白 3 小金回 2 小金再串 1 粉回线，翻面。

**第五圈：**

1．右上过 1 白串 1 白 1 粉回线。

2．左过 1 绿右串 1 粉 1 绿回线。

3．左过 1 黄右串 1 绿 1 黄回线。

4．左过 2 红左串 1 黄回线。

**第六圈：**

1．左上过 1 黄左串 2 绿回线。

2．右过 1 绿左串 2 粉回线。

3. 右过 1 粉左串 2 白回线。

4. 右过 1 白上 1 浅蓝串 1 浅蓝回线。

**第七圈：**

1. 右上过 1 蓝串 1 蓝 1 浅蓝回线。

2. 左过 1 白右串 1 浅蓝 1 白回线。

3. 左过 1 粉右串 1 白 1 粉回线。

4. 左过 1 绿上 1 绿左串 1 粉回线。

**第八圈：**

1. 左过 1 粉上 1 白左串 1 白回线。

2. 左过 1 浅蓝右过 1 白串 1 浅蓝回线。

3. 左过 1 蓝右过 1 浅蓝串 1 蓝回线。

**尾部：**

1. 右过 1 蓝串 1 紫 1 小金 1 紫回线。

2. 左过 2 蓝上 1 紫,两线各串 3 紫 1 小金回 3 紫后过 1 小金 1 紫。

**眼：**

将两线穿到嘴前绿珠一端,串 1 小黑后过黄珠。

完成。

# 一对红鱼挂件

图 5 - 74 为一对红鱼挂件。

## 一、材料准备

用料:8 厘珠红色 226 个、白色 36 个、黑色 4 个。

用线:6 m。

## 二、详细步骤

1. 右串 2 白 1 黑 1 白回线。

2. 左串 1 红右串 1 白 1 红回线。

3~6. 左串 1 红右串 2 红回线。

7. 左串 2 红回线(3)。

8~11. 左串 1 红右串 2 红回线。

12. 左串 1 红右串 2 白回线。

13. 左串 1 白右串 1 黑 1 白回线。

14. 左过对面 1 白右串 2 白回线。

15. 左串 1 大红过 1 白回线,左线变右线。

16. 右过 1 黑左串 2 白回线。

17. 右过 1 白左串 2 红回线。

**图 5 - 74　一对红鱼挂件**

18～25.右过 1 红左串 2 红回线。

26.右过 1 白左串 1 红 1 白回线。

27.右过 1 黑 1 白串 1 白回线。

28.右过 1 白串 2 红回线。

29～31.左过 1 红右串 2 红回线。

32.左过 1 红串 2 红回线,翻面。

33.左串 1 红过 1 红右串 1 红回线。

34～35.左右各过 1 红,右串 1 红回线。

36.左过 3 红用右线回线。

37.右过 1 红上 1 红再向左过 1 红,左向右过 1 红,将线穿到左数第二个红珠,两端左线变右线。

38.左串 3 红回线。

39.左串 3 红回过 3 红将两线穿到白珠旁红珠两端。

40.右串 1 红 1 白 1 红回线。

41～42.左过 1 红右串 1 白 1 红回线。

43.左过 1 红串 1 红 1 白回线,翻面。

44.左串 1 红过 1 红右串 1 红回线。

45～47.左过 1 红右过 1 白串 1 红回线,一条鱼已完成。依照上述程序编另外一条鱼,只是 40～47 步中用到的白珠与前一条鱼共用。

**尾部:**

1～2.左串 1 红右串 2 红回线。

3.左串 4 红右串 2 红用左线回线(7)。

4.右串 2 红回 1 红,向下过 2 红,左过 1 红串 2 红回 1 红,向下过 2 红,左右线对穿。

5.左串 1 右串 2 红回线。

6～7.重复 3～4 步。

8.左串 1 红右串 2 红回线。

9.左串 1 红过 1 红,右串 1 红回线,最后编提手,除注明外大部分为四珠花。

完成。

# 小象挂件

图 5-75 为小象挂件。

## 一、材料准备

用料:6 厘珠白色 182 个、小白 10 个、小小白 13 个、微小白 5 个、红色 3 个、黑色 2 个、小红 4 个、彩色 12 个(脚)、小彩色 28 个(耳)。

用线:3 m。

## 二、详细步骤

**第一圈：**

1. 右串 6 白回线（6）。

2. 右串 5 白回线（6）。

3. 左过 1 白右串 3 白回线（5）。

**第二圈：**

1. 左过 1 白右串 4 白回线（6）。

2. 左过 1 白右串 3 白回线（5）。

3. 左过 1 白右串 4 白回线（6）。

4. 左过 2 白右串 2 白回线（5）。

5. 左过 1 白右串 4 白回线（6）。

6. 左过 1 白右串 3 白回线（5）。

7. 左过 2 白右串 3 白回线（6）。

8. 左过 1 白上 1 白右串 2 白回线（5）。

9. 左沿五珠花向右过 2 白串 1 白 4 小白 1 小红回 4 小白串 1 白再向右过 4 当回原位（尾）。

**第三圈：**

1. 左过 1 白右串 4 白回线（6）。

2～3. 左过 2 白右串 3 白回线（6）。

4. 左过 1 白右串 4 白回线（6）。

5. 左过 3 白右串 1 白回线（5）。

6. 左过 1 白右过 1 白串 3 白回线（6）。

7～8. 左过 2 白右串 3 白回线（6）。

9. 左过 2 白上 1 白右串 2 白回线（6）。

**第四圈：**

1. 左过 1 白右串 3 白回线（5）。

2. 左过 2 白右串 3 白回线（6）。

3. 左过 2 白右串 2 白回线（5）。

4～7. 同 2～3，2 次。

8. 左过 2 白上 1 白左串 2 白回线（6）。

9. 右过 2 白左串 3 白回线（6）。

10. 右过 3 白左串 1 白回线（5）。

11. 右过 3 白，左过 1 白串 1 白回线（6）。

**头部：继续在五珠花上编**

**第一圈：**

1. 右串 4 白回线（5）。

2～3. 左过 1 白右串 3 白回线（5）。

图 5-75  小象挂件

4～5. 左串 1 白右串 3 白回线（5）。

6. 左隔 1 白过 1 白上 1 白右串 2 白回线（5）。

**第二圈：**

1. 左过 1 白右串 2 白 1 黑 1 白回线（6）。

2. 右串 2 白回线（3）。

3. 左过 2 白右串 1 红 1 白回线（5）。

4. 右串 2 白回线（3）。

5. 左过 2 白右串 1 黑 2 白回线（6）。

6. 左过 2 白右串 2 白回线（5）。

7. 左过 2 白右串 3 白回线（6）。

8. 左过 2 白上 1 白右串 1 白回线（5）。

**第三圈：**

1. 左过 1 白右过 1 白串 2 白回线（5）。

2. 左过 1 黑左串 2 白回线（4）。

3. 左串 1 白过 1 黑右串 1 白回线（4）。

4. 左过 1 白右过 3 白回线，左向下过 3 白，右向下过 3 白，将线穿到眼旁五珠花下面两珠两端，面对头部，接着编右耳。

**右耳：**

1. 右串 1 白回线。

2. 左串 1 小彩右串 2 小彩回线（4）。

3. 右串 3 小彩回线（4）。

4. 右串 4 小彩回线（5）。

5. 左过 1 左串 2 小彩回线（4）。

6. 右过 1 串 2 小彩回线（4）。

**左耳：**编法同右耳，只把程序中左改为右，右改为左

**鼻子：**将线穿在嘴部红珠两端，均为四珠花

1. 左串 1 红右串 1 红 1 白回线。

2. 右串 3 白回线。

3. 左隔 1 白过 1 白右串 1 白 1 小白回线。

4. 左过 1 白上 1 白右串 1 白回线。

5. 右串 1 小小白 2 小白回线。

6. 左过 1 白右串 2 小白回线。

7. 左过 1 白上 1 小小白右串 1 小白回线。

8. 右串 2 小小白 1 微小白回线。

9. 左过 1 小白右串 2 小小白回线。

10. 左过 1 小白上 1 小小白右串 1 小小白回线，用小小白和微小白再编五圈四珠花，最后一圈头上用红珠。

**左前腿：**头朝后，尾朝前，将线穿在胸前右侧六珠花和五珠花的各一珠两端

1. 右串 2 白回线（均为四珠花）。

2. 左过 2 白右串 1 白回线。

3. 右串 3 白回线。

4. 左串 1 白右串 2 白回线。

5. 左过 1 白(第一个四珠花的一珠)上 1 白右串 1 白回线。

6. 右串 1 白 1 彩 1 白回线。

7. 左过 1 白右串 1 彩 1 白回线。

8. 左过 1 白上 1 白右串 1 彩回线。

**其余三条腿编法参考左前腿,编右腿时,上述程序中左改为右,右改为左完成。**

# 小　鹅

图 5－76 为小鹅。

## 一、材料准备

用料:4 厘珠白色 253 个、黑色 2 个,8 厘珠红色 1 个,5 厘珠红色 2 个,4 厘珠红色 1 个、小小红 1 个。

用线:4 m。

## 二、详细步骤

**身体:**

1. 右串 11 珠回线。

2. 右串 4 回线。

3～11. 左过 1 右串 3 回线(重复 9 次)。

12. 左过 1 上 1 右串 2 回线(完成一圈五珠花)。

13. 左过 1 右串 4 回线。

14～22. 左过 2 右串 3 回线(重复 9 次)。

23. 左过 2 上 1 右串 2 回线(完成一圈六珠花)。

24. 左过 1 右串 3 回线。

25～33. 左过 2 右串 2 回线(重复 9 次)。

34. 左过 2 上 1 右串 1 回线(完成一圈五珠花)。

35. 左过 1 右串 4 回线(6)。

36～37. 左过 2 右串 2 回线(两个五珠花)(前部)。

38. 左过 2 右串 3 回线(6)。

39. 左过 3 上 1 右串 2 回线(7)(尾部)。

40. 左过 1 右过 2 串 1 回线(五珠花),右过 5 回原位,封背。

41. 右向右过 1(五珠花的一个珠子),再向下过 2(七珠花的两个珠子),左向左过 2(五珠花的两个珠子)(面对七珠花,两线在七珠花右边 3 珠两端)左串 3 回线(一个立着的六珠花)。

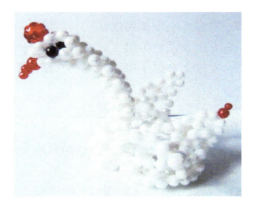

**图 5－76　小　鹅**

42. 右向下过 2(五珠花的两个珠子),左串 3 回线(6)。

43. 右向左过 2(五珠花的另外两个珠子)左串 3 回线(6)。

44. 右向左过 3(七珠花的 3 个珠子)上 1,左串 1 回线(42～44 步编出 4 个立着的六珠花,此时顶部也是一个六珠花)。

45. 左向右过 2,右串 2 白 1 红 1 小红,回 1 红再串 2 白回线。

46. 右线回过 3 白到尾部中间,左向右过顶部六珠花的另外 3 个白珠,回线尾部完成。

**颈部与头部:将线穿到正前端顶部,侧面为六珠花的两个白珠两端**

1. 右串 3 回线(5)。

2. 右串 4 回线(5)。

3. 左过 1 右串 2 回线(4)。

4. 左过 2 右串 3 回线(6)。

5. 左过 1 右串 2 回线(4)。

6. 左过 1 右串 3 回线(5)。

7. 右过 2 左串 3 回线(6)。

8. 右过 3 左过 1 串 1 回线(6)。

9. 左过 2 右过 1 串 1 回线(5)(端面形成四珠花)。

10. 右串 2 回线(3)。

11. 左过 1 右串 2 回线(4)。

12. 左过 1 右串 2 回线(4)。

13. 左过 1 上 1 右串 1 回线(4)(端面形成三珠花)。

14. 右串 3 回线(4)。

15. 左过 1 右串 2 回线(4)。

16. 左过 1 将左线绕过背部的一个珠子。

17～31. 同 11～13,5 次,向上编 5 圈四珠花。

32. 右串 4 回线。

33. 左过 1 右串 3 回线。

34. 左过 1 上 1 右串 2 回线(一圈 3 个五珠花)。

35. 左过 1 右串 2 白 1 黑回线(5)。

36. 右串 4 回线(5)。

37. 左过 2 右过 1 串 2 回线(6)。

38. 右过 1 串 2 白 1 黑回线(6)。

39. 左过 2 上 1 右串 1 白回线(5)。

40. 右过 5 回线,将头顶六珠花锁紧,右过 1 串 1 大红回线,左右线各隔过一珠后过一珠到六珠花前面 2 珠出线(头顶)。

41. 两线同时串 5 厘、4 厘、2 厘各一红珠回 4 厘、5 厘两珠,左右线再各过 3 白到六珠花下面中点(嘴)。

42. 将两线从上向下同时穿过颈部前面的 7 个珠子后将线锁紧,使颈部弯曲(用线 1.8 m)。

**左翅膀:**线在尾部中间数过来第三个五珠花下面两珠两端(用线0.5 m)

1. 右串 4 回线(6)。

2. 左过 2 左串 3 回线(6)。

3. 右过 1 左串 4 回线(6)。

4. 右过 1 右串 4 回线(6)。

5. 左过 1 左串 3 回线(5)。

6. 右过 1 左串 1 右串 2 回线(5)。

7. 右串 3 回线(4)锁紧。

**右翅膀:**线在尾部中间数过来第四个五珠花下面两珠两端(用线0.5 m)

1. 右串 4 回线(6)。

2. 左过 2 左串 3 回线(6)。

3. 右过 1 右串 4 回线(6)。

4. 左过 1 左串 4 回线(6)。

5. 右过 1 右串 3 回线(5)。

6. 左过 1 右串 1 左串 2 回线(5)。

7. 右串 3 回线(4)。

完成。

# 孔雀果盘

图 5 - 77 为孔雀果盘。

图 5 - 77　孔雀果盘

# 一、材料准备

用料:8 厘珠绿色 554 个、浅蓝色 132 个、小浅蓝色 40 个、宝蓝色 71 个、小宝蓝色 66 个、小小浅蓝色 6 个、黄色 187 个、红色 7 个、白色 17 个、浅绿 8 个、小金珠 31 个、小灰珠 5 个,10 厘珠黑色 2 个。

用线:20 m。

## 二、详细步骤

**第一圈：**

1. 右串 6 绿回线(6)。

2. 右串 5 绿回线(6)。

3～6. 左过 1 绿右串 4 绿回线(6)。

7. 左过 1 绿上绿右串 3 绿回线(6)(端面 6 个六珠花)。

**第二圈：**

1～2. 左过 1 绿右串 4 绿回线(6)。

3. 左过 2 绿右串 3 绿回线(6)。

4～11. 同 2～3,4 次。

12. 左过 1 绿上 1 绿右串 3 绿回线(6)(端面 12 个六珠花)。

**第三圈：**

1. 左过 1 绿右串 4 绿回线(6)。

2. 左过 2 绿右串 3 绿回线(6)。

3. 左过 1 绿右串 4 绿回线(6)。

4～5. 左过 2 绿右串 3 绿回线(6)。

6～17. 同 3～5,4 次。

18. 左过 1 绿上 1 绿右串 3 绿回线(6)(端面 18 个六珠花)。

**第四圈：**

1. 左过 1 绿右串 4 绿回线(6)。

2～3. 左过 2 绿右串 3 绿回线(6)。

4. 左过 1 绿右串 4 绿回线(6)。

5～7. 左过 2 绿右串 3 绿回线(6)。

8. 左过 1 绿右串 3 绿回线(5)。

9～20. 同 5～8,3 次。

21～23. 左过 2 绿右串 3 绿回线(6)。

24. 左过 1 绿上 1 绿右串 3 绿回线(6)(20 个六珠花,4 个五珠花)。

**第五圈：**

1. 左过 1 绿右串 4 绿回线(6)。

2～4. 左过 2 绿右串 3 绿回线(6)。

5. 左过 1 绿右串 4 绿回线(6)。

6～12. 左过 2 绿右串 3 绿回线(6)。

13. 左过 2 绿右串 1 绿 2 浅蓝回线(6)。

14. 左过 1 绿右串 3 浅蓝回线(5)。

15. 左过 1 绿右串 2 浅蓝回线(4)。

16～17. 左过 2 绿右串 3 浅蓝回线(6)。

18. 左过 1 绿右串 2 浅蓝回线(4)。

19. 左过 1 绿右串 3 浅蓝回线(5)。

20. 左过 2 绿右串 1 浅蓝 2 绿回线(6)。

21~28. 左过 2 绿右串 3 绿回线(6)(24 个六珠花,2 个五珠花,2 个四珠花)。

**第六圈：**

1. 左过 1 绿右串 3 绿回线(5)。

2~4. 左过 2 绿右串 3 绿回线(6)。

5. 左过 2 绿右串 2 绿回线(5)(3 个六珠花,2 个五珠花)。

**第七圈：**

1. 左过 1 绿右串 5 绿回线(7)。

2~3. 左过 2 绿右串 3 绿回线(6)。

4~5. 左过 2 绿右串 4 绿回线(7)。

6. 左过 2 绿右串 3 绿回线(6)。

7~8. 左过 2 绿右串 4 绿回线(7)。

9. 左过 2 绿右串 2 绿回线(5)。

10. 右串 4 浅蓝回线(5)。

11. 左过 2 浅蓝右串 3 浅蓝回线(6)。

12. 左过 1 浅蓝右串 2 浅蓝回线(4)。

13~15. 左过 2 浅蓝右串 3 浅蓝回线(6)。

16. 左过 1 浅蓝右串 2 浅蓝回线(4)。

17. 左过 2 浅蓝右串 3 浅蓝回线(6)。

18. 右串 3 浅蓝 1 绿回线(5)。

19. 左过 2 绿右串 2 绿回线(5)。

20~21. 左过 2 绿右串 4 绿回线(7)。

22. 左过 2 绿右串 3 绿回线(6)。

23~24. 左过 2 绿右串 4 绿回线(7)。

25~26. 左过 2 绿右串 3 绿回线(6)。

27. 左过 2 绿右串 4 绿回线(7)。

28. 左过 2 绿右串 3 绿回线(6)。

29~30. 左过 2 绿右串 4 绿回线(7)。

31. 左过 2 绿上 1 绿右串 2 绿回线(6)(12 个七珠花,13 个六珠花,4 个五珠花,2 个四珠花)。

**第八圈:重新起头,浅蓝色珠对着自己,从右边五珠花的第二个浅蓝色珠子起头**

1. 右串 4 浅蓝回线(5)。

2. 左过 2 浅蓝右串 3 宝蓝回线(6)。

3. 左过 1 浅蓝右串 2 宝蓝回线(4)。

4. 左过 2 浅蓝右串 2 宝蓝回线(5)。

5~8. 左过 1 浅蓝右串 2 宝蓝回线(4)。

9. 左过 2 浅蓝右串 2 宝蓝回线(5)。

10. 左过 1 浅蓝右串 2 宝蓝回线(4)。

11. 左过 2 浅蓝右串 2 宝蓝 1 浅蓝回线(6)。

12. 左过 1 浅蓝左串 3 浅蓝回线(5)。

13. 右过 1 宝蓝,左串 1 浅蓝,右串 2 宝蓝,右线回线(5)。

14～15. 左串 2 浅蓝,右串 3 宝蓝回线(6)。

16. 左串 1 浅蓝过最右边浅蓝色五珠花的 1 浅蓝 1 宝蓝,右串 1 宝蓝回线(5)。

17. 右过 1 宝蓝左串 4 宝蓝回线(6)。

18. 右过 2 宝蓝左串 2 宝蓝回线(5)。

19. 右过 2 宝蓝左串 3 宝蓝回线(6)。

20. 右过 3 宝蓝左串 2 宝蓝回线(6)。

21～22. 右过 2 宝蓝左串 3 宝蓝回线(6)。

23. 右过 4 宝蓝串 1 宝蓝回线(6)。

24. 左过 1 宝蓝,右过 1 宝蓝右串 2 宝蓝回线(5)。

25～26. 左过 1 宝蓝右串 2 宝蓝回(4)。

27. 左过 3 宝蓝右串 1 宝蓝回线(5)(端面 7 珠)。

**第九圈:重新起头,颈部向右,线在 1 浅蓝 2 绿珠两端**

1. 右串 2 浅蓝 1 绿回线(6)。

2. 左过 1 绿右串 2 绿回线(4)。

3. 左过 2 绿右串 3 绿回线(6)。

4. 左过 1 绿右串 2 绿回线(4)。

5～6. 左过 2 绿右串 3 绿回线(6)。

7. 左过 1 绿右串 2 绿回线(4)。

8. 左过 2 绿右串 3 绿回线(6)。

9. 左过 1 绿右串 2 绿回线(4)。

10～12. 左过 2 绿右串 3 绿回线(6)。

13. 左过 1 绿右串 2 绿回线(4)。

14～15. 左过 2 绿右串 3 绿回线(6)。

16. 左过 1 绿右串 2 绿回线(4)。

17. 左过 2 绿右串 3 绿回线(6)。

18. 左过 1 绿右串 2 绿回线(4)。

19～20. 左过 2 绿右串 3 绿回线(6)。

21. 左过 1 绿右串 2 绿回线(4)。

22～24. 左过 2 绿右串 3 绿回线(6)。

25. 左过 1 绿右串 2 绿回线(4)。

26. 左过 2 绿右串 3 绿回线(6)。

27. 左过 1 绿右串 2 绿回线(4)。

28～29. 左过 2 绿右串 3 绿回线(6)。

30. 左过 1 绿右串 2 绿回线(4)。

31. 左过 2 绿右串 3 绿回线(6)。

32. 左过 1 绿右串 2 绿回线(4)。

33. 左过 2 绿 1 浅蓝左串 2 浅蓝回线(6)。

**第十圈:将线穿到六珠花右边的四珠花顶上一珠两端**

1. 右过 1 绿，左串 2 浅蓝 1 绿 1 浅蓝回线(6)。

2～3. 右过 2 绿左串 1 浅蓝 1 绿 1 浅蓝回线(6)。

4. 右过 2 绿左串 1 小浅蓝 3 绿回线(7)。

5. 右过 2 绿左串 3 绿回线(6)。

6. 右过 1 绿左串 2 绿回线(4)。

7～10. 右过 2 绿左串 3 绿回线(6)。

11. 右过 1 绿左串 3 绿回线(5)。

12. 右过 2 绿左串 3 绿回线(6)。

13. 右过 1 绿左串 3 绿回线(5)。

14～15. 右过 2 绿左串 3 绿回线(6)。

16. 右过 1 绿左串 3 绿回线(5)。

17. 右过 2 绿左串 3 绿回线(6)。

18. 右过 1 绿左串 3 绿回线(5)。

19～22. 右过 2 绿左串 3 绿回线(6)。

23. 右过 1 绿左串 2 绿回线(4)。

24. 右过 2 绿左串 3 绿回线(6)。

25. 右过 2 绿左串 2 绿 1 小浅蓝 1 浅蓝回线(7)。

26～27. 右过 2 绿左串 1 绿 2 浅蓝回线(6)。

28. 右过 2 绿右串 2 浅蓝 1 绿回线(6)。

**第十一圈:**

1. 左过 1 浅蓝右串 3 小浅蓝 1 小小浅蓝 1 米珠回 1 小小浅蓝再串 2 小浅蓝回线(7)。

2. 左过 1 绿 1 浅蓝右串 2 小浅蓝 1 小小浅蓝 1 米珠回 1 小小浅蓝再串 2 小浅蓝回线(7)。

3. 左过 1 绿 1 浅蓝右串 2 小浅蓝 1 小小浅蓝 1 米珠回 1 小小浅蓝再串 2 小浅蓝回线(7)。

4. 左过 1 绿右串 1 绿回线(3)。

5. 左过 2 绿右串 3 绿回线(6)。

6. 左过 2 绿右串 2 绿 2 浅蓝回线(7)。

7. 左过 1 绿右串 1 浅蓝 1 绿回线(4)。

8. 左过 2 绿右串 3 绿回线(6)。

9. 左过 2 绿右串 2 绿 2 浅蓝回线(7)。

10. 左过 2 绿右串 1 浅蓝 2 绿回线(6)。

11. 左过 2 绿右串 3 绿回线(6)。

12. 左过 2 绿右串 2 绿 2 浅蓝回线(7)。

13. 左过 2 绿右串 1 浅蓝 2 绿回线(6)。

14. 左过 2 绿右串 3 绿回线(6)。

15. 左过 1 绿右串 2 浅蓝回线(4)。

16. 左过 1 绿右串 1 浅蓝 1 绿回线(4)。

17. 左过 2 绿右串 3 绿回线(6)。

18. 左过 2 绿右串 1 绿 2 浅蓝回线(6)。

19. 左过 2 绿右串 1 浅蓝 3 绿回线(7)。

20. 左过 2 绿右串 3 绿回线（6）。

21. 左过 2 绿右串 1 绿 2 浅蓝回线（6）。

22. 左过 2 绿右串 1 浅蓝 3 绿回线（7）。

23. 左过 2 绿右串 3 绿回线（6）。

24. 左过 1 绿右串 2 浅蓝回线（4）。

25. 左过 2 绿右串 1 浅蓝 3 绿回线（7）。

26. 左过 2 绿右串 3 绿回线（6）。

27. 左过 1 绿右串 1 小浅蓝回线（3）。

28. 左过 1 小浅蓝 1 绿右串 1 小浅蓝 1 小小蓝 1 米珠回 1 小小浅蓝再串 3 小浅蓝回线（7）。

29～30. 左过 1 浅蓝 1 绿右串 1 小浅蓝 1 小小蓝 1 米珠回 1 小小浅蓝再串 3 小浅蓝回线（7）。

**底座：线穿在绿色六珠花的第四排，即起头的第一个六珠花的右边一珠及其右边一珠两端**

**第一圈：**

1. 右串 4 黄回线（6）。

2. 左过 2 绿右串 3 黄回线（6）。

3. 左过 1 绿右串 2 黄回线（4）。

4. 左过 2 绿右串 3 黄回线（6）。

5. 左过 1 绿右串 2 黄回线（4）。

6. 左过 3 绿右串 3 黄回线（7）。

7. 左过 1 绿右串 2 黄回线（4）。

8. 左过 2 绿右串 3 黄回线（6）。

9. 左过 1 绿右串 2 黄回线（4）。

10～11. 左过 2 绿右串 3 黄回线（6）。

12. 左过 1 绿右串 2 黄回线（4）。

13. 左过 2 绿右串 3 黄回线（6）。

14. 左过 1 绿右串 2 黄回线（4）。

15. 左过 3 绿右串 3 黄回线（7）。

16. 左过 1 绿右串 2 黄回线（4）。

17. 左过 2 绿右串 3 黄回线（6）。

18. 左过 1 绿上 1 黄右串 1 黄回线（4）。

**第二圈：**

1. 右串 3 黄回线（4）。

2～27. 左过 1 黄右串 2 黄回线（4）。

28. 左过 1 黄上 1 黄右串 1 黄回线（4）。

**第三圈：翻过面，底朝下，左变右**

1. 右串 4 黄回线（5）。

2. 左过 2 黄右串 3 黄回线（6）。

3～4. 左过 1 黄右串 3 黄回线（5）。

5. 左过 2 黄右串 3 黄回线（6）。

6～8. 左过 1 黄右串 3 黄回线(5)。

9. 左过 2 黄右串 3 黄回线(6)。

10～12. 左过 1 黄右串 3 黄回线(5)。

13. 左过 2 黄右串 3 黄回线(6)。

14～15. 左过 1 黄右串 3 黄回线(5)。

16. 左过 2 黄右串 3 黄回线(6)。

17～19. 左过 1 黄右串 3 黄回线(5)。

20. 左过 2 黄右串 3 黄回线(6)。

21. 左过 1 黄右串 3 黄回线(5)。

22. 左过 1 黄上 1 黄右串 2 黄回线(5)。

颈部:在第八圈结束的端面 7 珠上编,线穿在前面两个四珠花的右边一个四珠花上面一株两端

第一圈:

1. 右串 1 宝蓝 2 小宝蓝回线(4)。

2. 左过 1 宝蓝右串 1 小宝蓝 1 宝蓝回线(4)。

3～4. 左过 1 宝蓝右串 1 小浅蓝 1 小宝蓝回线(4)。

5. 左过 1 宝蓝右串 1 宝蓝 1 小宝蓝回线(4)。

6. 左过 1 宝蓝右串 1 小浅蓝 1 小宝蓝回线(4)。

7. 左过 1 宝蓝上 1 宝蓝右串 1 小浅蓝回线(4)(端面 7 珠)。

第二圈:

1. 右过 1 小浅蓝串 1 宝蓝 1 浅蓝 1 宝蓝回线(5)。

2. 左过 2 小宝蓝右串 2 宝蓝回线(5)。

3. 左过 2 小浅蓝右串 1 浅蓝 1 宝蓝回线(5)。

4. 左过 1 宝蓝上 1 宝蓝右串 1 小宝蓝回线(4)(端面 4 珠)。

第三圈:

1. 右串 1 小宝蓝 1 宝蓝 1 小宝蓝回线(4)。

2. 左过 1 浅蓝右串 1 浅蓝 1 宝蓝回线(4)。

3. 左过 1 宝蓝右串 2 宝蓝回线(4)。

4. 左过 1 浅蓝上 1 小宝蓝右串 1 浅蓝回线(4)(端面 4 珠)。

第四圈:

1. 右串 1 小宝蓝 1 小浅蓝 1 宝蓝回线(4)。

2. 左过 1 宝蓝右串 2 宝蓝回线(4)。

3. 左过 1 浅蓝右串 1 小浅蓝 1 小宝蓝回线(4)。

4. 左过 1 宝蓝上 1 小宝蓝右串 1 小宝蓝回线(4)。

第五圈:

1. 右串 3 小宝蓝(4)。

2. 左过 1 小浅蓝右串 1 小浅蓝 1 宝蓝回线(4)。

3. 左过 1 宝蓝右串 2 宝蓝回线(4)。

4. 左过 1 小浅蓝上 1 小宝蓝右串 1 小浅蓝回线(4)(端面 4 珠)。

**第六圈：**

1. 右串 1 小宝蓝 1 小浅蓝 1 小灰回线（4）。

2. 左过 1 小宝蓝右串 2 小灰回线（4）。

3. 左过 1 小浅蓝右串 1 小浅蓝 1 小宝蓝回线（4）。

4. 左过 1 宝蓝上 1 小宝蓝右串 1 宝蓝回线（4）（端面 4 珠）。

**第七圈：**

1. 右串 3 小宝蓝回线（4）。

2. 左过 1 小浅蓝右串 1 小宝蓝 1 小灰回线（4）。

3. 左过 1 小灰右串 1 小宝蓝 1 小灰回线（4）。

4. 左过 1 小浅蓝上 1 小宝蓝右串 1 小宝蓝回线（4）。

**头部：**

**第一圈：**

1～4. 右串 2 小宝蓝回线（3）。

5. 中间隔过 1 小宝蓝，左过 1 小宝蓝右串 1 小宝蓝回线（3）。

6. 右串 2 白 2 小宝蓝回线（5）。

7. 左过 1 小宝蓝右串 3 小宝蓝回线（5）。

8. 左上过 1 小宝蓝右串 1 小宝蓝 2 白回线（5）（端面 7 蓝 4 白）。

**第二圈：**

1. 左过 1 小宝蓝右串 1 白 2 小宝蓝回线（5）。

2. 左过 1 小宝蓝右串 3 小宝蓝回线（5）。

3. 左过 1 小宝蓝上 1 白右串 1 小宝蓝 1 白回线（5）（端面 8 蓝 4 白）。

**第三圈：**

1. 左过 1 白右串 4 白回线（6）。

2. 右串 1 眼珠过 3 白回原位（填空）。

3. 左过 2 小宝蓝右串 3 小宝蓝回线（6）。

4. 左过 2 小宝蓝右串 2 小宝蓝 1 白回线（6）。

5. 左过 2 白右串 3 白回线（6）。

6. 左串 1 眼珠过 3 白回原位（填空）。

7. 左过 1 小宝蓝右串 2 小宝蓝回线（4）。

8. 左过 2 小宝蓝右串 3 小宝蓝回线（6）。

9. 左过 1 小宝蓝串 1 小宝蓝过 2 小宝蓝回原位（填空）。

10. 左过 1 小宝蓝 1 白右串 1 小宝蓝回线（4）。

11. 左过 1 白串 1 白 2 小宝蓝回线（5）。

12. 右过 2 小宝蓝左串 2 小宝蓝回线（5）。

13. 右过 1 小宝蓝 1 白串 1 白 1 小宝蓝回线（5）。

14. 左过 2 小宝蓝右串 1 小宝蓝 1 黄 1 小宝蓝回线（6）。

15. 左串 1 小宝蓝过 1 小宝蓝 1 黄 1 小宝蓝回原位（填空）。

16. 左过 2 白 1 小宝蓝串 1 小宝蓝回线（5）。

17. 左过 2 小宝蓝右过 1 黄串 1 小宝蓝回线（5）。

18. 左过 1 小宝蓝串 1 小金 2 黄回线（4）。

19. 右过 1 黄串 1 黄回线（3）。

20. 左过 1 黄串 1 小金过 1 小宝蓝用右线回线。

21. 左串 1 白 1 小金回 1 白 2 黄回线（嘴）。

22. 将两线穿到头顶第 9 步填空的一小宝蓝两端，右串 4 小金回 1 小宝蓝，过 1 小金，8 小金 1 黄回 8 小金，再过 1 小金串 8 小金 1 黄回 8 小金，再过 1 小金串 8 小金 1 黄回 8 小金，编出 3 个顶须。

**孔雀尾：在第十一圈的 3 个浅蓝珠处编尾，线穿在右边 1 浅蓝珠两端**

1. 左串 1 红，右串 1 小浅蓝 1 红回线（4）。

2. 右串 5 红回线（6）。

3. 右过 1 红串 1 杏黄过 3 红回原位（填空）。

4. 左过 1 红 1 浅蓝串 1 小浅蓝回线（4）。

5. 左向右过 1 浅蓝 2 红，串 8 浅绿再过 2 红回原位。

6. 左过 2 浅绿 1 红，隔 2 浅绿，再过 2 浅绿 1 红，到右边。

7. 右过 1 红 2 浅绿，隔 2 浅绿，再过 1 红 2 浅绿，到右边。

8. 两线过 1 小浅蓝 2 浅蓝，到左边。完成一个尾花。

**用同样方法再编另外六个尾花**

完成。

# 扁珠小桃心挂件

图 5－78 为扁珠小桃心挂件。

## 一、材料准备

用料：扁珠 93 个。

用线：6 厘珠 1.2 m，8 厘珠 1.5 m。

## 二、详细步骤

1. 串 4 回线，左串 1 隔 2 线回原位。

2. 右串 5 回线（6）。

3～4. 左过 1 右串 4 回线（6）。

5. 左过 1 上 1 右串 3 回线（6）。

6～7. 左过 1 右串 4 回线（6）。

8. 左过 2 右串 3 回线（6）。

9. 左过 1 右串 4 回线（6）。

10. 左过 2 右串 3 回线（6）。

11. 左过 1 右串 4 回线（6）。

12～13. 左过 2 右串 3 回线（6）。

14. 左过 1 右串 3 回线（5）。

**图 5－78　扁珠小桃心挂件**

15. 左过 2 右串 2 回线(5)。

16. 左过 1 右串 3 回线(5)。

17～18. 左过 2 右串 3 回线(6)。

19. 左过 1 右串 3 回线(5)。

20～21. 左过 2 右串 2 回线(5)。

22. 左过 1 右串 3 回线(5)。

23～24. 左过 2 右串 3 回线(6)。

25. 左过 2 右串 2 回线(5)。

26. 左过 2 上 1 右串 2 回线(6)。

27. 左过 2 串 2 回线(5)。

28. 右过 3 串 1 回线(5)。

29. 左过 2 右过 1 串 2 串链回线(6)。

30. 左过 1 右过 2 串 2 回线(6)。

31. 左过 2 右串 2 回线(5)。

32. 左过 4 串 1 回线(6)。

33. 五珠花上埋线。

完成。

# 尖珠小桃心挂件

图 5-79 为尖珠小桃心挂件。

## 一、材料准备

用料:8 厘尖珠 73 个。

用线:1.2 m。

## 二、详细步骤

1. 串 4 回线(4)。

2～4. 左串 1 右串 2 回线(4)。

5. 右串 3 回线(4)。

6～8. 左过 1 右串 2 回线(4)。

9. 左过 1 上 1 右串 1 回线(4)。

10. 右串 3 回线(4)。

11～18. 左过 1 右串 2 回线(4)。

19. 左过 1 上 1 串 1 回线(4)。

20. 右串 3 回线(4)。

21～22. 左过 1 右串 2 回线(4)。

23. 左过 1 串 2 回线(4)。

24. 左串 3 回线(4)。

图 5-79　尖珠小桃心挂件

25～26. 右过 1 左串 2 回线(4)。

27. 右过 1 串 2 回线(4)。

28. 右串 3 回线(4)。

29. 左过 2 右串 1 回线(4)。

30. 左过 1 右过 1 串 1 回线(4)。

31. 左过 1 串 2 回线(4)。

32. 右过 2 串 1 回线(4)。

33. 左过 2 右过 1 串 1 回线(5)。

34. 左过 1 右过 1 串 2 回线(5)。

35. 左过 2 右串 1 回线(4)。

36. 左过 1 右过 2 回线。

完成。

# 青花壶

图 5 - 80 为青花壶。

## 一、材料准备

用料:8 厘扁珠白色 120 个、蓝色 31 个、浅蓝色 30 个,10 厘珠蓝色 1 个。

用线:4.5 m。

## 二、详细步骤

### 第一圈:

1. 右串 6 白回线(6)。

2. 右串 5 白回线(6)。

3～6. 左过 1 白右串 4 白回线(6)。

7. 左过 1 白上 1 白右串 3 白回线(6)。

### 第二圈:

1. 左过 1 白右串 1 白 2 浅蓝 1 白回线(6)。

2. 左过 1 白右串 2 浅蓝 1 白回线(5)。

3. 左过 2 白右串 2 浅蓝 1 白回线(6)。

4～11. 同 2～3,4 次。

12. 左过 1 白上 1 白右串 2 浅蓝回线(5)。

### 第三圈:

1. 左过 1 浅蓝右串 2 白 1 蓝 1 白回线(6)。

2. 左过 2 浅蓝右串 1 蓝 2 白回线(6)。

3. 左过 2 浅蓝右串 1 白 1 蓝 1 白回线(6)。

图 5 - 80　青花壶

4～11. 同 2～3,4 次。

12. 左过 2 浅蓝上 1 白右串 1 蓝 1 白回线(6)。

### 第四圈：

1. 左过 1 白右串 1 蓝 2 白 1 蓝回线(6)。

2. 左过 2 蓝右串 2 蓝回线(5)。

3. 左过 2 白右串 2 白 1 蓝回线(6)。

4～11. 同 2～3,4 次。

12. 左过 2 白上 1 蓝右串 2 蓝回线(5)。

### 第五圈：

1. 左过 1 白右过 1 白串 1 浅蓝 1 白 1 浅蓝回线(6)。

2. 左过 1 白 1 蓝 1 白右串 1 白 1 浅蓝回线(6)。

3～5. 同 2。

6. 左过 1 白 1 蓝 1 白上 1 浅蓝右串 1 白回线(6)。

### 第六圈：

1. 右串 3 白回线(4)。

2～5. 左过 1 白右串 2 白回线(4)。

6. 左过 1 白上 1 白右串 1 白回线(4)右过 5 白回线。

7. 左过 2 白右串 1 大彩回线将两线穿到侧面六珠花两白珠中间一点,串 8 白后在底部浅蓝珠的对应点处固定(壶把)。

**壶嘴:线在把手对面一端两浅蓝珠两端,在六珠花上编嘴**

1. 右串 3 白回线(4)。

2. 左串 1 白右串 2 白回线(4)。

3～4. 左过 1 白右串 2 白回线(4)。

5. 左串 1 白上 1 白右串 1 白回线(4)。

6. 左过 2 白右串 1 白回线(4)。

7. 右串 3 白回线(4)。

8. 左过 1 白右串 2 白回线(4)。

9. 左过 1 白上 1 白右串 1 白回线(4)。

10. 右过 1 白,右串 1 白回线。

完成。

# 寿桃(90 岁用)

图 5-81 为寿桃(90 岁用)。

## 一、材料准备

用料:(桃子)南瓜珠 22 厘珠粉色 35 个、深粉色 32 个,(叶子)南瓜珠 12 厘珠绿色 96 个。

用线:桃子 5 m,叶子 3 m。

图 5-81　寿桃(90 岁用)

# 二、详细步骤

**桃子：**

1. 右串 6 粉回线(6)。

2. 右串 5 粉回线(6)。

3. 左过 1 粉右串 4 粉回线(6)。

4. 左过 1 粉右串 3 粉回线(5)。

5. 左过 1 粉右串 3 红回线(5)。

6. 左过 1 粉右串 2 红 1 粉回线(5)。

7. 左过 1 粉上 1 粉右串 2 粉回线(5)。

8～9. 左过 1 粉右串 3 粉回线(5)。

10. 左过 1 粉上 1 粉右串 2 粉回线(5)。

11. 左过 1 粉右串 3 粉回线(5)。

12. 左过 1 粉上 1 粉右串 2 粉回线(5)。

13. 左过 1 粉 1 红右串 1 粉 2 红回线(6)。

14. 左过 2 红右串 3 红回线(6)。

15. 左过 1 红 2 粉右串 2 红回线(6)。

16. 左过 2 粉右串 3 红回线(6)。

17～18. 左过 3 粉右串 2 红回线(6)。

19. 左过 2 红右串 2 红回线(5)。

20. 左过 3 红左串 2 红回线(6)。

21. 右串 1 红回 1 红将线锁紧。

**叶子:共 3 片,方法相同**

1. 左过 1 粉串 1 绿,右过 1 粉串 2 绿回线。

2. 右串 1 绿左串 4 绿回线(6)。

3. 右串 5 绿回线(6)。

4. 左过 1 绿右串 3 绿回线(5)。

5. 左过 1 绿串 4 绿回线(6)。

6. 左串 3 绿右过 1 绿串 1 绿回线(6)。

7. 右过 2 绿串 3 绿回线(6)。

8. 左过 1 绿串 2 绿右串 2 绿回线(6)。

9. 左串 1 绿后埋线。

完成。

# 寿桃(100 岁用)

图 5-82 为寿桃(100 岁用)。

**图 5-82　寿桃(100 岁用)**

## 一、材料准备

用料:珠子浅粉色 85 个、深粉色 67 个、绿色 96 个。

用线:9 m。

## 二、详细步骤

**桃子:**

**第一圈:**

1. 右串 6 浅回线(6)。

2. 右串 5 浅回线(6)。

3~6. 左过 1 浅右串 4 浅回线(6)。

7. 左过 1 浅上 1 浅右串 3 浅回线(6)。

**第二圈:**

1. 左过 1 浅右串 4 浅回线(6)。

2. 左过 1 浅右串 3 浅回线(5)。

3. 左过 2 浅右串 3 浅回线(6)。

4~9. 同 2~3,3 次。

10. 左过 1 浅右串 3 深回线(5)。

11. 左过 2 浅右串 3 深回线(6)。

12. 左过 1 浅上 1 浅右串 2 深回线(5)。

**第三圈：**

1. 左过 1 浅右串 3 深 1 浅回线(6)。

2~6. 左过 2 浅右串 3 浅回线(6)。

7. 左过 2 浅右串 1 浅 2 深回线(6)。

8~9. 左过 2 浅右串 3 深回线(6)。

10. 左过 1 浅 1 深右串 3 深回线(6)。

11. 左过 2 深右串 3 深回线(6)。

12. 左过 2 深上 1 深右串 2 深回线(6)。

**第四圈：**

1. 左过 1 深右串 3 深回线(5)。

2. 左过 1 深 1 浅右串 2 深 1 浅回线(6)。

3. 左过 2 浅右串 2 浅回线(5)。

4. 左过 2 浅右串 3 浅回线(6)。

5. 左过 2 浅右串 2 浅回线(5)。

6. 左过 2 浅右串 1 浅 1 深 1 浅回线(6)。

7. 左过 2 浅右串 2 深回线(5)。

8. 左过 2 深右串 3 深回线(6)。

9. 左过 2 深右串 2 深回线(5)。

10. 左过 2 深右串 3 深回线(6)。

11. 左过 2 深右串 2 深回线(5)。

12. 左过 2 深上 1 深右串 2 深回线(6)。

**第五圈：**

1. 左过 2 深右串 3 深回线(6)。

2. 左过 1 深 2 浅右串 3 深回线(7)。

3. 左过 3 浅右串 2 深回线(6)。

4. 左过 3 深右串 3 深回线(7)。

5. 左过 3 深右串 2 深回线(6)。

6. 左过 4 深右串 2 深回线(7)。

7. 左过 2 深右串 3 深回线(6)。

8. 左过 3 深右串 1 深回线(5)。

9. 左过 5 深串 1 深回线(6+1)，桃体完成。

**叶子：共 3 片，方法相同**

1. 左过 1 粉 1 绿，右过 1 粉串 2 绿回线。

2. 右串 1 绿左串 4 绿回线(6)。

3. 右串 5 绿回线(6)。

4. 左过 1 绿右串 3 绿回线(5)。

5. 左过 1 绿串 4 绿回线(6)。

6. 左串 3 绿右过 1 绿串 1 绿回线（6）。

7. 右过 2 绿串 3 绿回线（6）。

8. 左过 1 绿串 2 绿右串 2 绿回线（6）。

9. 左串 1 绿后埋线。

完成。

# 太极挂件

图 5-83 为太极挂件。

## 一、材料准备

用料：6 厘珠黑色、白色各 84 个。

用线：2.6 m。

## 二、详细步骤

1. 右串 6 白回线（6）串链。

2~4. 左串 2 白右串 2 白回线（5）。

5. 左串 5 白回线（6）。

6~7. 右过 1 白左串 2 白回线（4）。

8. 右过 2 白串 1 黑回线（4）。

9. 右串 3 白回线（4）。

10~12. 左过 1 白右串 2 白回线（4）。

13. 左过 1 白串 3 白回线（5）。

14. 左串 4 白回线（5）。

15~16. 右过 1 白左串 2 黑回线（4）。

17~18. 右过 1 白左串 1 黑 1 白回线（4）。

19. 左串 2 黑 1 白回线（4）。

20. 右过 2 白串 1 白回线（4）。

21. 右过 1 白串 3 黑回线（5）。

22. 左过 1 黑右串 3 黑回线（5）。

23. 右串 4 黑回线（5）。

24~26. 左过 1 黑右串 2 黑回线（4）。

27. 左过 1 黑右串 1 白 1 黑回线（4）。

28. 左过 1 黑右串 2 黑回线（4）。

29. 左过 1 白串 2 白 1 黑回线（5）。

30. 右过 1 黑左串 4 黑回线（6）。

31. 右过 1 白左串 2 黑回线（4）。

图 5-83 太极挂件

32～33. 右过 1 黑左串 2 黑回线（4）。

34. 右过 2 黑串 3 黑回线（6）。

35～36. 左过 1 黑右串 3 黑回线（5）。

37. 左过 2 黑右串 2 黑回线（5）。

**反面:将线穿到左边六珠花下边两个黑珠两端**

1. 右串 4 黑回线（6）。

2. 左过 2 白右串 1 黑 1 白回线（5）。

3～4. 左过 2 白右串 2 白回线（5）。

5. 左过 2 白串 3 白回线（6）。

6. 右过 1 白左串 2 白回线（4）。

7. 右过 1 白左串 2 黑回线（4）。

8. 右过 2 黑串 1 黑回线（4）。

9. 右串 1 白 2 黑回线（4）。

10. 左过 1 黑右串 1 黑 1 白回线（4）。

11～12. 左过 1 白右串 2 白回线（4）。

13. 左过 3 白串 1 白回线（5）。

14. 左过 2 白串 2 白回线（5）。

15～16. 右过 1 白左串 2 白回线（4）。

17. 右过 1 黑左串 1 白 1 黑回线（4）。

18. 右过 1 黑左串 2 黑回线（4）。

19. 左串 3 黑回线（4）。

20. 右过 1 白 1 黑串 1 黑回线（4）。

21. 右过 3 黑串 1 黑回线（5）。

22. 右过 2 黑左过 1 黑串 1 黑回线（5）。

23. 右过 2 黑串 2 黑回线（5）。

24～25. 左过 1 黑右串 2 黑回线（4）。

26. 左过 1 白右串 2 白回线（4）。

27. 左过 1 白右串 1 白 1 黑回线（4）。

28. 左过 1 白右串 2 白回线（4）。

29. 左过 3 白串 1 白回线（5）。

30. 右过 1 白左过 2 白串 2 白回线（6）。

31. 右过 1 白左串 2 白回线（4）。

32. 右过 1 白左串 2 黑回线（4）。

33. 右过 1 黑左串 2 黑回线（4）。

34. 右过 4 黑串 1 黑回线（6）。

35～36. 左过 1 黑右过 2 黑串 1 黑回线（5）。

完成。

# 五彩球

图 5 - 84 为五彩球。

## 一、材料准备

用料:6 厘珠红色、黄色、绿色、蓝色、粉色各
6 个,4 厘珠白色 30 个。

用线:1 m。

## 二、详细步骤

**第一圈:**

串 5 小回线。

**第二圈:**

1. 右串 1 红 1 小,1 白 1 小,1 紫,回线。

2. 左借 1 小,右串 1 小 1 粉,1 小 1 绿,回线。

3. 左借 1 小,右串 1 小 1 红,1 小 1 白,回线。

4. 左借 1 小,右串 1 小 1 紫,1 小 1 粉,回线。

5. 左借 1 小 1 红,右串 1 小 1 绿,1 小,回线。

**第三圈:**

1. 左借 1 小,右串 3 小,回线。

2. 左借 1 白,右串 1 粉 1 小,1 绿 1 小,回线。

3. 左借 2 小,右串 2 小,回线。

4. 左借 1 粉,右串 1 红 1 小,1 白 1 小,回线。

5. 同 3。

6. 左借 1 红,右串 1 紫 1 小,1 粉 1 小,回线。

7. 同 3。

8. 左借 1 紫,右串 1 绿 1 小,1 红 1 小,回线。

9. 同 3。

10. 左借 1 小 1 绿,右串 1 白 1 小,1 紫回线。

**第四圈:**

1. 左借 1 小 1 粉,右串小 1 红 1 小,回线。

2. 左借 1 小,右串 3 小,回线。

3. 左借 1 绿 1 小 1 红,右串 1 紫 1 小,回线。

4. 同 2。

5. 左借 1 白 1 小 1 紫,右串 1 绿 1 小,回线。

6. 同 2。

7. 左借 1 粉 1 小 1 绿,右串 1 白 1 小,回线。

8. 同 2。

图 5 - 84  五彩球

9. 左借 1 红 1 小 1 白,右串 1 粉 1 小,回线。

10. 左借 2 小,右串 2 小,回线。

**第五圈:**

1. 左借 1 红 1 小,右串 1 绿 1 小 1 白,回线。

2. 左借 1 小 1 紫 1 小,右串 1 小 1 粉,回线。

3. 左借 1 小 1 绿 1 小,右串 1 小 1 红,回线。

4. 左借 1 小 1 白 1 小,右串 1 小 1 紫,回线。

5. 左借 1 小 1 粉 1 小 1 绿右串 1 小回线。

完成。

# 立式老鼠(一)

图 5 - 85 为立式老鼠(一)。

## 一、材料准备

用料:10 厘珠白色 139 个、红色 4 个、黑色 2 个、彩珠 1 个。

用线:4 m。

## 二、详细步骤

**第一圈:**

1. 右串 6 白回线(6)。

2. 右串 7 白 1 红回 7 白到原位(尾)。

3. 右串 4 白回线(5)。

4. 左过 1 白右串 3 白回线(5)。

5. 右串 1 白 1 红 1 白过 1 白回原位(左后腿)。

6～7. 左过 1 白右串 3 白回线(5)。

8. 右串 1 白 1 红 1 白过 1 白回原位(右后腿)。

9. 左过 1 白右串 3 白回线(5)。

10. 左过 1 白上 1 白右串 2 白回线(5)。

**第二圈:均为六珠花**

1. 左过 1 白右串 4 白回线。

2～5. 左过 2 白右串 3 白回线。

6. 左过 2 白上 1 白右串 2 白回线。

**第三圈:均为五珠花**

1. 左过 1 白右串 3 白回线。

2～5. 左过 2 白右串 2 白回线。

6. 左过 2 白上 1 白,右串 1 白回线。

图 5 - 85　立式老鼠(一)

**第四圈：**

1．右串 3 白回线(4)。

2～4．左过 1 白，右串 2 白回线(4)。

5．左过 2 白串 2 白 1 红 1 彩 1 红 2 白过 2 白回原位(前腿)再上 1 白右串 2 白回线(6)。

**第五圈：头部**

1．右串 4 白回线(5)。

2．左过 1 白右串 4 白回线(6)。

3～4．左过 1 白右串 3 白回线(5)。

5．左过 1 白右串 4 白回线(6)。

6．左过 1 白上 1 白右串 2 白回线(5)。

**第六圈：**

1．左过 1 白右串 3 白回线(5)。

2．左过 2 白右串 1 白 1 黑回线(5)右眼。

3．左过 1 白右串 4 白回线(6)。

4～5．左过 2 白右串 2 白回线(5)。

6．左过 2 白左串 2 白回线(5)。

7．右过 3 白串 1 白回线(5)。

8．左过 2 白右过 1 白串 1 白 1 黑回线(6)左眼。

9．左过 2 白上 1 白右串 1 白回线(5)。

10．左过 1 白右过 4 白回线(5)。

**嘴：在前五珠花上串线在前上珠花正中上珠出线**

1．右串 2 白回线(3)。

2．左过 1 白右串 1 白回线(3)。

3．左过 2 白，右串 1 白回线(4)。

4．左过 1 白上 1 白回线(3)。

5．右串 1 黑过 2 白回线。

**右耳：线穿在头顶部五珠花的左边一珠两端出线(在侧五珠花上串，右线冲后)**

1．右串 3 白回线(4)。

2．左过 1 白(在侧五珠花上)右串 3 白回线(5)。

3．左过 1 白左串 2 白回线(4)固定。

**左耳：在右耳对称位置，编法同右耳，只把程序中的左改为右，右改为左**

完成。

# 五角星挂件

图 5－86 为五角星挂件。

## 一、材料准备

用料：6 厘珠红色、黄色、绿色、蓝色、白色各 16 个。

用线：1.5 m。

## 二、详细步骤

**第一角：**

1. 右串 1 红 2 黄 1 红回线。

2. 左串 1 红右串 2 红回线。

3. 右串 3 红回线。

4. 右过 1 红串 2 红回线。

5. 左过 1 红串 2 红回线。

6. 右过 1 红左串 2 红回线。

7. 右过 2 红串 1 红回线。

8. 左串 1 红 1 黄右串 1 黄回线。

**第二角：**

图 5 - 86　五角星挂件

1. 左串 1 黄右串 2 黄回线。

2. 右串 3 黄回线。

3. 右过 1 黄串 2 黄回线。

4. 左过 1 黄串 2 黄回线。

5. 右过 1 黄左串 2 黄回线。

6. 右过 3 黄用左线回线，右向左过 1 黄左过 3 黄，将线串到左边黄色四珠花上面一珠两端，左线变右线。

**第三角：**

1. 右过 1 黄右串 2 绿回线。

2. 右串 1 绿左串 2 绿回线。

3. 左串 3 绿回线。

4. 左过 1 绿串 2 绿回线。

5. 右过 1 绿串 2 绿回线。

6. 左过 1 绿右串 2 绿回线。

7. 左过 2 绿串 1 绿回线。

8. 左过 2 黄右串 1 绿回线。

9. 右过 1 绿左串 2 蓝，用左线回线。

**第四角：**

1. 左串 1 蓝右串 2 蓝回线。

2. 右串 3 蓝回线。

3. 右过 1 蓝串 2 蓝回线。

4. 左过 1 蓝串 2 蓝回线。

5. 右过 1 蓝左串 2 蓝回线。

6. 右过 2 蓝串 1 蓝回线。

7. 右过 2 绿串 1 蓝回线。

**第五角：**

1. 左过 1 蓝右串 2 白回线。

2．左串 1 白右串 2 白回线。

3．左串 3 白回线。

4．左过 1 白串 2 白回线。

5．右过 1 白串 2 白回线。

6．左过 1 白右串 2 白回线。

7．左过 2 白串 1 白回线。

8．左过 2 蓝右串 1 白回线。

9．右过 1 白 2 红回线。

10．把线穿到对面,将中间处四珠花拉紧。
完成。

# 三彩粽子

图 5-87 为三彩粽子。

## 一、材料准备

用料:5 厘珠深紫色 18 个、浅紫色 24 个、白色 12 个。

用线:0.85 m。

## 二、详细步骤

### 第一圈:

1．右串 1 浅 2 深 1 浅回线。

2．左串 1 白右串 1 深 1 浅回线。

3．右串 2 深 1 浅回线。

4．右串 1 深 1 浅 1 白回线。

5．左过 1 白右串 2 白回线。

6．左过 1 浅串 1 深 1 浅回线。

7．左串 2 深 1 浅回线。

8．右过 1 白左串 1 深 1 浅回线。

9．右过 1 浅串 2 深回线。

### 第二圈:

1．右过 1 深串 2 浅回线。

2．左过 1 深右串 1 白 1 浅回线。

3．左过 1 深串 1 深 1 浅再串 1 吊环回线。

4．左串 1 深 1 浅 1 白回线。

5．右过 1 白左串 2 白回线。

6．右过 1 浅 1 深串 1 浅回线。

7．右过 1 深串 1 深 1 浅回线。

图 5-87　三彩粽子

8. 左过 1 白右串 1 深 1 浅回线。

9. 左过 1 浅右串 2 深回线。

**第三圈：**

1. 右过 1 深串 2 浅回线。

2. 左过 1 深右串 1 白 1 浅回线。

3. 左过 2 深串 1 浅回线。

4. 左过 1 深串 1 浅 1 白回线。

5. 右过 1 白左串 2 白回线。

6. 右过 1 浅 1 深串 1 浅回线。

7. 右过 2 深串 1 浅回线。

8. 左过 1 白右过 1 深串 1 浅回线。

9. 右过 2 深 1 浅回线。

完成。

# 吊挂小鼠

图 5 - 88 为吊挂小鼠。

## 一、材料准备

　　用料：6 厘尖珠白色 72 个、棕色 12 个、黑色 3 个、红色 2 个、黄色 1 个。

　　用线：1.6 m。

## 二、详细步骤

　　**从底部开始：**

　　**第一圈：**

　　1. 右串 5 白回线（5）。

　　2. 左过 1 白左右各串 1 白 1 棕隔 1 回 1（两脚）。

　　3. 右串 1 白 1 棕 1 白回线（5）。

　　4. 左过 1 白右串 1 棕 1 白回线（4）。

　　5. 左过 1 左串 12 白隔 1 回 10 白，再串 1 白过 1 白回原位（尾）。

　　6. 右串 1 棕 1 白回线（4）。

　　7. 左过 2 白右串 1 棕回线（4）（端面为 4 珠）。

　　**第二圈：**

　　1. 右串 2 棕回线（3）。

　　2. 左过 1 棕右串 1 白 1 棕回线（4）。

　　3. 左过 1 棕右串 1 棕回线（3）。

**图 5 - 88　吊挂小鼠**

4. 左过 1 棕上 1 棕右串 1 白回线（4）（端面为 2 珠）。

（将两线过到另一白珠上，继续串身体和头）

5. 右串 2 白 1 棕 1 白 1 棕 2 白过 1 白回原位（前脚）。

6. 右串 3 白回线（4）。

7. 右串 4 白回线（5）。

8. 左过 1 白右串 3 白回线（5）。

9. 左上过 1 白右串 3 白回线（5）端面为 9 珠。

**第三圈：**

1. 右串 1 黑 3 白回线（5）（眼）。

2. 左过 1 白右串 1 红 1 白（4）（嘴）。

3. 左过 1 白右串 2 白 1 黑回线（5）（眼）。

4. 左过 1 白右串 3 白回线（5）。

5. 右串 3 白过 1 白回原位（右耳）。

6. 左过 2 白右串 1 白过尾部从头上数第五白，左线也过第五白，左线变右线（5）。

7. 左过 2 白右串 2 白回线（5）。

8. 右串 3 白过 1 白回原位（左耳）。

9. 左过 1 白 1 黑左串 2 白回线（5）。

10. 右过 3 白串 1 白 1 环回线（5）。

11～12. 左过 1 白，右过 1 白串 1 白回线（4）。

13. 右串 1 白 1 黑 1 白回线（4）。

14. 左过 1 白右串 1 白回线（3）。

15. 左过 1 红右过 1 黑串 1 白回线（3）。

完成。

# 大花瓶

图 5-89 为大花瓶。

## 一、材料准备

用料：12 厘珠。

用线：12 m。

## 二、详细步骤

**第一圈：**

右串 6 白回线。

**第二圈：均为五珠花**

1. 串 4 白回线。

2～5. 过 1 右串 3 白回线。

6. 过 1 上 1 右串 2 白回线。

图 5-89　大花瓶

**第三圈:均为四珠花**

1. 串 3 彩回线。

2～3. 过 1 右串 2 白回线。

4. 过 1 右串 1 白 1 彩回线。

5. 过 1 右串 2 彩回线。

6～7. 过 1 右串 2 白回线。

8. 左过 1 右串 1 白 1 彩回线。

9. 左过 1 右串 2 彩回线。

10～11. 左过 1 右串 2 白回线。

12. 左过 1 上 1 彩右串 1 白回线。

**第四圈:均为五珠花**

1. 右串 4 白回线。

2. 左过 1 彩右串 3 白回线。

3～5. 左过 1 白右串 3 白回线。

6. 左过 1 彩右串 3 白回线。

7～9. 左过 1 白右串 3 白回线。

10. 过 1 彩右串 3 白回线。

11. 过 1 白右串 3 白回线。

12. 过 1 上 1 右串 2 白回线。

**第五圈:均为六珠花**

1. 过 1 右串 2 彩 2 白回线。

2～3. 左过 2 右串 3 白回线。

4. 左过 2 右串 1 白 2 彩回线。

5. 左过 2 右串 1 彩 2 白回线。

6～7. 左过 2 右串 3 白回线。

8. 左过 2 右串 1 白 2 彩回线。

9. 左过 2 右串 1 彩 2 白回线。

10～11. 左过 2 右串 3 白回线。

12. 左过 2 上 1 彩右串 1 白 1 彩回线。

**第六圈:五六珠花交替**

1. 左过 1 彩右串 3 彩回线。

2. 左过 2 白右串 3 白回线。

3. 左过 2 白右串 2 白回线。

4. 左过 2 白右串 2 白 1 彩回线。

5. 左过 2 彩右串 2 彩回线。

6. 左过 2 白右串 3 白回线。

7. 左过 2 白右串 2 白回线。

8. 左过 2 白右串 2 白 1 彩回线。

9. 左过 2 彩右串 2 彩回线。

10. 左过 2 白右串 3 白回线。

11. 左过 2 白右串 2 白回线。

12. 左过 2 白上 1 彩右串 2 白回线。

### 第七圈:均为七珠花

1. 左过 1 彩 1 白右串 4 白回线。

2. 左过 3 白右串 2 彩 1 白回线。

3. 左过 1 白 1 彩 1 白右串 3 白回线。

4. 左过 3 白右串 2 彩 1 白回线。

5. 左过 1 白 1 彩 1 白右串 3 白回线。

6. 左过 3 白上 1 白右串 2 彩回线。

### 第八圈:均为五珠花

1. 左过 1 白右串 2 彩 1 白回线。

2. 左过 1 白 1 彩右串 1 白 1 彩回线。

3. 左过 1 彩 1 白右串 1 彩 1 白回线。

4. 左过 1 白 1 彩右串 1 白 1 彩回线。

5. 左过 1 彩 1 白右串 1 彩 1 白回线。

6. 左过 1 白 1 彩上 1 彩右串 1 白回线。

### 第九至十三圈:瓶颈,均为四珠花

1. 右串 2 彩 1 白回线。

2. 左过 1 彩右串 1 白 1 彩回线。

3. 左过 1 白右串 1 彩 1 白回线。

4. 左过 1 彩右串 1 白 1 彩回线。

5. 左过 1 白右串 1 彩 1 白回线。

6. 左过 1 彩上 1 彩右串 1 白回线,再重复 1~6 步 4 次。

### 瓶边:(为五珠花)转 180 度,左右交换

1. 右串 4 白回线。

2~5. 左过 1 右串 3 白回线。

6. 左过 1 上 1 右串 2 白回线。

7. 右串 1 白 2 彩 1 白回线。

8~17. 左过 1 右串 2 彩 1 白回线。

18. 左过 1 上 1 右串 2 彩回线。

### 瓶边:在瓶肚的第六圈上编三朵花,每朵花 7 小白 7 片

1. 将线穿在第六圈第 3 步白色五珠花的 1 白珠两端,右串 1 片 1 小白 1 片回线。

2~3. 左过 1 白右串 1 小白 1 片 1 小白 1 片回线。

4. 左过 1 白右串 1 小白 1 片回线。

5. 左过 1 白上 1 片右串 1 小白回线。

6. 隔三个花,在第六圈第 7 步和第六圈第 11 步编出的白色五珠花上再编两朵花。
完成。

# 长耳大嘴狗

图 5-90 为长耳大嘴狗。

## 一、材料准备

用料：6 厘珠白色 265 个、黄色 65 个、红色 9 个、黑色2 个，8 厘珠红色 1 个。

用线：5 m。

## 二、详细步骤

**身体：**

**第一圈：**

右串 6 白回线（6）。

**第二圈：**

1. 右串 4 白回线（5）。

2～5. 左过 1 右串 3 白回线（5）。

6. 左过 1 上 1 右串 2 白回线（5）。

**第三圈：**

1. 左过 1 右串 4 白回线（6）。

2～5. 左过 2 右串 3 白回线（6）。

6. 左过 2 上 1 右串 2 白回线（6）。

**第四圈：**

1. 左过 1 右串 4 白回线（6）。

2～4. 左过 2 右串 3 白回线（6）。

5. 左过 2 右串 2 白回线（5）。

6. 左过 2 上 1 右串 1 白回线（5）。

**第五圈：**

1. 右过 1 右串 1 白 1 红 1 白回线（5）。

2. 左过 3 左串 2 红回线（6）。

3. 右过 1 红左串 2 红回线（4）。

4. 右过 4 白串 1 红回线（6）接着在 3 红 2 白五珠花上编头。

**头部：**

**第一圈：**

1. 右串 3 白 1 红回线（5）。

2. 左过 1 红右串 2 白 1 红回线（5）。

3. 左过 1 红右串 3 白回线（5）。

4. 左过 1 白右串 3 白回线（5）。

5. 左过 1 白上 1 白右串 2 白回线（5）。

图 5-90　长耳大嘴狗

**第二圈：**

1. 右串 5 白回线（6）。

2～3. 左过 1 白右串 3 白回线（5）。

4. 左过 2 白右串 3 白回线（6）。

5～6. 左过 1 白右串 3 白回线（5）。

7. 左过 1 白右串 4 白回线（6）。

8. 左过 2 上 1 白右串 2 白回线（6）。

**第三圈：**

1～2. 左过 1 白右串 4 白回线（6）。

3. 左过 2 白右串 1 白 1 黑 1 白回线（6）（左眼）。

4. 左过 2 白右串 2 白回线（5）。

5. 左过 1 白右串 3 白回线（5）。

6～7. 左过 1 白右串 2 白回线（4）。

8. 左过 1 白右串 3 白回线（5）。

9. 左过 2 白右串 2 白回线（5）。

10. 左过 2 白右串 1 黑 2 白回线（6）（右眼）。

11. 左过 1 白右串 4 白回线（6）。

12. 左过 2 白上 1 白右串 2 白回线（6）。

**第四圈：**

1. 左过 1 白右串 3 白回线（5）。

2. 左过 1 白右串 3 白回线（5）。

3. 左过 2 白右串 3 白回线（6）。

4. 左过 1 黑右串 4 白回线（6）。

5～7. 左过 2 白右串 2 白回线（5）。

8. 右过 2 白串 1 红再过 3 白回原位（嘴，右线在五珠花上绕一圈）。

9. 左过 2 白右串 2 白回线（5）。

10. 左过 1 黑右串 1 白，过 1 白（对面六珠花黑珠左边第三个白珠）然后再串 2 白回线（6）。

11. 左过 2 白右串 3 白回线（6）。

12. 左过 1 白右串 3 白回线（5）。

13. 左过 2 白上 1 白右串 1 白回线（5）。

**第五圈：**

1. 右过 1 白右串 3 白回线（5）。

2. 左过 1 白，右过 1 白，右串 3 白回线（6）。

3. 左过 2 白，右过 1 白，右串 1 白回线（5）。

4. 左过 2 白右串 2 白回线（5）。

5. 左过 2 白左串 2 白回线（5）。

6. 右过 2 白左串 2 白回线（5）。

7. 右过 3 白串 1 白回线（5）。

8. 左过 3 白,右过 2 白 1 黑 3 白,(即将线穿到嘴部上端六珠花的中间两端),左串 1 白 1 大红回线(鼻子)。

**两耳:线穿在头部侧面眼旁六珠花上边一珠两端**

1～6. 左串 1 黄,右串 2 黄回线。

7. 左串 1 黄,右串 2 黄回线,右线过第三个四珠花的头上一珠后回线。

**右前腿:面对身体,头朝右,在身体前端右边一个五珠花上编。线穿在正面五珠花下端一珠两端**

第一圈:

1. 右串 3 白回线(4)。

2～4. 左过 1 白右串 2 白回线(4)。

5. 左过 1 白上 1 白右串 1 白回线(4)。

第二圈:

1. 右串 1 白 1 黄 1 白回线(4)。

2～4. 左过 1 白右串 1 黄 1 白回线(4)。

5. 左过 1 白上 1 白右串 1 黄回线(4)。

第三圈:

左过 1 黄右串 3 黄回线(5)。

**左前腿:编法同右前腿,只把上述程序中左改为右,右改为左**

**右后腿:在身体后端侧面五珠花上编,线穿在右前腿对面的五珠花下端一珠两端,编法同右前腿**

**尾部:**

编完右后腿后接着把线穿在尾部两个五珠花中间一珠下端,左串 4 白 1 黄回 4 白。面对背,头朝右,编左后腿。

**左后腿:将线穿在身体左面五珠花下端一珠两端,按右前腿的编法编**

完成。

# 大　羊

图 5-91 为大羊。

## 一、材料准备

图 5-91　大　羊

用料:12 厘珠白色 4 个,10 厘珠白色 280 个,8 厘珠白色 40 个,4 厘珠白色 50 个。腿 10 厘珠棕色 16 个;角 8 厘珠棕色 16 个,6 厘珠棕色 12 个,4 厘珠棕色 76 个,米棕 104 个,12 厘珠黑色 2 个、小咖啡 2 个、小红 1 个。

用线:身体 4 m,头部 2 m,角 0.9 m,每条腿 0.75 m。

## 二、详细步骤

**底部:均为四珠花**

1. 右串 4 白回线。

2. 左过 1 白右串 2 白回线。

3～4. 右串 3 白回线。

5. 左过 1 白右串 1 大白 1 白回线。

6. 左过 1 白左串 2 白回线,翻面,左线变右线。

7. 右串 3 白回线。

8. 左过 1 大白右串 1 大白 1 白回线。

9～14. 同 6～8,2 次。

15～16. 同 6～7。

17. 左过 1 大白右串 2 白回线。

18～19. 同 6～7。

20～21. 左过 1 白右串 2 白回线。

**身体：**

**注意：除注明外均为四珠花。**

**第一圈：**

1. 右串 3 白回线。

2～19. 左过 1 白右串 2 白回线。

20. 左过 1 白上 1 白右串 1 白回线。

**第二圈：**

1～19. 同第一圈。

20. 左过 1 白上 1 白右串 2 小白回线(5)。

**第三圈：**

1. 右过 1 小白串 3 白回线(5)。

2. 左过 2 白右串 2 白回线(5)。

3～17. 左过 1 白右串 2 白回线。

18. 左过 2 白上 1 白右串 1 白回线(5)。

**封背：**

1. 左过 2 白右串 1 白回线。

2～6. 左右各过 1 白右串 1 白回线。

**颈部:均为四珠花,从背部前面六个珠子的中间一珠开始**

1. 右串 1 小白 1 白 1 小白回线。

2～5. 左过 1 白右串 1 白 1 小白回线。

6. 左过 1 白上 1 小白右串 1 白回线。

7. 右串 1 小白 1 白 1 小白回线。

8～11. 左过 1 白右串 1 白 1 小白回线。

12. 同 6,共编两圈。

头部：

1. 右串 1 白 1 黑 2 小白回线（5）。

2. 左过 1 白右串 2 小白 1 白回线（5）。

3. 左过 1 白右串 2 白回线（4）。

4. 左过 1 白右串 3 小白回线（5）。

5. 左过 1 白右串 1 小白 1 黑 1 白回线（5）。

6. 左串 1 白右串 1 白 2 小白回线（5）。

7. 左串 1 小红右串 1 小咖啡 1 小白 1 小咖啡 1 小白回线（6）。

8. 左串 1 白上 1 白右串 1 小白 1 白回线（5）。

9. 右串 1 小白过对面 1 白再串 1 白回线（4）。

10. 右串 1 白 1 小白 1 白回线（4）。

11. 左串 1 小白过 1 白 1 小白 1 白回原位（5）。

12. 左过 1 黑右串 1 白 2 小白回线（5）。

13. 左过 2 小白右串 2 小白回线（5）。

14. 左过 1 小白右串 1 小白 1 白回线（4）。

15. 左过 1 白右串 2 白回线（4）。

16. 左过 1 小白右串 2 小白回线（4）。

17. 左过 2 小白右串 2 小白回线（5）。

18. 左过 1 黑上 1 白右串 1 小白 1 白回线（5）。

19. 左过 1 小白上 1 白右串 1 白回线（4）。

20. 右串 1 白过对面 1 白再串 1 白回线（4）。

21. 右过 3 小白用左线回线。

22. 左右各过 2 白左过 3 小白用右线回线。

**尾部**：面对头将线串到尾部两个五珠花中间的四珠花上面一珠两端

1～2. 左串 1 白右串 2 白回线（4）。

3. 左串 1 白过 2 小白右串 1 白回线（5）埋线。

**右耳**：头朝前，将线穿到眼旁五珠花左边一珠（挨着黑珠）两端

1. 左串 3 小小白回线（4）。

2. 右过五珠花顶上 1 珠，左串 4 小小白回线（6）。

3. 右过五珠花右边一珠串 1 小小白回线（3）。

4～5. 左过 1 小小白右串 3 小小白回线（5）。

6. 左过 3 小小白串 1 小小白（5）。

7. 右过 1 小小白左串 4 小小白回线（6）。

8. 右过 2 小小白右串 3 小小白回线（6）。

9. 左过 1 小小白右串 3 小小白回线（5）。

**左耳**编法相同，将上述程序中左改为右，右改为左

**右犄角**：头朝前，面对尾，将线穿在头顶部右边四珠花下边一珠两端

第一圈：

1. 右串 1 棕 1 小棕 1 棕回线（4）。

2. 左过 1 白右串 2 棕回线(4)。

3. 左过 2 白上 1 棕右串 1 棕回线(5)。

第二圈：

1. 右串 2 棕 1 小棕回线(4)。

2. 左过 1 小棕右串 2 小棕回线(4)。

3. 左过 1 棕上 1 棕右串 1 棕回线(4)。

第三圈：

1. 右串 1 小小棕 2 小棕回线(4)。

2. 左过 1 棕右串 1 小棕 1 小小棕回线(4)。

3. 左过 1 小小棕上 1 小小棕右串 1 米棕回线(4)。

第四圈：

1. 右串 3 米棕回线(4)。

2. 左过 1 小小棕右串 2 小小棕回线(4)。

3. 左过 1 小小棕上 1 米棕右串 1 小小棕回线(4)。

第五圈：

1. 右串 2 小小棕 1 米棕回线(4)。

2. 左过 1 米棕右串 2 米棕回线(4)。

3. 左过 1 小小棕上 1 小小棕右串 1 小小棕回线(4)。

第六圈：

1. 右串 1 米棕 2 小小棕回线(4)。

2. 左过 1 小小棕右串 1 小小棕 1 米棕回线(4)。

3. 左过 1 米棕上 1 米棕右串 1 米棕回线(4)。

**第七圈至第九圈：同第四圈至第六圈**

**第十圈至第十二圈：同第四圈至第六圈**

**第十三圈至第十四圈：同第四圈至第五圈**

**第十五圈：**

1. 右串 3 米棕(4)。

2. 左过 1 小小棕右串 2 米棕回线(4)。

3. 左过 1 米棕上 1 米棕右串 1 米棕回线(4)。

4. 右串 1 米棕过 1 米棕回线埋线。

**左犄角编法同右犄角，将程序中左改为右，右改为左**

**腿：**

**第一圈至第二圈：在身体下面四个角上的四珠花上编四条腿，每条腿编两圈白色的四珠花**

1. 右串 3 白回线(4)。

2～3. 左过 1 白右串 2 白回线(4)。

4. 左过 1 白上 1 白右串 1 白回线(4)。

第三圈：

1. 右串 1 白 1 棕 1 白回线(4)。

2～3. 左过 1 白右串 1 棕 1 白回线（4）。

4. 左过 1 白上 1 白右串 1 棕回线（4）。

完成。

# 咪咪兔

图 5-92 为咪咪兔。

## 一、材料准备

用料：6 厘珠白色 123 个、蓝色 10 个、红色 2 个、粉色 2 个，4 厘珠白色 34 个、黑色 8 个、蓝色 7 个。

用线：身体 2.2 m、耳 0.4 m。

## 二、详细步骤

**从底部开始：**

1. 右串 4 白 1 小蓝 1 白回线（6）右线向右过 1 小蓝 1 白。

2. 左右两线各串 2 小白 1 白各回 2 小白 2 白（两后脚）（两线在六珠花中与小蓝珠相对的 1 白珠两端）。

3. 右串 1 红，右过 1 回原位（尾）。

**身体：面对红珠在六珠花上编身体上编**

**第一圈：**

1. 右串 1 白 2 小白 1 白回线（5）。

2. 左过 1 白右串 2 小白 1 白回线（5）。

3. 左过 1 白右串 1 小白 1 蓝 1 小蓝回线（5）。

4. 左过 1 小蓝右串 3 小蓝回线（5）。

5. 左过 1 白右串 1 蓝 1 小白 1 白回线（5）。

6. 左过 1 白上 1 白右串 2 小白回线（5）。

**第二圈：**

1. 左过 1 小白右串 1 小白 1 白 1 小白回线（5）。

2. 左过 2 小白右串 1 白 1 小白回线（5）。

3. 左过 1 小白串 1 小白 1 白回 1 小白（左前脚）。

4. 左过 1 小白右串 1 白 1 小白回线（5）。

5. 左过 1 蓝 1 小蓝右串 2 白回线（5）。

6. 左过 1 小蓝 1 蓝右串 1 白 1 小白回线（5）。

7. 左过 1 小白串 1 小白 1 白回 1 小白（右前脚）。

8. 左过 1 小白上 1 小白右串 1 白回线（5）此时端面为 6 个白珠。

**第三圈：**

1. 右串 4 白回线（5）。

图 5-92　咪咪兔

2～3. 左过 1 白右串 4 白回线(6)。

4. 左过 1 白右串 3 白回线(5)。

5. 左过 1 白右串 4 白回线(6)。

6. 左过 1 白上 1 白右串 3 白回线(6)此时端面为 16 个白珠。

**第四圈:**

1. 左过 1 白右串 3 白回线(5)。

2. 左过 2 白右串 2 白回线(5)。

3. 右串 3 白回线(4)。

4～7. 左过 1 白右串 2 白回线(4)。

8. 右串 3 白回线(4)。

9. 左过 2 白左串 2 白回线(5)。

10. 右过 1 白串 2 白回线(4)。

11. 右串 1 白 1 粉 1 白回线(4)。

12. 左过 3 白右串 1 白回线(5)。

13. 右过 1 粉右串 2 白回线(4)。

14. 左过 1 白右串 2 白回线(4)。

15. 左过 1 白右串 1 白 1 红回线(4)。

16～17. 左过 1 白右串 2 白回线(4)。

18. 左过 1 白右串 1 白 1 粉回线(4)。

19. 左过 1 白右串 2 白回线(4)。

20. 左过 1 白上 1 白右串 1 白回线(4)端面为 16 个白珠。

**第五圈:**

1. 右过 1 白右串 3 白回线(5)。

2～4. 左过 2 白右串 3 白回线(6)。

5. 左过 2 白右串 2 白回线(5)。

6. 左过 2 白串 4 小黑左过 1 白回原位(左眼)右串 3 白回线(6)。

7. 左过 2 白右串 3 白回线(6)。

8. 左过 1 白串 4 小黑左过 1 白回原位(右眼)再过 1 白上 1 白,右串 2 白回线(6)端面为 14 个白珠。

**第六圈:**

1～3. 左过 2 白右串 2 白回线(5)。

4. 左过 3 白右串 1 白回线(5)。

5. 左过 2 白右过 1 白串 1 白回线(5)。

6. 左过 4 白回线,回在顶部串 1 耳(5)。

**面对前脸,线在头顶中间一珠两端外线为右**

**右耳:**

1. 左串 1 小白,右串 2 小白 1 小蓝穿环回线(5)。

2. 左串 1 小白右串 1 小白 1 蓝回线(4)。

3. 左串 1 白右串 1 白 2 蓝回线(5)。

4. 左串 1 小白 2 白 1 蓝回线(5)。

5. 右过 1 蓝串 1 小白 2 白回线(5)。

6. 左串 1 小白,过 N 个白,固定锁紧。

**左耳**:将线穿到头顶右部 1 小白 1 白 1 铁环两端

1. 右串 1 小白,左串 1 小白 1 小蓝(5)外线为左。

2~5. 编法同右耳,只把右耳程序中左改为右,右改为左,埋线。

完成。

# 圣诞老人头挂件

图 5-93 为圣诞老人头挂件。

## 一、材料准备

用料:8 厘扁珠。红色 15 个、白色 44 个、黑色 4 个、黄色 8 个。

用线:2 m。

## 二、详细步骤

### 第一圈:

1. 右串 2 红 2 白 1 红回线(5)。

2~3. 左串 1 红右串 2 白 1 红回线(5)。

4. 左串 1 红上 1 红右串 2 白回线(5)。

5. 将线回穿到顶部两红珠两端,右串 2 红回线,右线串 3 红后回穿 2 红,然后将两线回穿到一白珠两端(即第 4 步结束时的位置)。

### 第二圈:

1. 右串 1 黑 1 黄 1 白回线(4)。

2. 左过 1 白右串 1 黄 1 黑回线(4)。

3. 左过 2 白右串 2 黄 1 黑回线(6)。

4. 左过 1 白右串 1 黄 1 白回线(4)。

5. 左过 1 白右串 1 黄 1 黑回线(4)。

6. 左过 2 白上 1 黑右串 2 黄回线(6)。

### 第三圈:

1. 右串 1 红 3 白回线(5)。

2~3. 左过 1 黄右串 2 白回线(4)。

4. 左过 1 黄右串 2 白 1 红回线(5)。

5. 左过 1 黄右串 3 白回线(5)。

6~7. 左过 1 黄右串 2 白回线(4)。

8. 左过 1 黄上 1 红右串 2 白回线(5)。

**图 5-93 圣诞老人头挂件**

**第四圈：**

1. 右串 4 白回线(5)。

2. 左过 1 白右串 3 白回线(5)。

3. 左过 2 白右串 2 白回线(5)。

4. 左过 2 白右过 1 白串 1 白回线(5)。

5～6. 左过 1 白右过 2 白串 1 白回线(5)。

7. 左过 2 白右串 2 白回线(5)。

完成。

# 兔宝宝挂件

图 5-94 为兔宝宝挂件。

## 一、材料准备

用料：4 厘珠白色 119 个、红色 124 个、黑色 2 个、小红 1 个。

用线：2.4 m。

## 二、详细步骤

**第一圈：**

1. 右串 6 白 1 环回线(6)。

2. 右串 5 白回线(6)。

3. 左过 1 白右串 3 白回线(5)。

4. 左过 1 白右串 4 白回线(6)。

5. 左过 1 白右串 4 白回线(6)左线过环。

6. 左过 1 白右串 4 白回线(6)。

7. 左过 1 白上 1 白右串 2 白回线(5)。

**第二圈：**

1～2. 左过 1 白右串 4 白回线(6)。

3. 左过 2 白右串 3 白回线(6)。

4. 左过 2 白右串 2 白回线(5)。

5. 左过 1 白右串 3 白回线(6)。

6. 左过 2 白右串 1 黑 1 白回线(5)(右眼)。

7. 左过 1 白右串 1 白 1 红 2 白回线(6)(嘴)。

8. 左过 2 白右串 1 黑 1 白回线(5)(左眼)。

9. 左过 1 白右串 4 白回线(6)。

10. 左过 2 白上 1 白右串 1 白回线(5)。

**第三圈：**

1. 左过 1 白右过 1 白串 3 白回线(6)。

**图 5-94  兔宝宝挂件**

2．左过 2 白右串 2 白回线（5）。

3．左过 1 白右串 4 白回线（6）。

4．左过 2 白右串 2 白回线（5）。

5．左过 3 白右串 2 白回线（6）。

6．左过 1 白右串 3 白回线（5）。

7．左过 1 白 1 黑 1 白右串 2 白回线（6）。

8．左过 1 红右串 4 白回线（6）。

9．左过 1 白 1 黑 1 白右串 2 白回线（6）。

10．左过 1 白上 1 白右串 2 白回线（5）。

**第四圈：**

1．左过 3 白右串 2 白回线（6）。

2．右串 4 红回线（5）。

3．左过 1 白右串 3 红回线（5）。

4．右串 3 红 1 白回线（5）。

5．左过 4 白串 1 白回线（6）。

6．左过 3 白串 1 白回线（5）。

7．右串 1 红 3 红回线（5）。

8．左过 1 白右串 3 红回线（5）。

9．左过 4 白串 1 白再过 4 白（刚刚过的 4 白）上 1 红（5）。

10．右串 2 红回线（5）。

**第五圈：**

1．左串 3 白回 2 白（左臂）过 1 红右串 5 红回线（7）。

2～3．左过 2 红右串 4 红回线（7）。

4．左过 1 红串 3 白回 2 白（右臂）再过 1 红右串 4 红回线（7）。

5．左过 2 红右串 4 红回线（7）。

6．左过 2 红上 1 红右串 3 红回线（7）。

**第六圈：**

1．左过 1 红右串 4 红回线（6）。

2．左过 1 红右串 3 红回线（5）。

3．左过 2 红右串 3 红回线（6）。

4．左过 1 红右串 3 红回线（5）。

5～10．同 3～4,3 次。

11．同 3。

12．左过 1 红上 1 红右串 2 红回线（5）。

**第七圈：**右向下过 3 红,左向下过 2 红,将线穿到该五珠花下边一珠两端,左线变右线,头朝下编一圈六珠花

1．左过 1 红右过 1 红串 3 红回线（6）。

2～5．左过 3 红右串 2 红回线（6）。

6．左过 3 红上 1 红右串 1 红回线（6）。

**第八圈：**

1. 右过1红左过4红将两线穿到一起编右腿和脚。

2. 两线同串3白。

3. 右串4红回线(4)。

4. 右串3红回线(4)。

5. 左上过1红右串2红回线(4)。

6. 左过1红右串2红回线(4)。

7. 左过2红右串1红回线(4)。

8. 左过3红回线(4)埋线在对称位置编左腿和脚。

**耳：面对后脑,脸朝前,线穿在眼睛上端六珠花顶上一珠两端**

1. 左串1白1红,右串1白1红回线(5)。

2. 右串2白2红回线(5)。

3. 左过1红串2白1红回线(5)。

4. 右过1红串4白回线(6)。

完成。

# 小圣诞老人挂件

图5-95为小圣诞老人挂件。

## 一、材料准备

用料：6厘珠红色39个、白色48个、黄色4个,8厘珠黑色4个。

用线：4 m。

## 二、详细步骤

### 头部：

1. 右串4红回线(4)。

2. 左过1红右串3红回线。

3. 右串2红1白1小金回过1白2红。

4. 左串2红绕过右线白珠下端回过2红,两线,对穿的左线变右线,右过4红,左过1红,将线穿到第一步编四珠花的第三珠两端。

图5-95 小圣诞老人挂件

### 脸部：

### 第一圈：

1. 右串1红2白1红回线(5)。

2～3. 左过1红右串2白1红回线(5)。

4. 左过1红上1红右串2白回线(5)。

### 第二圈：

1. 右串1黑2白回线(4)(左眼)。

2. 左过 1 白右串 1 白 1 黑回线(4)(右眼)。

3. 左过 2 白右串 2 白 1 黑回线(6)(左眼)。

4. 左过 1 白右串 2 白回线(4)。

5. 左过 1 白右串 1 白 1 黑回线(4)(右眼)。

6. 左过 2 白上 1 黑右串 2 白回线(6)。

**第三圈：**

1. 右串 1 红 2 白回线(4)。

2～3. 左过 1 白右串 2 白回线(4)。

4. 左过 1 白右串 1 白 1 红回线(4)。

5～7. 左过 1 白右串 2 白回线(4)。

8. 左过 1 白上 1 红右串 1 白回线(4)。

**第四圈：**

1. 左过 1 白右串 4 白回线(6)。

2. 左过 1 白右串 2 红回线(4)。

3. 右串 1 白 1 红 1 白过 1 红回原位(4)。

4. 左过 1 白右串 1 红 1 白回线(4)。

5. 左过 2 白右串 3 白回线(6)。

6. 左过 1 白右串 2 红回线(4)。

7. 右串 1 白 1 红 1 白回过 1 红回原位(4)。

8. 左过 1 白上 1 白右串 1 红回线(4)。

**第五圈：**

1. 右串 3 红回线(4)。

2. 左过 1 白右串 1 红 1 白回线(4)。

3. 左过 1 白右串 2 红回线(4)。

4. 左过 1 红右串 2 红回线(4)。

5. 左过 1 红右过 1 红串 1 红回线(4)。

6. 右向右过 1 红串 1 红 2 黄 1 红后过 4 红回原位(4)。

7. 左过 1 白右过 1 红串 1 白回线(4)。

8. 左过 1 白右过 1 红串 1 红回线(4)。

9. 右过 1 红串 1 红 2 黄 1 红回过 1 红上 2 红回线(4)。

完成。

# 珠编狗(2005 年编制)

图 5-96 为珠编狗。

## 一、材料准备

用料:白色 220 个,彩色 46 个,红色 11 个,黑色 3 个。底部 8 珠;身体 64 珠(第一圈白色 27 个、彩色 4 个、红色 1 个,第二圈白色 25 个、彩色 2 个、红色 5 个);背部 34 珠(白色 25 个,彩色 4 个,红色 5 个);腿部 64 珠(白色 48 个,彩色 16 个);头部(白色 62 个,红色 1 个,黑色 3 个);耳朵 20 珠。

用线:底部 3 m,背部 1.1 m,腿部 2.4 m,耳朵 0.7 m。具体用线随珠子大小而定。

图 5-96　珠编狗

# 二、详细步骤

**底部:**

1. 右串 4 白回线(4)。

2~3. 右串 3 白回线(4)。

4. 左过 1 右串 2 白回线(4)。

5. 右串 3 白回线(4)。

6. 左过 1 右串 2 白回线(4)。

7. 右串 3 白回线(4)。

8~9. 左过 1 右串 2 白回线(4)。

10. 右串 3 白回线(4)。

11. 左过 1 右串 2 白回线(4)。

12. 左过 1 翻面,原左线变右线,串 2 白回线(4)。

13. 右串 3 白回线(4)。

14~15. 左过 1 右串 2 白回线(4)。

**身体:**

**第一圈:**

1. 右串 2 白 1 彩回线(4)。

2. 左过 1 右串 2 白回线(4)。

3. 左过 1 右串 1 彩 1 白回线(4)。

4~10. 左过 1 右串 2 白回线(4)。

11. 左过 1 右串 1 彩 1 白回线(4)。

12. 左过 1 右串 1 白 1 彩回线(4)。

13~14. 左过 1 右串 2 白回线(4)。

15. 左过 1 右串 1 红 1 白回线(4)。

16. 左过 1 上 1 右串 1 白回线(4)。

**第二圈:**

1. 右串 2 红 1 白回线(4)。

2~4. 左过 1 右串 2 白回线(4)。

5. 左过 1 右串 1 白 1 彩回线(4)。

6~9. 左过 1 右串 2 白回线(4)。

10. 左过 1 右串 1 白 1 彩回线(4)。

11~14. 左过 1 右串 2 白回线(4)。

15. 左过 1 右串 2 红回线(4)。

16. 左过 1 上 1 右串 1 红回线(4)。

**背部：从狗的右侧肩开始**

1. 右串 2 红 1 白回线(4)。

2. 左过 1 右串 1 白 1 彩回线(4)。

3～4. 左过 1 右串 2 白回线(4)。

5. 左过 2 右串 1 白回线(4)。

6. 左串 3 白 1 彩回过 2 白串 1 白，右串 1 彩 1 白回线。

7. 左过 2 右串 1 白回线(4)。

8. 左过 1 右串 2 白回线(4)。

9. 左过 1 右串 1 白 1 彩回线(4)。

10. 左过 1 右串 2 白回线(4)。

11. 左过 1 右串 2 红回线(4)。

12. 左过 1 红右串 1 红回线(4)。

13～14. 左右各过 1 右串 1 白回线(4)。

15. 左右各过 1 右串 1 彩回线(4)。

**腿部：**

1. 右串 3 白(4)。

2～3. 左过 1 右串 2 白回线(4)。

4. 左过 1 上 1 右串 1 白回线(4)。

5. 右串 1 白 1 彩 1 白回线(4)。

6～7. 左过 1 右串 1 彩 1 白回线(4)。

8. 左过 1 上 1 右串 1 彩回线(4)。

**头部：对面开始**

1. 左 1 白过 1 红，右串 2 白回线(4)。

2. 右串 3 白回线(4)。

3. 左过 1 红右串 2 白回线(4)。

4. 左过 1 红左串 2 白回线(4)。

5. 左串 3 白回线(4)。

6. 右过 1 左串 2 白回线(4)。

7. 右过 1 左串 2 白回线(4)。

8. 右串 3 白回线(4)。

9. 左过 1 右串 2 白回线(4)。

10. 左过 1 左串 2 白回线(4)。

11. 左串 3 白回线(4)。

12. 右过 1 左串 2 白回线(4)。

13. 右过 1 左串 2 白回线(4)翻面，左线变右线。

14～16. 左下过 1 右串 2 白回线(4)。

17. 左下过 1 白 1 红串 1 白回线(4)。

18. 左过 1 白 1 红串 1 白回线(4)。

19. 右串 3 白回线(4)。

20. 左上过 1 右串 2 白回线(4)。

21. 左上过 1 右串 1 白 1 黑回线(4)。

22. 右过 2 右串 1 白回线(4)。

23. 左过 1 右串 2 白回线(4)。

24. 左过 1 右串 1 黑 1 白回线(4)。

25. 左过 1,下过 1 串 1 白回线(4),左线变右线。

26. 右下过 1 左串 2 白回线(4)。

27. 右过 1 白 1 红串 1 白回线(4)。

28. 左过 1 左串 2 白回线(4)。

29. 右过 1 白 1 黑串 1 白回线(4)。

30. 右过 1,下过 1 串 1 白回线(4)。

31. 右串 1 白 1 黑 1 白回线(4)。

32. 右过 1 左串 2 白回线(4)。

33. 右过 1 左串 1 红 1 白回线(4)。

34. 右过 2 左串 1 白回线(4)。

**耳：**

1. 右串 2 彩左串 1 彩(4)。

2. 右串 4 彩回线(5)固定。

完成。

# 小猫收纳盒

图 5-97 为小猫收纳盒。

## 一、材料准备

用料：10 厘方珠彩色 271 个、白色 353 个、黑色 2 个、黄色 2 个、红色 1 个、小红 1 个。

用线：盒体 9.6 m,小猫 2.4 m,每个侧面 2 m。

## 二、详细步骤

**底部：均为四珠花**

1. 右串 4 彩回线。

2~3. 左串 1 彩右串 2 彩回线。

4~5. 右串 3 彩回线。

6~7. 左过 1 彩右串 2 彩回线。

8. 左过 1 彩左串 2 彩回线。

9. 左串 3 彩回线。

图 5-97 小猫收纳盒

10～11. 右过 1 彩左串 2 彩回线。

12. 右过 1 彩右串 2 彩回线。

13～28. 同 5～12,2 次。

29～32. 同 5～8 翻面,左变右。

**侧面：**

**第一圈：**

1. 右串 1 彩 2 白回线。

2～3. 左过 1 彩右串 2 白回线。

4. 左过 1 彩右串 1 白 1 彩回线。

5～11. 左过 1 彩右串 2 白回线。

12. 左过 1 彩右串 1 白 1 彩回线。

13～15. 左过 1 彩右串 2 白回线。

16. 左过 1 彩右串 1 白 1 彩回线。

17～23. 左过 1 彩右串 2 白回线。

24. 左过 1 彩上 1 彩右串 1 白回线。

**第二圈：**

1. 右串 2 白 1 彩回线。

2～4. 左过 1 白右串 2 白回线。

5. 左过 1 白右串 1 白 1 彩回线。

6～12. 左过 1 白右串 2 白回线。

13. 左过 1 白右串 1 白 1 彩回线。

14～16. 左过 1 白右串 2 白回线。

17. 左过 1 白右串 1 白 1 彩回线。

18. 左过 1 白左串 2 白回线。

**第三圈：**

1. 左串 2 白 1 彩回线。

2～4. 右过 1 白左串 2 白回线。

5. 右过 1 白左串 1 白 1 彩回线。

6～12. 右过 1 白左串 2 白回线。

13. 右过 1 白左串 1 白 1 彩回线。

14～16. 右过 1 白左串 2 白回线。

17. 右过 1 白左串 1 白 1 彩回线。

18. 右过 1 白右串 2 白回线。

**第四圈:同第二圈**

**第五圈:同第三圈**

**第六圈:同第二圈**

**第七圈：**

1. 左串 1 白 2 彩回线。

2～4. 右过 1 白左串 1 彩 1 白回线。

5. 右过 1 白左串 2 彩回线。

6～12. 右过 1 白左串 1 彩 1 白回线。

13. 右过 1 白左串 2 彩回线。

14～16. 右过 1 白左串 1 彩 1 白回线。

17. 右过 1 白左串 2 彩回线。

18. 右过 1 白左串 1 彩 1 白回线。

19～23. 左串 1 彩右串 2 白回线。

24. 左串 1 彩右串 1 白上 1 白左线回线。

**前脸上部：**

1. 右串 3 彩回线。

2～5. 左过 1 彩右串 2 彩回线。

6. 左过 1 彩左串 2 彩回线将线穿到右边一珠两端。

7. 左串 3 彩回线。

8～9. 右过 1 彩左串 2 彩回线。

10. 右过 1 彩右串 2 彩回线将线穿到左边一珠两端。

11. 右串 3 彩回线。

12. 左过 1 彩右串 2 彩回线,埋线。

**侧面两端底部:将线穿到底部右端一珠两端**

1. 右串 2 彩回线(3)。

2～3. 左过 1 彩右串 2 彩回线。

4. 左过 1 彩串 1 彩回线(3)将线穿到右边四珠花上面一珠两端。

5. 左串 3 彩回线。

6. 右过 1 彩左串 2 彩回线,埋线。

**侧面两端:线在侧面底部角上两珠两端**

**第一圈：**

1. 右串 1 彩 1 白。

2～5. 左过 1 彩右串 1 彩 1 白回线。

6. 左过 2 彩串 1 彩回线。

**第二圈：**

1. 左过 1 彩串 1 彩 1 白回线。

2～5. 右过 1 彩左串 1 彩 1 白回线。

6. 右过 2 彩串 1 彩回线。

**第三圈：**

1. 右过 1 彩串 1 彩 1 白回线。

2～5. 左过 1 彩右串 1 彩 1 白回线。

6. 左过 2 彩左串 1 彩回线。

**第四圈:同第二圈**

第五圈:同第三圈

第六圈:同第二圈

小猫：

第一圈：

1. 右串 6 白回线(6)。

2. 右串 1 白 1 彩 1 白过 1 白回原位(4)(右后脚)。

3. 右串 1 白 1 彩 1 白回线(4)。

4. 左过 1 白右串 1 彩 1 白回线(4)。

5. 左串 1 白 1 彩 1 白过 1 白回原位(4)(左后脚)。

6. 左过 1 白右串 2 彩 1 白回线(5)。

7. 左过 1 白串 1 白 1 彩 1 白过 1 白回原位(4)(左前脚)。

8. 右串 1 彩 1 白回线(4)。

9. 左过 1 白串 1 白 1 彩 1 白过 1 白回原位(4)(右前脚)。

10. 右串 1 彩 1 白回线(4)。

11. 左过 1 白上 1 白右串 2 彩回线(5)。

12. 左过 1 彩,串 1 白 1 彩,1 白 1 彩,1 小红回 1 彩 1 白 1 彩 1 白,(尾)过 2 彩向右上 1 彩变右线。

13. 右串 4 白回线(5)。

14. 右串 3 白回线(4)。

15. 左过 1 彩右串 3 白回线(5)。

16. 左过 1 彩右串 3 白回线(5)。

17. 右串 1 白 1 红 2 白回线(5)。

18. 左过 1 彩上 1 白右串 2 白回线(5)。

第二圈：

1. 左过 1 白右串 1 黄 2 白回线(5)。

2. 左过 2 白右串 1 白 1 彩回线(5)。

3. 右串 1 白 1 彩 1 白向左过 1 白回原位(4)(右耳)。

4. 右串 3 彩回线(4)。

5. 左过 2 白右串 2 白回线(5)。

6. 右串 1 白 1 彩 1 白过 1 白回原位(4)(左耳)。

7. 左过 2 白右串 1 白 1 黄回线(5)。

8. 左过 2 白串 1 白 1 黑回线(5)。

9. 右过 2 白 1 彩串 1 白回线(5)。

10. 左过 1 白 1 红串 2 白回线(5)。

11. 右过 1 彩 2 白串 1 黑回线(5)。

12. 右过 1 黄 3 白回线(5)。

完成。

# 小牛(卡通)

图 5-98 为小牛(卡通)。

## 一、材料准备

用料:扁珠白色 135 个、黄色 58 个、红色 4 个、橙色 99 个,圆珠红色 1 个、黑色 2 个、小黑 4 个。

用线:4 m。

## 二、详细步骤

图 5-98 小牛(卡通)

**头部:**

**第一圈:**

1. 右串 6 橙 1 环回线(6)。

2. 右串 5 橙回线(6)。

3. 左过 1 橙右串 3 橙回线(5)。

4~5. 左过 1 橙右串 4 橙回线(6)。

6. 左过 1 橙右串 1 橙 2 红回线(5)。

7. 左过 1 橙上 1 橙右串 1 红 1 橙回线(5)。

**第二圈:**

1. 左过 1 橙右串 1 橙 2 白回线(5)。

2. 左过 1 橙右串 2 白 2 橙回线(6)(左耳)。

3~4. 左过 2 橙右串 3 橙回线(6)。

5. 左过 1 橙右串 4 橙回线(6)。

6. 左过 2 橙右串 2 橙回线(5)。

7. 左过 1 橙右串 1 橙 3 白回线(6)(右耳)。

8. 左过 2 橙右串 1 白 1 橙回线(5)。

9. 右串 1 白 2 橙回线(4)。

10. 左过 2 红右串 1 橙回线(4)。

11. 左过 1 橙右串 1 橙 1 白回线(4)。

12. 左过 2 白右串 3 白回线(6)。

13. 左串 1 黑过 3 白回原位(填空左眼)。

14. 左过 1 白右串 2 白 2 橙回线(6)。

15. 左过 2 橙右串 2 橙回线(5)。

16. 左过 2 橙右串 3 橙回线(6)。

17. 左过 2 橙右串 2 橙回线(5)。

18. 左过 1 橙右串 4 橙回线(6)。

19. 左过 3 橙右串 2 橙回线(6)。

20. 左过 1 白右串 1 橙 3 白回线(6)。

21. 左过 3 白串 2 白回线(6)。

22. 左串 1 黑过 3 白回原位(填空右眼)。

23. 右过 1 白串 3 白回线(5)。

24. 右串 1 白 1 小黑 1 白回线(4)(右鼻)。

25～26. 右串 1 白右串 2 白回线(4)左过 2 橙 2 白,将两眼中间四珠拉紧。

27. 右串 1 小黑 2 白回线(4)(左鼻)。

28. 左过 2 白串 2 白回线(5)。

29. 左串 4 白回线(5)。

30. 右过 1 白左串 2 白回线(4)。

31. 右过 1 小黑 1 白串 1 白回线(4)。

32. 右过 1 白 1 小黑串 1 白回线(4)。

33. 右过 1 白串 1 白上对面 1 白用左线回线(4)。

34. 右串 1 红过 4 白,左过 2 白,将线穿到嘴下右边四珠花一白珠两端。

35. 右过 1 白,左过 1 白串 2 白回线(5)。

36. 右过 2 白左串 1 白 2 橙回线(6)。

37. 右过 3 橙左串 1 橙回线(5)。

38. 右过 1 橙左过 1 橙左串 3 橙回线(6)。

39. 右过 3 橙左串 2 橙回线(6)。

40. 右过 3 橙左串 1 橙回线(5)。

41. 左过 2 橙左串 2 橙回线(5)。

42. 右过 4 白串 1 白回线(6)。

**身体:在端面为 4 白 2 橙六珠花上编,头朝下,脸朝前**

**第一圈:**

1. 右串 4 白回线(5)。

2～3. 左过 1 橙右串 3 白回线(5)。

4. 左过 1 白右串 3 白回线(5)。

5. 左过 1 白右串 2 白 1 红回线(5)。

6. 左过 1 白上 1 白右串 2 白回线(5)。

**第二圈:**

1. 右串 5 白回线(6)。

2～3. 左过 1 白右串 2 白回线(4)。

4. 左过 1 白右串 4 白回线(6)。

5. 左过 2 白右串 3 白回线(6)。

6. 左过 1 白右串 4 白回线(6)。

7～8. 左过 1 白右串 2 白回线(4)。

9. 左过 1 白右串 4 白回线(6)。

10. 左过 2 白上 1 白右串 2 白回线(6)。

**左腿:头朝下,面对嘴**

1. 左过 1 白右串 4 橙回线(6)。

2. 左过 1 白右串 3 橙 1 白回线(6)。

3. 左过 1 白串 1 白上对面 1 白(隔两个四珠花)再串 1 白回线(5)。

4. 左过 1 白右过 1 橙右串 3 橙回线(6)。

5. 左过 2 白串 1 橙右串 2 橙回线(6)。

6. 右串 1 橙 2 白 2 橙回线(6)。

7. 左过 1 橙(对面六珠花的第 2 橙)右过 1 橙串 2 白 1 橙回线(6)。

8～9. 左过 2 橙右串 2 白 1 橙回线(6)。

10. 左过 2 橙上 1 橙右串 2 白回线(6)。

11. 左过 1 白右过 2 白串 1 白回线(5)。

12. 右过 3 白左过 3 白回线(7)。

**右腿:头朝下,嘴朝前,在身体另一边编,程序同左腿,线在身体中间一白珠两端,珠子用黄色**

**右耳:在眼旁六珠花上编,线穿在六珠花下边一橙珠两端**

1. 右串 4 黄回线(5)。

2. 左过 1 橙右串 3 黄回线(5)。

3. 左过 1 橙左串 3 黄回线(5)。

4. 右过 1 黄左串 2 黄回线(4)。

5. 右过 2 黄串 1 黄回线。

6. 右过 3 黄,左过 5 黄回线,将端面拉紧。

**左耳编法相同,线穿在六珠花上面一橙珠两端**

**犄角:**

在头顶六珠花上编,线在六珠花上端两珠两端,左右各串 3 黄 1 小黑回 3 黄。

**左前臂:在身体侧面两个四珠花上编,线穿在四珠花一白珠两端**

1. 右串 3 白回线(4)。

2. 左串 1 白右串 2 白回线(4)。

3. 左过 1 白上 1 白右串 1 白回线(4)。

4. 右串 3 橙回线(4)。

5. 左过 1 白右串 2 橙回线(4)。

6. 左过 1 白上 1 橙右串 1 橙回线(4)。

7. 左过 1 橙串 1 橙回线(臂的顶端)。

**右前臂编法相同,只把橙色珠改为黄色**

完成。

# 卡通小狗

图 5-99 为卡通小狗。

## 一、材料准备

用料：白色 53 个，彩色 40 个，小红 1 个，黑色 2 个。

用线：5 厘珠 1.6 m，6 厘珠 1.8 m。

## 二、详细步骤

**身体：均为四珠花**

1. 串 4 彩回线。

2. 右串 3 白回 1 彩到原位（尾）。

3. 右串 3 彩回线。

4～5. 左过 1 彩右串 1 彩 1 白回线。

6. 左过 1 彩上 1 彩右串 1 彩回线。

7. 右串 3 彩回线。

8～9. 左过 1 彩右串 1 彩 1 白回线。

10. 左过 1 彩上 1 彩右串 1 彩回线。

11. 右串 3 彩回线。

12～13. 左过 1 彩右串 1 彩 1 白回线。

14. 左过 1 彩上 1 彩右串 1 彩回线。

**腿部：**

腿部编制顺序如图 5-100 所示。

图 5-99　卡通小狗

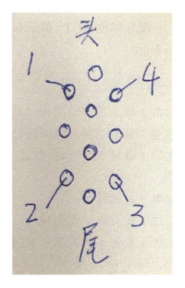

图 5-100　编腿图示

1. 右串 3 白回线(4)。

2. 右串 2 白回线(3)。

3. 左过 1 彩(与第 1 步相同的一个彩珠)右串 2 白回线(4)。

4. 左上 1 白右串 1 白回线(3)。

5. 右串 3 白回线(4)。

**按图示的位置和顺序编另外三条腿**

**头部:将线串到编头位置的四珠花前面的 1 彩珠上**

1. 右串 3 白回线(4)。

2～3. 左过 1 彩,右串 2 白回线(4)。

4. 左过 1 彩 1 白回线,将线穿到前面四珠花的 1 白珠上。

5. 右串 1 白 1 小红 1 白过 1 白串 1 白过 1 小红串 1 白,过 1 白上 1 白线回原位(嘴)。

6. 右串 1 黑 1 白 1 黑回线。

7～8. 左过 1 白右串 2 白回线。

9. 左过 1 白上 1 白右串 1 白回线。

**耳朵:在头部眼睛上端两边的两个白珠上编**

左串 1 彩,右串 2 彩回线按原路返回至头顶另一端的白珠上,锁紧。

完成。

# 三个香蕉

图 5 - 101 为三个香蕉。

## 一、材料准备

用料:6 厘珠绿色 46 个、黄色 98 个。

用线:3 m。

## 二、详细步骤

1. 右串 1 绿 3 黄 1 绿回线(5)。

2. 右过 1 黄串 2 黄 1 绿回线(5)。

3. 左串 1 绿过 1 绿 1 黄,右过 1 黄串 1 黄回线(5)。

4. 右串 3 黄回线(4)。

5. 左过 1 黄右串 2 黄回线(4)。

6. 左过 1 黄上 1 黄右串 1 黄回线(4)。

7～15. 同 4～6,3 次。

16. 右串 1 黄 1 绿 1 黄回线(4)。

17. 左过 1 黄右串 1 绿 1 黄回线(4)。

**图 5 - 101    三个香蕉**

18. 左过 1 黄上 1 黄右串 1 绿回线（4）。

19. 右串 3 绿回线（4）。

20. 左过 1 绿右串 2 绿回线（4）。

21. 左过 1 绿上 1 绿右串 1 绿回线（4），完成第一个香蕉。

22. 右串 3 绿回线（4）。

23～25. 左串 1 绿右串 2 绿回线（4）。

26. 右串 3 绿回线（4）。

27. 右串 3 黄回线（4）。

28. 左过 1 绿右串 2 黄回线（4）。

29. 左过 1 绿上 1 黄右串 1 黄回线（4）。

30. 右串 3 黄回线（4）。

31. 左过 1 黄右串 2 黄回线（4）。

32. 左过 1 黄上 1 黄右串 1 黄回线（4）。

33～41. 同 30～32，3 次。

42. 右串 1 黄 1 绿 1 黄回线（4）。

43. 左过 1 黄右串 1 绿 1 黄回线（4）。

44. 左过 1 黄上 1 黄右串 1 绿回线（4）。

45. 右串 1 绿过 1 绿回线（尖），完成第二个香蕉。

**重新起头，将线穿在第一个香蕉顶上侧面两个绿珠两端**

1. 右串 3 绿回线（5）。

2. 左串 1 绿过 1 绿（第二个香蕉侧面），左串 2 绿回线（5）。

3. 右过 1 绿（第一个五珠花的一珠）串 2 绿回线（4）。

4. 左过 1 绿右串 2 绿回线（4）。

5. 右串 3 黄回线（4）。

6. 左过 1 绿右串 2 黄回线（4）。

7. 左过 1 绿上 1 黄右串 1 黄回线（4）。

8. 右串 3 黄回线（4）。

9. 左过 1 黄右串 2 黄回线（4）。

10. 左过 1 黄上 1 黄右串 1 黄回线（4）。

11～19. 同 8～10，3 次。

20. 右串 1 黄 1 绿 1 黄回线（4）。

21. 左过 1 黄右串 1 绿 1 黄回线（4）。

22. 左过 1 黄上 1 黄右串绿回线（4）。

23. 右串 1 绿过 1 绿回线（尖），完成第三个香蕉。

完成。

# 小　猫

图 5-102 为小猫。

## 一、材料准备

用料：6 厘珠白色 70 个、黄色 5 个、黑色 2 个、粉色 3 个、小红 1 个。

用线：1.2 m。

## 二、详细步骤

**从头部开始：**

1. 右串 4 黄回线（4）。

2. 右串 1 白 1 黑 2 白回线（5）。

3. 右串 3 白回头过 1 白回原位（左耳）（4）。

4. 左过 1 黄右串 3 白回线（5）。

5. 右串 3 白回线（4）。

6. 左过 1 黄右串 3 白回线（5）。

7. 右串 3 白回头过 1 白回原位（右耳）（4）。

8. 左过 1 黄右串 1 白 1 黑 1 白回线（5）。

9. 左过 1 白右串 1 白 1 小红 1 白回线（5）。

10. 左过 1 黑右串 2 白 1 粉回线（5）。

11～12. 左过 2 白右串 2 白回线（5）。

13. 右串 3 白回线（4）。

14. 左过 2 白右串 2 白回线（5）。

15. 左过 2 白右串 1 白 1 粉回线（5）。

16. 左过 1 黑 1 白右串 2 白回线（5）。

17. 左过 1 小红 1 白右串 2 白回线（5）。

18. 左过 4 白回线。

**身体：线在四珠花的一珠两端**

1. 右串 3 白回线（4）。

2. 左过 1 白右串 3 白回线（5）。

3. 右串 3 白回线（4）。

4. 左过 1 白右串 3 白回线（5）。

5. 左过 1 白上 1 白右串 1 白回线（4）。

6. 右串 3 白回头过 1 白（4）（右前脚）。

7. 左过 1 白左串 3 白回头过 1 白（4）（左前脚），右过 3 白左过 5 白。

8. 左串 2 白回线（4）。

9. 右过 2 白右串 1 白回线（4）。

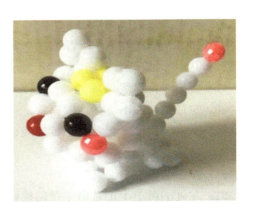

图 5-102　小　猫

10. 右串 3 白回头过 1 白(左后脚)。

11. 左过 1 白串 3 白回头过 1 白(右后脚)。

12. 线穿到尾部中间串 4 白 1 红回 4 白(尾巴)。

完成。

# 白 菜

图 5 - 103 为白菜。

图 5 - 103 白 菜

## 一、材料准备

用料:白色 346 个、浅绿色 337 个、绿色 150 个。

用线:30 m。

## 二、详细步骤

**第一圈:**

1. 右串 5 白回线(5)。

2. 右串 5 白回线(6)。

3～5. 左过 1 白右串 4 白回线(6)。

6. 左过 1 上 1 右串 3 白回线(6)。

**第二圈:均为四珠花**

1. 右串 3 白回线。

2～14. 左过 1 右串 2 白回线。

15. 左过 1 上 1 右串 1 白回线。

**第三圈:均为五珠花**

1. 右串 4 白回线。

2～14. 左过 1 右串 3 白回线。

15. 左过 1 上 1 右串 2 白回线。

**第四圈:均为六珠花**

1. 右过 1 右串 4 白回线。

2～14. 左过 2 右串 3 白回线。

15. 左过 2 上 1 右串 2 白回线。

**第五圈:同第四圈**

**第六圈:均为六珠花**

1. 右过 1 右串 2 白 2 绿回线。

2. 左过 2 右串 1 绿 1 白回线。

3. 左过 2 右串 3 白回线。

4. 左过 2 右串 1 白 2 绿回线。

5. 左过 2 右串 1 绿 2 白回线。

6～14. 同 3～5,3 次。

15. 左过 2 上 1 右串 2 白回线。

**第七圈:均为六珠花**

1. 右过 1 右串 4 白回线。

2. 左过 1 白 1 绿右串 1 白 2 绿回线。

3. 左过 1 绿 1 白右串 1 绿 2 白回线。

4. 左过 2 白右 3 白回线。

5～13. 同 2～4,3 次。

14. 左过 1 白 1 绿右串 1 白 2 绿回线。

15. 左过 1 绿 1 白上 1 白右串 1 绿 1 白回线。

**第八圈:均为六珠花**

1. 右过 1 绿右串 3 绿 1 白回线。

2. 左过 2 白右串 3 白回线。

3. 左过 1 白 1 绿右串 3 绿回线。

4. 左过 1 绿 1 白右串 2 绿 1 白回线。

5～13. 同 2～4,3 次。

14. 左过 2 白右串 3 白回线。

15. 左过 1 白 1 绿上 1 绿右串 2 绿回线。

**第九圈:均为六珠花**

1. 右过 1 绿串 1 白 3 绿回线。

2. 左过 2 绿右串 2 绿 1 白回线。

3. 左过 2 白右串 3 白回线。

4. 左过 2 绿右串 3 绿回线。

5. 左过 2 绿右串 2 绿 1 白回线。

6～14. 同 3～5,3 次。

15. 左过 2 白上 1 白右串 2 白回线。

**第十圈:均为六珠花**

1. 右过 1 白串 4 白回线。

2. 左过 2 绿右串 3 绿回线。

3. 左过 2 绿右串 2 绿 1 白回线。

4. 左过 2 白右串 3 白回线。

5～13. 同 2～4,3 次。

14. 左过 2 绿右串 3 绿回线。

15. 左过 2 绿上 1 白右串 2 绿回线。

**第十一圈:均为六珠花**

1. 右过 1 绿串 3 绿 1 白回线。

2. 左过 2 白右串 3 白回线。

3. 左过 2 绿右串 3 绿回线。

4. 左过 2 绿右串 2 绿 1 白回线。

5～13. 同 2～4,3 次。
14. 左过 2 白右串 3 白回线。
15. 左过 2 绿上 1 绿右串 2 绿回线。

**第十二圈：**

1. 右过 1 绿串 1 白 3 绿回线(6)。
2. 左过 2 绿右串 2 绿 1 白回线(6)。
3. 左过 2 白右串 2 白回线(5)。
4. 左过 2 绿右串 3 绿回线(6)。
5. 左过 2 绿右串 2 绿 1 白回线(6)。

6～14. 同 3～5,3 次。
15. 左过 2 白上 1 白右串 1 白回线(5)。

**第十三圈：**

1. 右串 3 白回线(4)。
2. 左过 2 绿右串 3 绿回线(6)。
3. 左过 2 绿右串 2 绿 1 白回线(6)。
4. 左过 1 白右串 2 白回线(4)。

5～13. 同 2～3,3 次。
14. 左过 2 绿右串 3 绿回线(6)。
15. 左过 2 绿上 1 白右串 2 绿回线(6)。

**第十四圈：**

1. 右过 1 绿串 4 绿回线(6)。
2. 左过 1 白右串 1 白 1 绿回线(4)。
3. 左过 2 绿右串 3 绿回线(6)。
4. 左过 2 绿右串 3 绿回线(6)。

5～13. 同 2～4,3 次。
14. 左过 1 白右串 1 白 1 绿回线(4)。
15. 左过 2 绿上 1 绿右串 2 绿回线(6)。

**第十五圈：均为四珠花**

1. 右串 3 绿回线。

2～24. 左过 1 右串 2 绿回线。
25. 左过 1 上 1 右串 1 绿回线中间用线拉一个五角星。

**第十六圈：均为五珠花**

1. 右串 4 绿。

2～24. 左过 1 绿右串 3 绿回线。
25. 左过 1 绿上 1 绿右串 2 绿回线。

**第十七圈：编法同第十六圈**

**第十八圈、第十九圈：编法同第十六圈，但用深色绿线**

完成。

# 水晶球

图 5-104 为水晶球。

## 一、材料准备

用料:8 厘扁珠 60 个,片 14 厘 30 片。

用线:1.5 m。

## 二、详细步骤

**第一圈:**

1. 右串 5 珠回线(5)。

2. 右串 1 片 1 珠 1 片 1 珠 1 片回线(6)。

3~5. 左过 1 珠右串 1 珠 1 片 1 珠 1 片回线(6)。

6. 左过 1 珠上 1 片,右串 1 珠 1 片 1 珠回线(6)。

**第二圈:**

1. 左过 1 珠,右串 3 珠回线(5)。

2. 左过 1 片,右串 1 片 1 珠 1 片 1 珠回线(6)。

3. 左过 2 珠,右串 2 珠回线(5)。

4~9. 同 2~3,3 次。

10. 左过 1 片上 1 珠,右串 1 片 1 珠 1 片回线(6)。

**第三圈:**

1. 左过 1 珠 1 片,右串 1 珠 1 片 1 珠回线(6)。

2. 左过 1 珠,右串 3 珠回线(5)。

3. 左过 1 片 1 珠 1 片,右串 1 片 1 珠回线(6)。

4～9. 同 2～3,3 次。

10. 左过 1 珠上 1 珠,右串 2 珠回线(5)。

**第四圈:**

1. 左过 1 片 1 珠,右串 1 片 1 珠 1 片(6)。

2～4. 左过 1 珠 1 片 1 珠,右串 1 珠 1 片回线(6)。

5. 左过 1 珠 1 片 1 珠上 1 片,右串 1 珠回线(6)。

6. 右过 4 珠回线(5)。

完成。

# 鹦　鹉

图 5－105 为鹦鹉。

## 一、材料准备

用料:6 厘珠绿色 137 个、白色 34 个、红色 18 个、黑色 2 个、棕色 20 个。

用线:3 m。

## 二、详细步骤

**第一圈:**

1. 右串 6 黄回线(6)。

2. 右串 4 黄回线(5)。

3～5. 左过 1 右串 3 黄回线(5)。

6. 左过 1 右串 2 黄回线(4)。

7. 左过 1 上 1 右串 1 黄回线(4)。

**第二圈:**

1. 左过 1 右串 4 黄回线(6)。

2. 左过 2 右串 3 黄回线(6)。

3. 左串 1 白右串 1 黄 3 白回线(6)。

4. 左串 2 白右串 2 白回线(5)。

5. 左串 1 白右串 2 白 2 黄回线(6)。

6. 左过 2 黄右串 3 黄回线(6)。

7. 左过 2 黄上 1 黄右串 2 黄回线(6)。

**第三圈:**

1. 左过 1 黄右串 4 黄回线(6)。

2～3. 左过 2 黄右串 3 黄回线(6)。

4. 左过 1 白右串 1 黄 3 白回线(6)。

5. 左过 3 白右串 2 白回线(6)。

6. 左过 1 白右串 2 白 2 黄回线(6)。

图 5－105　鹦　鹉

7. 左过 2 黄右串 3 黄回线(6)。

8. 左过 2 黄上 1 黄右串 2 黄回线(6)。

**第四圈:**

1. 左过 1 黄右串 4 黄回线(6)。

2～3. 左过 2 黄右串 3 黄回线(6)。

4. 左过 2 黄右串 2 黄回线(5)。

5. 左过 1 白右串 3 白回线(5)。

6. 左过 3 白右串 1 白回线(5)。

7. 左过 1 白右过 1 白串 1 白 1 黄回线(5)。

8. 左过 2 黄右串 2 黄回线(5)。

9. 左过 2 黄上 1 黄串 1 黄右串 1 黄回线(6)。

**第五圈:**

1. 右过 1 黄串 4 黄回线(6)。

2～4. 左过 2 黄右串 3 黄回线(6)。

5. 左过 2 黄左串 3 黄回线(6)。

**第六圈:**

1. 右过 1 黄左串 1 黄 1 黑 2 黄回线(6)。

2～3. 右过 2 黄左串 2 黄回线(5)。

4. 右过 2 黄左串 1 黄右串 1 黄 1 黑回线(6)。

**第七圈:**

1. 右串 4 黄回线(5)。

2～3. 左过 2 黄右串 2 黄回线(5)。

4. 左过 1 黑左串 3 黄回线(5)。

5. 右串 3 黄右串 1 黄回线(5)封口。

**嘴:从头部右端开始,线在黑眼珠下端 3 个黄珠两端,用小一号线和小一号红珠**

1. 右串 3 红回线(6)。

2. 左串 4 红回线(5)。

3. 右过 1 红串 2 红回线(4)。

4. 左过 1 红串 1 红,右串 3 红回线(6)。

5. 左过 1 红串 1 红右串 3 红回线(6)。

6. 右回过 2 红串 1 红,再回过 2 红到原位。

7. 左串 1 红右串 2 红回线(4)。

8. 右串 1 红过 3 黄左串 1 红回线(6)。

9. 左过 2 红右串 2 红回线(5)。

10. 左串 1 红过 1 红右串 1 红回线(4)。

**翅膀:线在头部下端六珠花的两珠两端**

1. 右串 2 黄回线(4)。

2. 左串 4 黄回线(5)。

3. 右过 1 黄右串 3 黄回线(5)。

4. 右串 3 黄回线(4)。

5. 左过 1 黄左串 2 黄回线(4)。

6. 右过 1 黄右串 2 黄回线(4)。

7. 右串 1 黄回过 1 黄埋线。

**翎子:头朝前,线在头部眼睛上边两个五珠花中间一珠两端编**

1. 右串 1 黄左串 3 黄回线(5)。

2. 右串 2 黄 1 白回 2 黄后向左过 2 黄。

3. 左过 1 黄左串 4 黄 1 红回过 2 黄再向右过 1 黄上 1 黄回线。
完成。

# 单马鞍小马

图 5 - 106 为单马鞍小马。

## 一、材料准备

用料:6 厘珠白色 140 个、红色 48 个,
5 厘珠白色 3 个、小红 1 个、黑色 2 个,4 厘珠
白色 16 个、黑色 2 个。

用线:2.5 m。

## 二、详细步骤

**图 5 - 106 单马鞍小马**

**身体:均为五珠花**
**第一圈:**

1. 右串 5 白回线。

2. 右串 1 白 1 红 2 白回线。

3~4. 左过 1 白右串 3 白回线。

5. 左过 1 白右串 1 白 1 红 1 白回线。

6. 左过 1 白左串 4 红回 2 红再串 1 红过 1 白(尾)。

7. 左过 1 白上 1 白右串 2 红回线。

**第二圈:**

1. 左过 1 红右串 3 红回线。

2~3. 左过 2 白右串 2 白回线。

4. 左过 2 白右串 1 白 1 红回线。

5. 左过 2 红上 1 红右串 1 红回线。

**第三圈:**

1. 右串 4 白回线。

2. 左过 1 红右串 3 白回线。

3~4. 左过 1 白右串 3 白回线。

5. 左过 1 白上 1 白右串 2 白回线。

**第四圈：**

1. 左过 1 白左串 3 白回线。

2～3. 右过 2 白左串 2 白回线。

4. 右过 2 白右串 2 白回线。

5. 左过 3 白串 1 白向右过 1 白，左变右。

**头部和颈部：**

**注意**：除注明外均为四珠花。

1. 右串 3 白回线。

2～4. 左过 1 白右串 2 白回线。

5. 左过 1 白上 1 白右串 1 白回线。

6. 同 1。

7～9. 同 2～4。

10. 同 5。

11. 右串 3 白回线。

12. 左过 1 白右串 3 白回线（5）。

13. 左串 1 黑过 2 白回原位（左眼）。

14. 右过 2 白串 3 红从第一白珠穿回（左耳）。

15. 左过 1 白右串 2 白回线。

16. 左过 1 白右串 4 白回线（5）。

17. 右向右过 1 白串 3 红从 1 白穿回（右耳）。

18. 左串 1 黑过 2 白回原位（右眼）。

19. 左过 1 白上 1 白右串 1 白回线。

20. 右过 1 白，左过 2 白串 1 白回线。

21. 右过 2 白，左过 2 白，将线穿到端眼前四珠花的上面一珠两端，左线变右线。

22. 右串 3 白回线。

23～24. 左过 1 白右串 2 白回线。

25. 左过 1 白上 1 白右串 1 白回线。

26. 右串 2 小小白 1 小白回线。

27. 左过 1 白右串 1 小黑 1 小白 1 小黑 1 小白回线。

28. 左过 1 白右串 2 小小白回线。

29. 左过 1 白上 1 小白右串 1 小红回线。

30. 将线穿到背部头顶四珠花一珠两端，右串 3 红回线，左过 1 白右串 2 红，埋线。

**左前腿：耳朝下，面对嘴，线在身体前部五珠花左边一珠两端**

1. 右串 1 小白 2 白回线（4）。

2. 过 2 白右串 1 白 1 小白回线（5）。

3. 左过 2 白上 1 小白串 1 小白回线（5）。

4. 右串 3 白回线（4）。

5. 左过 1 白右串 2 白回线（4）。

6. 左过 1 白上 1 白右串 1 白回线（4）。

7. 右串 3 红回线(4)。

8. 左过 1 白右串 2 红回线(4)。

9. 左过 1 白上 1 白右串 1 红回线(4)。

**左后腿**:在身体后端五珠花上编,线穿在五珠花下面左边一珠两端,编法同左前腿

**右前腿**:和右后腿在右边对称位置,编法同左腿,只把程序中左改为右

完成。

# 双马鞍小马

图 5-107 为双马鞍小马。

## 一、材料准备

用料:6 厘珠白色 196 个、红色 47 个,5 厘珠白色 3 个、黑色 2 个,4 厘珠白色 16 个、小红 1 个、黑色 2 个。

用线:身体 3 m,每条腿用线 0.6 m。

## 二、详细步骤

**身体**:

**注意**:除注明外均为五珠花。

**第一圈**:

1. 右串 5 白回线。

2. 右串 1 白 1 红 2 白回线。

3~4. 左过 1 白右串 3 白回线。

5. 左过 1 白右串 1 白 1 红 1 白回线。

6. 左过 1 白左串 6 白回 4 白再串 1 白过 1 白(尾)。

7. 左过 1 白上 1 白右串 2 红回线。

**第二圈**:

1. 左过 1 红右串 3 红回线。

2~3. 左过 2 白右串 2 白回线。

4. 左过 2 白右串 1 白 1 红回线。

5. 左过 2 红上 1 红右串 1 红回线。

**第三圈:都是四珠花**

1. 右串 3 红回线。

2. 左过 1 红右串 2 红回线。

3~4. 左过 1 白右串 2 白回线。

5. 左过 1 白上 1 红右串 1 白回线。

**第四圈**:

1. 右串 4 白回线。

2~3. 左过 1 红右串 3 白回线。

图 5-107　双马鞍小马

4. 左过 1 白右串 3 白回线。

5. 左过 1 白上 1 白右串 2 白回线。

**第五圈：**

1. 左过 1 白左串 3 白回线。

2～3. 右过 2 白左串 2 白回线。

4. 右过 2 白右串 2 白回线。

5. 左过 3 白向右过 1 白，左线变右线。

**头部和颈部：**

**注意：除注明外为四珠花。**

1. 右串 3 白回线。

2～4. 左过 1 白右串 2 白回线。

5. 左过 1 白上 1 白右串 1 白回线。

6. 同 1。

7～9. 同 2～4。

10. 同 5。

11. 右串 3 白回线。

12. 左过 1 白右串 3 白回线（5）。

13. 左串 1 黑过 2 白回原位（填空）（左眼）。

14. 右过 2 白串 3 白从第 2 白穿回（左耳），再过 1 白回原位。

15. 左过 1 白右串 2 白回线。

16. 左过 1 白右串 3 白回线（5）。

17. 右向右过 1 白串 3 白从 1 白穿回（右耳）。

18. 左串 1 黑过 2 白回原位（填空）（右眼）。

19. 左过 1 白上 1 白右串 1 白回线。

20. 右过 1 白，左过 2 白串 1 白回线（5）。

21. 右过 2 白，左过 2 白，将线穿到眼前四珠花的上面一珠两端，左线变右线。

22. 右串 3 白回线。

23～24. 左过 1 白右串 2 白回线。

25. 左过 1 白上 1 白右串 1 白回线。

26. 右串 2 小小白 1 小白回线。

27. 左过 1 白右串 2 小白回线，右串 1 小黑向右过 1 小白再串 1 小黑，向左过 1 小白（鼻）。

28. 左过 1 白右串 2 小小白回线。

29. 左过 1 白上 1 小小白右串 1 小红回线。

**鬃：**

将两线穿到头顶耳旁四珠花一珠两端，两线同时串 3 红，向左向右各过 1 白（头顶五珠花的两个白珠）和 1 红（刚刚串的 3 红珠的第 3 红），再串 2 红，一条线过背上的 1 白，另一条线串 2 红回线，再重复一次。

**左前腿：在身体前端五珠花上编，头朝下，面对头，线穿在身体前端左边五珠花一珠两端**

**第一圈：**

1. 右串1小小白2白回线(4)。

2. 左过2白右串1白1小小白回线(5)。

3. 左过2白上1小小白右串1小小白回线(5)。

**第二圈、第三圈：**

1. 右串3白(4)。

2. 左过1白右串2白回线(4)。

3. 左过1白上1白右串1白回线(4)。

**第四圈：**

1. 右串3红回线(4)。

2. 左过1白右串2红回线(4)。

3. 左过1白上1红右串1红回线(4)。

**左后腿：**在尾部左侧五珠花上编，线穿在五珠花上面一珠两端，编法同左前腿

**右前腿：**与右后腿在身体底部右边五珠花上编，起头位置与左腿对称，把程序中左改为右完成。

# 小扇子

图5-108为小扇子。

## 一、材料准备

用料：长珠18个，大珠39～41个，小珠48～50个。

用线：1.6 m。

## 二、详细步骤

1. 右串4对穿。

2～3. 左串1右串2对穿。

4. 左串1右串1过1回线。

5. 右串1长1大1长回线。

6～9. 右串1小1大1长回线。

10. 左线穿过底座横珠，再串1长1大，过1长回到原位(起中间固定作用)。

11～14. 右串1小1大1长回线。

15. 左过横珠，右串1大1长回线。

16～18. 右串1大1小1长回线。

19. 右线串1大1小与左线在1长珠上对穿。

20～22. 右串1大1小1长回线。

23. 右串1小1大1小左线在长珠上对穿。

图5-108　小扇子

24. 左过 1 横上 1 长, 右串 1 大回线。

25~27. 左右各过 1 小 1 大, 右串 1 大回线。

28. 左右各过 1 小 1 大 1 小, 左串 8 小再穿 1 提手从右向左过横珠回到原位。

29. 左过 1 大, 右过 1 大串 1 大回线。

30~31. 左右各过 1 小 1 大, 右串 1 大回线将线穿到下端中间编扇穗。

完成。

# 穿燕尾服的小熊

图 5 - 109 为穿燕尾服的小熊。

## 一、材料准备

用料:6 厘珠白色 126 个、红色 52 个、黑色 194 个。

用线:10 m。

## 二、详细步骤

图 5 - 109  穿燕尾服的小熊

头部:

1. 右串 6 白回线(6)。

2. 右串 4 白回线(5)。

3. 左过 1 白右串 3 白回线(5)。

4~5. 左过 1 白右串 4 白回线(6)。

6. 左过 1 白右串 3 白回线(5)。

7. 左过 1 白上 1 白右串 3 白回线(6)。

8. 左过 1 白右串 3 白回线(5)。

9. 左过 1 白右串 1 黑 2 白回线(5)(右眼)。

10. 左过 1 白右串 1 白 1 黑 1 白回线(5)(左眼)。

11. 左过 2 白右串 2 白回线(5)。

12. 左过 1 白串 1 白右串 3 白回线(6)。

13. 右串 3 白回线(4)(左耳)。

14. 左过 1 白右串 3 白后向右回过 1 白(5)(左耳)。

15. 左过 2 白右串 2 白回线(5)。

16. 左过 1 白右串 4 白回线(6)。

17~18. 左过 2 白右串 3 白回线(6)。

19. 右串 4 白后向右回过 1 白, 左线变右线(右耳)。

20. 左过 2 白右串 3 白回线(6)。

21. 左过 1 白右串 3 白回线(5)。

22. 左过 1 黑右串 3 白回线(5)。

23. 右串 1 白 1 红 2 白回线(5)。

24～25. 左过 1 白右串 2 白回线(4)。

26. 左串 2 白上 1 红右串 1 白回线(5)。

27. 左串 1 黑过对面 1 白和第 26 步编出的五珠花的右边 2 白,右线向下过 1 白,左线变右线。

28. 左过 1 黑右串 3 白回线(5)。

29. 左过 2 白右串 2 白回线(5)。

30. 左过 1 白右串 4 白回线(6)。

31. 左过 3 白右串 2 白回线(6)。

32. 左过 1 白右串 4 白回线(6)。

33. 左过 2 白右串 2 白回线(5)。

34. 左过 2 白右串 3 白回线(6)。

35. 左过 2 白右串 2 白回线(5)。

36. 左过 1 白上 1 白串 2 白(形成四珠花)(右耳),再向左过 2 白,右串 3 白回线(6)。

37. 左过 2 白右串 3 白回线(6)。

38～39. 左过 2 白右串 2 白回线(5)。

40. 左过 3 白右串 2 白回线(6)。

41. 左过 1 白右串 4 白回线(6)。

42. 左过 3 白右串 1 白回线(5)。

43. 左右各过 1 白右串 3 白回线(6)。

44. 左过 3 白右串 2 白回线(6)。

45. 左过 3 白左串 2 白回线(6)。

46. 右过 2 白右串 2 白回线(5)。

47. 左过 3 白右串 2 白回线(6)。

48. 左过 2 白右串 2 白回线(5)。

49. 左过 3 白右串 1 白回线(5)。

**身体:**头部完成后,底部形成一个六珠花,线在两个换着的五珠花左边一个的上面一珠两端,在其上编

第一圈:

1. 右串 2 白 2 黑回线(5)。

2. 左过 1 白右串 4 黑回线(6)。

3～4. 左过 1 白右串 3 黑回线(5)。

5. 左过 1 白右串 4 黑回线(6)。

6. 左过 1 白上 1 白右串 1 黑 1 白回线(5)。

第二圈:

1. 左过 1 白右 4 白回线(6)。

2. 左过 2 黑右串 3 黑回线(6)。

3. 左过 1 黑右串 3 黑回线(5)。

4～6. 左过 2 黑右串 3 黑回线(6)。

7. 左过 1 黑右串 3 黑回线(5)。

8. 左过 2 黑上 1 白右串 2 黑回线（6）。

**第三圈：**

1. 左过 1 白右串 1 黑 2 红 1 白回线（6）。

2. 左过 1 白 1 黑右串 2 红 1 黑回线（6）。

3～7. 左过 2 黑右串 3 黑回线（6）。

8. 左过 2 黑上 1 黑右串 2 黑回线（6）。

**第四圈：**

1. 左过 1 红右 6 白回线（8）。

2. 左过 2 红右串 2 白回线（5）。

3. 左过 1 红 1 黑右串 5 白回线（8）。

4. 左过 2 黑右过 1 白串 1 白回线（5）。

5. 左过 2 黑右过 1 白串 1 白（5）。

6. 左过 2 黑右串 2 白回线（5）。

7. 左过 2 黑右过 1 白（第一个八珠花下边一珠）串 1 白（5）。

8. 左过 2 黑 1 白右过 1 白回线（封底）。

**右腿：线在底部右边侧面五珠花上边一白珠两端**

**第一圈：**

1. 左串 3 白回线（4）。

2～4. 右过 1 白左串 2 白回线（4）。

5. 右串 1 白上 1 白右串 1 白回线（4）。

**第二圈至第五圈：均为四珠花**

1. 右串 3 白回线。

2～4. 左过 1 白右串 2 白回线。

5. 左过 1 白上 1 白右串 1 白回线。

**左腿：线在底部左边侧面五珠花上边一白珠两端起头**

1. 右串 3 白回线（4）。

2～4. 左过 1 白右串 2 白回线（4）。

5. 左串 1 白上 1 白左串 1 白回线（4），其余编法同右腿。

**鞋：**

1. 右串 3 黑回线。

2～4. 左过 1 白右串 2 黑回线。

5. 右串 3 黑回线。

6. 左过 1 白右串 3 黑回线（5）。

7. 左上过 1 黑串 2 黑回线。

8. 右过 1 黑左串 2 黑回线。

9. 右过 2 黑左串 1 黑回线。

10. 右过 1 黑左过 2 黑串 1 黑回线。

11. 左右各过 1 黑右串 1 黑回线。

**燕尾服的后端下边：线在上身右端红珠旁隔一黑珠后两黑珠两端**

1. 左串 4 黑回线(6)。

2～3. 右过 1 黑左串 2 黑回线(4)。

4. 右过 2 黑左串 2 黑回线(5)。

5～6. 右过 1 黑左串 2 黑回线(4)。

7. 右过 2 黑右串 3 黑回线(6)。

**右半片：**

1. 右串 3 回线(4)。

2. 左过 1 黑右串 2 黑回线(4)1 黑回线(4)。

3. 左过 1 黑左串 2 黑回线(4)。

4. 左串 3 黑回线(4)。

5. 右过 1 黑右串 2 黑回线(4)。

6. 左线绕过左边四珠花的四个珠子,左串 3 黑后向右向下再向右共过 3 黑,右线向下过 1 黑,用左线回线(4),埋线。

**左半片:从左边六珠花的右边一黑珠重新起头(与右半片外端对称位置)**

1. 左串 3 黑回线(4)。

2. 右过 1 黑左串 2 黑回线(4)。

3. 右过 1 黑右串 2 黑回线(4)。

4. 右串 3 黑回线(4)。

5. 左过 1 黑左串 2 黑回线(4)。

6. 右线绕过右边四珠花的 4 个珠子,右串 3 黑后向左向下再向左共过 3 黑,左线向下过 1 黑,用右线回线(4),埋线。

**右臂:线在胸前右边六珠花右下端一黑珠两端**

1. 左串 1 黑串 2 黑回线(4)。

2. 右串 1 黑过对面 1 黑后再串 1 黑回线(4)。

3. 右串 3 黑回线(4)。

4. 左过 1 黑右串 2 黑回线(4)。

5. 左过 1 黑(六珠花下边一珠)上 1 黑回线。

6. 右串 3 黑回线(4)。

7. 左过 1 黑右串 2 黑回线(4)。

8. 左过 1 黑上 1 黑右串 1 黑回线(4)。

9. 右串 3 红回线(4)。

10. 左过 1 黑右串 2 红回线(4)。

11. 左过 1 黑上 1 红右串 1 红回线(4)。

**左臂在胸前左端六珠花上编,编法与右臂相同**
**裙边:线在胸前 6 个红珠旁右边两个黑珠两端**

1. 右串 4 黑回线(6)。

2. 右串 1 黑 1 红 1 黑回线(4)。

3. 左过 2 黑右串 2 红 1 黑回线(6)。

4. 左过 1 白 1 黑右串 2 红 1 黑回线(6)。

5～6. 左过 1 黑右串 2 红 1 黑回线(5)。

7～8. 左过 2 黑右串 2 红 1 黑回线(6)。

9～10. 左过 1 黑右串 2 红 1 黑回线(6)。

11. 左过 1 黑 1 白右串 2 红 1 黑回线(6)。

12. 左过 2 黑右串 2 红 1 黑回线(6)。

13. 左过 1 黑右串 1 红 1 黑回线(4)。

14. 左过 2 黑右串 3 黑回线(6)埋线。

完成。

# 穿裙子的小熊

图 5-110 为穿裙子的小熊。

## 一、材料准备

用料:6 厘珠白色 160 个、黑色 44 年、红色 99 个。

用线:10 m。

## 二、详细步骤

**头部:与穿燕尾服的小熊相同(第 316 页)**

**身体:**

**第一圈:**

1. 右串 4 白回线(5)。

2. 左过 1 右串 1 红 1 白 1 红 1 白回线(6)。

3～4. 左过 1,右串 3 白回线(5)。

5. 左过 1 右串 1 红 1 白 1 红 1 白回线(6)。

6. 左过 1 上 1 右串 2 白回线(5)。

**第二圈:**

1. 左过 1 白右串 4 红回线(6)。

2. 左过 1 白 1 红右串 3 红回线(6)。

3. 左过 1 白右串 3 红回线(5)。

4. 左过 1 红 1 白右串 3 红回线(6)。

5. 左过 2 白右串 3 红回线(6)。

6. 左过 1 白 1 红右串 3 红回线(6)。

7. 左过 1 白右串 3 红回线(5)。

8. 左过 1 红 1 白上 1 红右串 2 红回线(6)。

**第三圈:**

1. 左过 1 红右串 4 红回线(6)。

2～7. 左过 2 红右串 3 红回线(6)。

**图 5-110　穿裙子的小熊**

8. 左过 2 红上 1 红右串 2 红回线(6)。

**第四圈:**

1. 左过 1 红右串 6 白回线(8)。

2. 左过 2 红右串 2 白回线(5)。

3. 左过 2 红右串 5 白回线(8)。

4~5. 左过 2 红右过 1 白串 1 白回线(5)。

6. 左过 2 红右串 2 白回线(5)。

7. 左过 2 红右过 1 白(第一个八珠花下边一珠)串 1 白回线(5)。

8. 左过 2 红 1 白右过 1 白回线(封底)。

**腿部:**与穿燕尾服的小熊相同(第 316 页)

**裙子:**在身体的第三圈上接着编,编一圈六珠花,再编一圈五珠花

**右臂:**线在胸前右边六珠花右下端一红珠两端

1. 左串 1 白右串 1 红 1 白回线(4)。

2. 右串 1 红过对面 1 红后串 1 白回线(4)。

3. 右串 3 白回线(4)。

4. 左过 1 白右串 2 白回线(4)。

5. 左过 1 白上 1 白右串 1 白回线(4)。

6~8. 同 3~5。

9. 右串 3 红回线(4)。

10. 左过 1 白右串 2 红回线(4)。

11. 左过 1 白上 1 红右串 1 红回线(4)。

**帽子:**

1. 右串 5 红回线(5)。

2. 右串 3 红回线(4)。

3~5. 左过 1 红右串 2 红回线(4)。

6. 左过 1 红上 1 红右串 1 红回线(4)。

7. 右串 5 红回线(6)。

8~10. 左过 1 红右串 4 红回线(6)。

11. 左过 1 红上 1 红右串 2 红,将线穿过左耳后再串 1 红回线(6)把帽子固定在头上。

完成。

# 小浣熊

图 5-111 为小浣熊。

## 一、材料准备

用料:6 厘扁珠红色 242 个,白色 83 个,黑色 2 个,大红 1 个。

用线:4.5 m。

## 二、详细步骤

**图 5 - 111 小浣熊**

**从底部开始：**

**第一圈：**

1. 右串 5 红 1 白回线（6）。

2. 右串 4 白回线（5）。

3. 左过 1 红右串 2 白 2 红回线（6）。

4. 左过 1 红右串 3 红回线（5）。

5. 左过 1 红右串 4 红回线（6）。

6. 左过 1 红右串 3 红回线（5）。

7. 左过 1 红上 1 白右串 1 红 2 白回线（6）（端面 9 红 6 白）。

**第二圈：**

1. 左过 1 白右串 4 白回线（6）。

2. 左过 2 白右串 3 白回线（6）。

3. 左过 1 白右串 1 白 2 红回线（5）。

4～5. 左过 2 红右串 3 红回线（6）。

6. 左过 1 红右串 3 红回线（5）。

7～8. 左过 2 红右串 3 红回线（6）。

9. 左过 1 白上 1 白右串 1 红 1 白回线（5）（端面 12 红 6 白）。

**第三圈：**

1. 左过 1 白右串 4 白回线（6）。

2. 左过 2 白右串 2 白回线（5）。

3. 左过 2 白右串 3 白回线（6）。

4. 左过 2 红右串 3 红回线（6）。

5～6. 左过 2 红右串 2 红回线（5）。

7. 左过 2 红右串 3 红回线（6）。

8. 左过 2 红右串 2 红回线（5）。

9. 左过 2 红上 1 白右串 2 红回线（6）（端面 9 红 5 白）。

**第四圈：**

1. 左过 1 白右串 2 红 2 白回线（6）。

2. 左过 3 白右串 2 白回线（6）。

3. 左过 1 白 1 红右串 1 白 2 红回线（6）。

4～5. 左过 2 红右串 2 红回线（5）。

6. 左过 3 红上 1 红右串 1 红回线（6）（端面 5 红 3 白）。

**头部：**

**第一圈：**

1. 右串 4 红回线（5）。

2. 左过 1 红右串 3 红 1 白回线（6）。

3～5. 左过 1 白右串 3 白回线(5)。

6. 左过 1 红右串 4 红回线(6)。

7. 左过 1 红右串 3 红回线(5)。

8. 左过 1 红上 1 红右串 2 红回线(5)(端面 12 红 6 白)。

**第二圈:**

1. 左过 1 红右串 4 红回线(6)。

2. 左过 2 红右串 3 红回线(6)。

3. 左过 1 红右串 3 红回线(5)。

4. 左过 1 红 1 白右串 1 红 2 白回线(6)。

5. 左过 2 白右串 3 白回线(6)。

6. 左串 1 大红再过 2 白右串 3 白回线(6)(红嘴)。

7. 左过 1 白 1 红右串 1 白 2 红回线(6)。

8. 左过 1 红右串 3 红回线(5)。

9. 左过 2 红右串 3 红回线(6)。

10. 左过 2 红上 1 红右串 2 红回线(6)(端面 14 红 6 白)。

**第三圈:**

1. 左过 1 红右串 4 红回线(6)。

2. 左过 2 红右串 3 红回线(6)。

3. 左过 2 红右串 2 红回线(5)。

4. 左过 2 红右串 1 红 1 白回线(5)。

5. 左过 2 白右串 3 白回线(6)。

6. 右串 1 黑过 3 白回原位(填空左眼)。

7. 左过 1 白右串 2 红 1 白回线(5)。

8. 左过 2 白右串 3 白回线(6)。

9. 右串 1 黑过 3 白回原位(填空右眼)。

10～11. 左过 2 红右串 2 红回线(5)。

12. 左过 2 红上 1 红右串 2 红回线(6)(端面 12 红 4 白)。

**第四圈:**

1. 左过 1 红右串 4 红回线(6)。

2. 左过 2 红右串 3 红,串环,回线(6)。

3. 左过 2 红右串 2 红回线(5)。

4. 左过 1 红 1 白右串 2 红回线(5)。

5. 左过 1 白 1 红右串 3 红回线(6)。

6. 左过 1 红 1 白右串 3 红回线(6)。

7. 左过 1 白 1 红右串 2 红回线(5)。

8. 左过 2 红上 1 红右串 1 红回线(5)(端面 12 红)。

**第五圈:**

1. 左过 1 红右过 2 红串 1 红回线(5)。

2. 左串 3 红过 2 红回原位(右角)。

3. 左过 2 红右过 2 红串 1 红回线(5)。

4. 左过 2 红右过 2 红回线(5)。

5. 左串 3 红过 2 红回原位(左角)。

**尾部:头朝下,面对脸部,线在第一圈第 5 步六珠花的下面一珠两端**

第一圈:

1. 左串 2 红右串 2 红回线(5)。

2～3. 右串 5 红回线(6)。

4. 左过 4 红右串 1 红回线(6)。

5. 左过 1 红右过 1 红串 3 红回线(6)。

6. 左过 1 红上 2 红右串 2 红回线(6)(端面 10 红)。

第二圈:

1. 左过 1 红右串 1 白 2 红 1 白回线(6)。

2. 左过 1 红右串 2 红 1 白回线(5)。

3～4. 左过 2 红右串 2 红 1 白回线(6)。

5. 左过 1 红右串 2 红 1 白回线(5)。

6. 左过 2 红上 1 白右串 2 红回线(6)(端面 12 红)。

第三圈:

1. 右过 1 红串 1 白 2 红 1 白回线(6)。

2～5. 左过 2 红右串 2 红 1 白回线(6)。

6. 左过 2 红上 1 白右串 2 红回线(6)(端面 12 红)。

第四圈:

1. 右过 1 红串 1 白 1 红 1 白回线(5)。

2～3. 左过 2 红右串 2 红 1 白回线(6)。

4. 左过 2 红右串 1 红 1 白回线(5)。

5. 左过 2 红右串 2 红 1 白回线(6)。

6. 左过 2 红上 1 白右串 2 红回线(6)(端面 10 红)。

第五圈:

1. 左过 2 红右串 2 红回线(5)。

2. 左过 2 红右串 2 红回线(5)。

3. 左过 2 红右串 2 红回线(5)。

**左前腿:线在胸前左边白色六珠花旁的红色六珠花的下边一珠两端**

第一圈:

1. 右串 3 红回线(4)。

2. 左过 1 白右串 2 红回线(4)。

3. 左过 1 红右串 2 红回线(4)。

4. 左串 1 红上 1 红右串 1 红回线(4)。

第二圈:

1. 右过 1 红串 2 白回线(4)。

2．左过 2 红串 1 白回线(3)。

**右后腿**：在身体第一圈 3 白 3 红的六珠花上编，线在白珠旁的两个红珠两端

**第一圈：**

1．右串 3 红回线(5)。

2．左过 1 红右串 2 红回线(4)。

3～4．左过 1 白右串 2 红回线(4)。

5．左过 1 白上 1 红右串 1 红回线(4)。

**第二圈：**

1．右串 2 红回线(3)。

2．左过 2 红右串 2 红回线(5)。

3．左过 4 红回线(5)。

4．右串 1 白过 2 红回线(填空)。

**右前腿**：和左后腿编法与左前腿和右后腿相同，只把程序中左改为右，右改为左完成。

# 花篮与小猫

图 5-112 为花篮与小猫。

## 一、材料准备

用料：6 厘珠红色 8 个、黑色 4 个、白色 128 个、粉色 128 个、绿色 60 个、小红 2 个、大红 2 个。

用线：3 m。

## 二、详细步骤

**第一个猫：**

1．右串 4 红回线。

2．右串 2 白 1 黑 1 白回线。

3．右串 1 白 1 小红 2 白回线。

4．左过 1 红右串 1 黑 2 白回线，以第二个白珠为底，左串 3 白过底白珠回原位(左耳)。

5．左过 1 红右串 3 白回线。

6．右串 3 白回线。

7．左过 1 红 1 白，以此白珠为底，左串 3 白过底白回原位(右耳)，右串 2 白回线。

8．左过 1 白右串 2 白 1 粉回线。

9．左过 1 黑 1 白右串 2 白回线。

10．左过小红右串 3 白回线。

11．左过 1 白 1 黑右串 1 白 1 粉回线。

**图 5-112　花篮与小猫**

12～13. 左过 2 白右串 2 白回线。

14. 右串 4 白回线。

15. 左串 1 白右串 3 白回线。

16. 右串 4 白回线。

17～18. 左过 3 白右串 1 白回线。

19. 右过 1 白右串 3 白回线。

20. 左串 1 白过第 14 步编出的五珠花右边一白珠,右串 2 白回线。

21. 右串 1 白 2 粉 1 白回线。

22～29. 左过 1 白右串 2 粉 1 白回线(记住 21、22 步编出的位置)。

30. 左过 1 白上 1 白右串 2 粉回线。

**第二个猫:**

1～26. 同第一个猫的编法。

27. 左过 1 白右串 1 粉,过第一个猫的侧面第 22 步编出的第一个粉珠,再串 1 白回线。

28. 左过 1 白右过第一个猫的侧面第 21 步编出的第二个粉珠,再串 1 粉 1 白回线。

29. 左过 1 白右过 2 粉 1 白回线。

30. 左过 1 白上 1 白,右串 2 粉回线。

31. 用第一个猫的余线,左过 1 粉再过第二个猫的 2 粉后串 2 粉回线。

32. 将线穿到对面的 4 个粉珠两端,右串 2 粉回线(将两猫连到一起)。

**篮子:接着第二个猫的余线继续编**

1. 左过 1 粉右串 3 粉回线(5)。

2. 左过 2 粉右串 3 粉回线(6)。

3. 左过 2 粉右串 2 粉回线(5)。

4～5. 同 2～3。

6～8. 左过 2 粉右串 3 粉回线(6)。

9. 左过 2 粉右串 2 粉回线(5)。

10. 左过 2 粉右串 3 粉回线(6)。

11～14. 同 9～10,2 次。

15. 左过 2 粉右串 3 粉回线(6)。

16. 左过 2 粉上 1 粉左串 2 粉回线(6)。

**篮底:从侧面 3 个六珠花的左面一个开始,线在六珠花右边一珠两端**

1. 右串 5 粉回线。

2～4. 左过 3 粉右串 2 粉回线。

5. 左过 1 粉右串 1 粉过 1 粉,右串 2 粉回线。

6. 左过 2 粉右串 1 粉,将线从底部穿过,再串 2 粉回线。

7. 左过 1 粉右串 4 粉回线。

8～10. 左过 3 粉右串 2 粉回线。

11. 左过 1 粉右串 1 粉过 1 粉后右串 2 粉回线。

12. 左过 2 粉右串 1 粉,将线从底部穿过,再串 1 粉过 1 粉。

**篮子边:用左线回线编,线在篮子中间六珠花的两珠两端**

1. 右串 1 粉 2 绿 1 粉回线。

2～15. 左过 2 粉右串 2 绿 1 粉回线。

16. 左过 2 粉上 1 粉右串 2 绿回线。

**篮子的提手:重新起头**

线穿在篮子中间六珠花的两个珠子两端,左右各串 3 绿,两线同时串 1 六红 15 绿 1 大红,两线再分别串 3 绿,右过篮子中间的两绿珠后回线。

完成。

# 小猫头手机座

图 5 - 113 为小猫头手机座。

## 一、材料准备

用料:粉色 134 个,白色 54 个,黑色 2 个,红色 1 个。

用线:3 m。

## 二、详细步骤

**第一圈:**

1. 右串 6 粉回线(6)。

2. 右串 5 粉回线(6)。

3～6. 左过 1 粉右串 4 粉回线(6)。

7. 左过 1 粉上 1 粉右串 3 粉回线(6)。

**第二圈:**

1. 左过 1 粉右串 4 粉回线(6)。

2. 左过 1 粉右串 3 粉回线(5)。

3. 左过 2 粉右串 3 粉回线(6)。

4. 左过 1 粉右串 3 粉回线(5)。

5～8. 同 3～4,2 次。

9. 左过 2 粉右串 3 粉回线(6)。

10. 左过 1 粉右串 1 粉 2 白回线(5)。

11～12. 左过 1 粉右串 2 白回线(4)。

13. 左过 1 粉上 1 粉右串 1 白 1 粉回线(5)。

**第三圈:**

1. 左过 1 粉右串 2 白 2 粉回线(6)。

图 5 - 113　小猫头手机座

2～9. 左过 2 粉右串 3 粉回线（6）。

10. 左过 2 粉右串 1 粉 2 白回线（6）。

11. 左过 1 白右串 1 白 1 黑 1 白回线（5）。

12. 左过 2 白右串 3 白回线（6）中间填一红珠为嘴。

13. 左过 2 白右串 1 黑 1 白回线（5）。

**第四圈：**

1. 左过 1 白右串 4 白回线（6）。

2. 左过 2 粉右串 1 白 1 粉回线（5）。

3. 左过 2 粉右串 3 粉回线（6）。

4. 左过 2 粉右串 2 粉回线（5）。

5～8. 同 3～4，2 次。

9. 左过 2 粉右串 3 粉回线（6）。

10. 左过 2 粉右串 2 白回线（5）。

11. 左过 2 白右串 3 白回线（6）。

12. 左过 1 黑 1 白右串 2 白回线（5）。

13. 左过 1 白 1 黑上 1 白右串 1 白回线（5）。

**右耳**：在第 36 步编出的六珠花的左边 3 个珠上编耳，将两线穿在下边一珠两端

1. 右串 2 白 2 粉回线（5）。

2. 左过 1 粉右串 2 粉回线（4）。

3. 左过 1 粉右串 1 粉 2 白回线（5）。

**左耳**：在头部左端对称位置，编法与右耳相同，将程序中左改为右，右改为左

**右前脚**：在第二圈第 8 步编出的六珠花上编，线穿在第 20 步编出的五珠花 3 个粉珠的中间一粉珠两端

1. 右串 3 粉回线（4）。

2. 左串 1 粉右串 2 粉回线（4）。

3. 左过 1 粉上 1 粉右串 1 粉回线（4）。

4. 右串 3 白回线（4）。

5. 左过 1 粉右串 2 白回线（4）。

**左前脚**：在对称位置编，编法同右前脚，将程序中左改为右，右改为左

**后脚**：底朝上，在与脸部对面的六珠花上编。线穿在六珠花的右边一珠两端

1. 右串 3 粉回线（4）。

2. 左过 1 粉右串 2 粉回线（4）。

3. 左串 1 粉上 1 粉右串 1 粉回线（4）。

4. 右串 3 白回线（4）。

5. 左过 1 粉右串 2 白回线（4）。

6. 左过 1 粉上 1 白右串 1 白回线（4）。

完成。

# 小狐狸

图 5-114 为小狐狸。

## 一、材料准备

用料:6 厘珠白色 73 个、红色 82 个、黑色 3 个、黄色 1 个。

用线:身体 2.36 m,尾部和脚 0.5 m。

## 二、详细步骤

**身体:**

**第一圈:均为五珠花**

1. 右串 4 红 1 白回线。

2. 右串 4 白回线。

3~5. 左过 1 红右串 3 红回线。

6. 左过 1 红上 1 白右串 2 红回线(10 珠圈)。

**第二圈:均为六珠花**

1. 左过 1 白右串 2 红 2 白回线。

2. 左过 1 白 1 红右串 1 白 2 红回线。

3~4. 左过 2 红右串 3 红回线。

5. 左过 2 红上 1 红右串 2 红回线(10 珠圈)。

**第三圈:均为六珠花**

1. 左过 1 红右串 3 红 1 白回线。

2. 左过 2 白右串 3 白回线。

3~4. 左过 2 红右串 3 红回线。

5. 左过 2 红上 1 红右串 2 红回线(10 珠圈)。

**第四圈:**

1. 左过 1 红右串 1 红 1 白 1 红回线(5)。

2. 左过 1 红右串 2 白回线(4)。

3~4. 左过 1 白右串 2 白回线(4)。

5. 左过 1 红右串 1 白 1 红回线(4)。

6. 左过 2 红右串 1 白 1 红回线(5)。

7. 左过 2 红上 1 红右串 1 白回线(5)(7 珠圈)。

8. 左过 1 白右过 1 白串 2 白回线(5)(前胸)。

9. 左过 2 白右串 1 白回线(4)。

10. 左回过 1 白串 2 白隔 1 回过 2 白。

图 5-114 小狐狸

11. 左过另四珠花底 1 白串 2 白隔 1 回过 2 白(前脚)。

12. 左过 2 白回线(4)。

**头部:将线穿到前胸白五珠花上 1 白珠两端,在正上 4 红 1 白五珠花上编头,胸部冲内**

1. 右串 2 白回线(3)。

2. 右串 5 白回线(6)。

3~5. 左过 1 红右串 3 红回线(5)。

6. 左过 1 红右串 2 红 1 白回线(5)。

7. 左上过 2 白右串 3 白回线(6)(14 珠圈)。

8. 左过 1 白串 1 白右串 1 白 1 黄回线(5)(嘴)。

9. 右串 1 白 1 黑 1 白回线(4)(鼻)。

10. 左过 1 白右串 1 红 1 白回线(4)。

11. 左过 1 白右串 1 黑 2 白回线(5)(眼)。

12. 左过 1 白 1 红右串 1 白 1 红(5)。

13. 左过 2 红右串 3 红回线(6)。

14~15. 左过 1 红右串 3 红回线(5)。

16. 左过 2 红右串 3 红回线(6)。

17. 左过 1 红 1 白右串 2 白回线(5)。

18. 左过 1 白右串 1 白 1 黑 1 白回线(5)(眼)。

19. 左过 2 白右串 1 红回线(4)。

20. 左过 1 黑(鼻)1 红右串 1 红回线(4)。

21. 右串 1 白 1 红 1 白回线(4)。

22. 左过 1 黑右串 1 白 1 红回线(4)。

23. 左过 2 白 1 红右串 1 红回线(5)。

24. 左过 2 红左串 3 红回过 1 到原位,右过 1 白串 1 红回线(5)。

25. 左过 2 红右过 1 红串 1 红回线(5)。

26. 左过 1 红左串 3 红回过 1 到原位再过 1 红右串 1 白 1 红回线(5)。

27. 左过 1 红 2 白右串 1 红回线(5)。

28. 左过 1 黑 2 白,将四珠花拉紧封口。

**尾部和后脚:线在后正中六珠花前 4 珠上两线冲后中间是 2 珠**

1. 右串 2 白左串 1 白回线(7)。

2. 右串 2 白左串 1 白回线(4)。

3. 两线各过正中五珠花 2 红 1 白,两线同在白五珠花的后 1 珠上。

**脚部:**

左右各串 3 白隔 1 回 1,再串 1 白,从前向后过 5 珠圈后侧 1 珠,固定。

完成。

# 小松树

图 5-115 为小松树。

## 一、材料准备

用料:6 厘珠浅绿色 16 个、绿色 34 个、深绿色 40 个、棕色 12 个、红色 1 个、银色 6 个。

用线:6 m。

## 二、详细步骤

1. 右串 4 浅绿回线。

2. 右回过 1 浅绿,串 1 红后向左过 3 浅绿回原位。

3. 右串 3 浅绿回线。

4. 右串 2 绿 1 浅绿回线。

5. 左过 1 浅绿右串 2 浅绿回线。

6. 右串 1 浅绿 1 银珠,回过 1 浅绿,再向右过 1 浅绿,翻面。

7. 左串 2 浅绿回线。

8. 右串 2 绿 1 浅绿回线。

9. 左串 1 浅绿再过 1 浅绿,右过 1 浅绿回线,翻面。

10. 左串 1 浅绿 1 银珠,回过 1 浅绿,向左过 1 浅绿 2 绿,1 浅绿右线向左过 2 浅绿 2 绿,将线穿到右上方,1 绿两端(此时顶向下)。

图 5-115　小松树

11. 左串 1 绿右串 2 绿回线。

12. 左串 3 绿回线。

13. 左串 1 绿 1 银珠,回过 1 绿向左过 1 绿,翻面。

14. 左串 2 绿回线。

15. 右过 2 绿串 1 绿回线。

16. 左串 3 绿回线。

17. 右过 1 绿串 2 绿回线。

18. 左串 1 绿右串 2 绿回线。

19. 右串 1 绿 1 银珠,回 1 绿,向右过 1 绿,翻面。

20. 左串 2 绿回线。

21. 右过 2 绿串 1 绿回线。

22. 右过 1 绿左串 2 绿回线。

23. 右过 1 绿串 2 深绿回线。

24. 右串 3 深绿回线。

25. 左过 2 绿串 1 深绿回线。

26. 左串 1 深绿右串 2 深绿回线。

27. 右串 1 深绿左串 2 深绿回线。

28. 左串 1 深绿，1 银珠，回 1 深绿，向左过 1 深绿，翻面。

29. 右串 2 深绿回线。

30. 左过 1 深绿右串 2 深绿回线。

31. 左过 2 绿右串 1 深绿回线。

32. 右串 3 深绿回线。

33. 左过 2 绿右串 1 深绿回线。

34～35. 左串 1 深绿右串 2 深绿回线。

36. 左串 1 深绿，1 银珠，回过 1 深绿，向左过 1 深绿，翻面。

37. 右串 2 深绿回线。

38. 左过 2 深绿右串 1 深绿回线。

39. 左过 1 深绿右串 2 深绿回线。

40. 右串 2 棕 1 深绿回线。

41. 左过 2 深绿右串 1 深绿回线将线穿到反面右端第 2、3 珠两端。

42. 右串 2 深绿回线。

43. 右串 2 棕 1 深绿回线。

44. 左过 2 深绿右串 1 深绿回线。

**树干：将线穿到右边 1 棕珠两端**

1. 右串 3 棕回线。

2. 左过 1 棕串 1 棕，右串 1 棕回线，翻面。

3. 左串 1 棕过 1 棕，右串 1 棕回线。

4. 左、右各过 1 棕，右串 1 棕回线。

完成。

# 珠编吉娃娃小挂件

图 5－116 为珠编吉娃娃小挂件。

## 一、材料准备

用料：水晶尖珠白色 35 个，片珠 2 个，彩珠 5 个，套环 1 个，黑色圆珠 3 个。

用线：0.9 m。

**注意：**彩珠用于四只脚和尾巴尖。

## 二、详细步骤

第一圈：

1. 右串 4 白回线（4）。

2. 右串 1 黑（左眼）3 白回线（5）。

图 5－116 珠编吉娃娃小挂件

3. 左过 1 白右串 2 白 1 黑(右眼)回线(5)。

4. 左过 1 白右串 3 白 1 环回线(5)。

5. 左过 1 白 1 黑右串 2 白回线(5)(端面为 8 珠)。

**第二圈:**

1. 左过 1 白右串 2 白回线(4)。

2~3. 左过 2 白右串 1 白回线(4)。

4. 右过 3 白回线(4)。

5. 左串 1 片 1 白(右耳)隔 2 白过 1 白 1 黑。

6. 右向右过 1 白,串 1 片(左耳)1 白隔 2 白过 1 白 1 黑。

(两线在眼黑珠旁白珠两端编鼻子)

7. 右串 1 黑回线(鼻子)。

8. 将两线串到底部两个三珠花的向下的白珠一端,两线都冲下,开始编身体。

**第三圈:**

1. 右串 1 白左串 2 白回线(3)(加上两线的公用珠形成四珠花)。

2. 左串 3 白回线(4)。

3. 右(上线)过 1(三珠花上的)再从五珠花和四珠花的孔中穿过拉紧,左串 2 白回线(4)。

4. 右线从四珠花和五珠花的孔中穿过拉紧(穿到另侧面)再向下过 2 白左串 1 白回线(4)。

**尾部:**

1. 上线串 2 白 1 彩隔 1 彩回 2 白(尾巴)。

2. 左过 1 白(三珠花另侧向下过)。

3. 两线对穿底部为四珠花。

**脚:两线过到底四珠花两侧**

1. 两线各串 1 白 1 彩回 1 白,过 1 白。

2. 另侧脚编法相同。

3. 两线固定。

完成。

# 企 鹅

图 5-117 为企鹅。

## 一、材料准备

用料:6 厘珠黑色 52 个、白色 36 个、黄色 8 个,尖珠 1 个,小红 1 个。

用线:1.5 m。

## 二、详细步骤

从底部开始:

**第一圈:**

1. 右串 5 白 1 黑回线(6)。

2. 右串 4 黑后向右过 1 黑(尾)再串 4 黑回线(5)。

3. 左过 1 白右串 2 黑 1 白回线(5)。

4. 左过 1 白串 3 黄回过 1 白(左脚)右串 3 白回线(5)。

5. 左过 1 白右串 3 白回线(5)。

6. 左过 1 白串 3 黄回过 1 白(右脚)右串 3 白回线(5)。

7. 左过 1 白上 1 黑右串 2 黑回线(5)。

第二圈：

1. 左过 1 黑右串 4 黑回线(6)。

2. 左过 2 黑右串 3 黑回线(6)。

3. 左过 1 黑 1 白右串 2 黑 1 白回线(6)。

4~5. 左过 2 白右串 3 白回线(6)。

6. 左过 1 白 1 黑上 1 黑右串 2 黑回线(6)。

第三圈：

1. 左过 1 黑右串 3 黑回线(5)。

2~3. 左过 2 黑右串 2 黑回线(5)。

4. 左过 1 黑 1 白右串 2 白回线(5)。

5. 左过 2 白右串 3 白回线(6)。

6. 左过 1 白 1 黑上 1 黑右串 1 白回线(5)。

头部：

第一圈：

1. 右过 1 白串 1 白 1 黄 1 黑 1 白回线(6)。

2. 左过 1 黑右串 1 白 2 黑回线(5)。

3. 左过 1 黑右串 2 黑回线(4)。

4. 左过 1 黑右串 1 黑 2 白回线(5)。

5. 左过 2 白上 1 白右串 1 黑 1 黄回线(6)。

第二圈：

1. 左过 1 黄右串 2 白回线(4)。

2. 左过 1 黑 1 白右串 1 白 1 黑回线(5)。

3. 左过 3 黑右串 1 黑回线(5)。

4. 左过 1 白 1 黑右过 2 白回线(5)。

5. 左过 1 黄右过 1 白 1 黄串 1 尖珠 1 小红回 1 尖珠，埋线。

左翅：

线穿到头部下端侧面黑色四珠花左边一珠两端，右串 4 黑回 1 黑左串 2 黑回线，将两线在身体上固定。

右翅：编法同左翅，把上述程序中左改为右，右改为左

完成。

**图 5-117 企 鹅**

# 五角星

图 5－118 为五角星。

## 一、材料准备

用料：小白 10 个，红色、黄色、蓝色、绿色、粉色各 8 个。

用线：1 m。

**图 5－118　五角星**

## 二、详细步骤

**五角星（一）：一面彩一面白**

1. 右串 5 小白回线（5）。

2. 右串 2 黄 2 红回线（5）。

3. 左过 1 小白右串 1 红 2 蓝回线（5）。

4. 左过 1 小白右串 1 蓝 2 粉回线（5）。

5. 左过 1 小白右串 1 粉 2 绿回线（5）。

6. 左过 1 小白上 1 黄右串 1 绿 1 黄回线（5）。

7. 右串 2 白 1 黄回线（4）。

8. 左过 1 黄右过 1 白串 1 白回线（4）。

9. 右串 1 白 1 小白 2 白回线（5）。

10. 左过 1 红右串 1 白 1 红回线（4）。

11. 左过 1 红右过 1 白串 1 白回线（4）。

12. 右过 1 白串 1 小白 2 白回线（5）。

13. 左过 1 蓝右串 1 白 1 蓝回线（4）。

14. 左过 1 蓝右过 1 白串 1 白回线（4）。

15. 右串 1 白串 1 小白 2 白回线（5）。

16. 左过 1 粉右串 1 白 1 粉回线（4）。

17. 左过 1 粉右过 1 白串 1 白回线（4）。

18. 右过 1 白串 1 小白 2 白回线（5）。

19. 左过 1 绿右串 1 白 1 绿回线（4）。

20. 左过 1 绿右过 1 白串 1 白回线（4）。

21. 左过 1 白上 1 白右过 1 白串 1 小白回线（5）。

**五角星（二）：双面五彩**

1～6. 同五角星（一）编法。

7. 右串 3 黄回线（4）。

8. 左过 1 黄右过 1 黄串 1 黄回线（4）。

9. 右串 1 黄 1 小白 2 红回线（5）。

10. 左过 1 红右串 2 红回线（4）。

11. 左过 1 红右过 1 红串 1 红回线(4)。

12. 右过 1 红串 1 小白 2 蓝回线(5)。

13. 左过 1 蓝右串 2 蓝回线(4)。

14. 左过 1 蓝右过 1 蓝串 1 蓝回线(4)。

15. 右过 1 蓝串 1 小白 2 粉回线(5)。

16. 左过 1 粉右串 2 粉回线(4)。

17. 左过 1 粉右过 1 粉串 1 粉回线(4)。

18. 右过 1 粉串 1 小白 2 绿回线(5)。

19. 左过 1 绿右串 2 绿回线(4)。

20. 左过 1 绿右过 1 绿串 1 绿回线(4)。

21. 左过 1 黄上 1 黄右过 1 绿串 1 小白回线(5)。

完成。

# 笨笨牛

图 5-119 为笨笨牛。

## 一、材料准备

用料:6 厘扁珠白色 131 个、黑色 72 个、黄色 74 个,8 厘珠黑色 2 个、红色 1 个。

用线:3 m。

## 二、详细步骤

从底部开始:

第一圈:

1. 右串 1 白 1 黑 3 白 1 黄回线(6)。

2. 右串 4 黄回线(5)。

3. 左过 1 白右串 1 黄 1 白 2 黑回线(6)(编右腿处)。

4. 左过 1 黑右串 3 黑回线(5)。

5. 左过 1 白右串 1 白 1 黑 1 白回线(5)。

6. 左过 1 白右串 2 黑 1 白回线(5)。

7. 左过 1 白上 1 黄右串 1 黑 1 白 1 黄回线(6)(编左腿处)。

第二圈:

1. 左过 1 黄右串 4 黄回线(6)。

2. 左过 2 黄右串 3 黄回线(6)。

3. 左过 1 白右串 2 白 1 黑回线(5)。

4. 左过 2 黑右串 3 黑回线(6)。

5. 左过 1 黑 1 白右串 2 白 1 黑回线(6)。

6~7. 左过 2 黑右串 3 黑回线(6)。

图 5-119 笨笨牛

8. 左过 1 白上 1 黄右串 2 白回线(5)(端面 16 珠)。

**第三圈：**

1. 左过 1 黄右串 2 白 1 黄 1 白回线(6)。

2. 左过 2 黄右串 1 黄 1 白回线(5)。

3. 左过 1 黄 1 白右串 1 黄 2 白回线(6)。

4. 左过 1 白 1 黑右串 2 白回线(5)(右前腿处)。

5. 左过 1 黑 1 白右串 3 白回线(6)。

6. 左过 1 白 1 黑右串 1 白 1 黑回线(5)。

7. 左过 2 黑右串 3 黑回线(6)。

8. 左过 1 黑 1 白上 1 白左串 1 白回线(5)(左前腿处)。

9. 左过 1 白右过 1 黑左串 2 白回线(5)。

10. 右过 1 黑 2 白左串 2 白回线(6)。

11. 右过 3 白串 1 白回线(5)(端面 3 黄 3 白共 6 珠)。

**头部：**

**第一圈：**

1. 右串 5 白回线(6)。

2. 左过 1 白右串 1 白 1 黑 1 白回线(5)。

3. 左过 1 白右串 2 黑 2 白回线(6)。

4. 左过 1 黄右串 1 白 3 黄回线(6)。

5. 左过 1 黄右串 4 黄回线(6)。

6. 左过 1 黄上 1 白右串 2 黄 1 白回线(6)(端面 17 珠)。

**第二圈：**

1. 左过 1 白右串 2 黄 2 白回线(6)。

2. 左过 1 白右串 4 白回线(6)。

3. 左过 2 白右串 2 白 1 黑回线(6)。

4. 左过 2 黑右串 3 黑回线(6)。

5. 左过 1 黑右串 4 黑回线(6)。

6. 左过 2 白右串 1 白 2 黄回线(6)。

7. 左过 1 黄右串 3 黄回线(5)。

8. 左过 2 黄右串 3 黄回线(6)。

9. 左过 1 黄右串 4 黄回线(6)。

10. 右串 1 红过 3 黄回原位(填空嘴)。

11. 左过 2 黄右串 3 黄回线(6)。

12. 左过 2 黄右串 2 黄回线(5)。

13. 左过 1 黄右串 3 黄 1 白回线(6)。

14. 左过 2 白右串 1 大黑 2 白回线(6)(右眼)。

15. 左过 1 白右串 3 白回线(5)(编右耳处)。

16. 左过 2 白右串 3 白回线(6)。

17. 左过 1 白 1 黑右串 1 白 1 黑回线(5)。

18. 左过 2 黑右串 3 黑回线(6)。

19. 左过 1 黑右串 3 黑回线(5)(编左耳处)。

20. 左过 1 黑 1 白右串 1 白 1 大黑 1 白回线(6)(左眼)。

21. 左过 2 黄右串 3 黄回线(6)。

22. 左过 2 黄右串 2 黄回线(5)。

23. 左过 2 黄左串 2 黄回线(5)。

24. 右过 2 黄左串 2 黄回线(5)。

25. 右过 1 黄左串 2 黄回线(4)。

26. 左串 1 黄右过 1 黑串 3 白回线(6)。

27. 左串 1 黄右串 2 白过 1 大黑串 1 黄回线(6)。

28. 右过 1 黄左串 2 黄回线(4)。

29. 右过 1 黄左串 3 黄回线(5)。

30. 右过 3 黄左串 1 黄回线(5)。

31. 左过 1 黄右过 2 黄串 1 黄回线(5)。

32. 左过 1 黄串 1 黄右串 2 黄回线(5)。

33. 右串 1 黄过对面五珠花的 1 黄串 2 黄回线(5)。

34. 右上过 2 黄 2 白,左上过 3 黄 1 黑 2 白,将线穿到右眼六珠花的右边一白珠两端(端面 15 珠),接着编头的上部。

**第三圈：**

1. 右过 1 白串 1 环 3 白回线(5)。

2. 左过 3 白右串 2 白回线(6)。

3. 左过 2 白右串 2 白回线(5)。

4. 左过 2 白 1 黑右串 1 白 1 黑回线(6)。

5. 左过 2 黑右串 2 黑回线(5)。

6. 左过 1 黑 2 白上 1 白右串 1 白回线(6)。

7. 左过 4 白 1 黑回线(6)。

**犄角：**

1. 右串 2 黑 1 白回 2 黑。

2. 左过 2 白串 2 黑 1 白回 2 黑将两线穿到右犄角旁五珠花右边一珠两端(与犄角隔一白珠)嘴朝前。

**右耳：**

1. 左串 3 白(4)。

2. 右过 2 白串 2 白回线(5)。

3. 左过 1 白右串 5 白回线。

**左耳在头部对称位置,编法同右耳**

**前腿:在身体侧面五珠花上编**

1. 右串 3 白回线(4)。

2～4. 左过 1 右串 2 白回线（4）。

5. 左过 1 上 1 白右串 1 白回线（4）。

6. 左过 1 白右串 2 黑回线（4）。

7. 左过 2 白右串 1 黑回线。

8. 左过 1 白右过 1 黑回线。

（顶部为三珠花）

**右后腿：在底部第一圈中间黄色五珠花的左边一珠起头**

1. 右串 1 白 1 黑 1 白回线（4）。

2. 左过 2 右串 1 黑 1 白回线（5）。

3～4. 左过 1 右串 1 黑 1 白回线（4）。

5. 左过 1 黄上 1 白右串 1 黑回线（4）。

6. 右串 3 黑回线（4）。

**左后腿在对称位置编，把上述程序中左改为右，右改为左**

完成。

# 小灯笼挂件

图 5－120 为小灯笼挂件。

## 一、材料准备

用料：8 厘扁珠绿色 8 个、浅绿色 7 个、粉色 19 个、深粉色 7 个。

用线：0.8 m。

## 二、详细步骤

1. 右串 6 绿回线（6）。

2. 右串 1 浅绿 2 粉 1 浅绿回线（5）。

3～6. 左过 1 绿右串 2 粉 1 浅绿回线（5）。

7. 左过 1 绿上 1 浅绿右串 2 粉回线（5）。

8. 左过 1 粉右串 1 粉 1 深粉 1 粉回线（5）。

9～12. 左过 2 粉右串 1 深粉 1 粉回线（5）。

13. 左过 2 粉上 1 粉右串 1 深粉回线（5）。

14. 右过 5 深粉回线（6）。

图 5－120　小灯笼挂件

15. 串中间结，结下串 1 深粉，过灯笼，串 1 绿，打结两穗线上各串 1 深粉 1 绿 1 粉打结。

完成。

# 新小狗挂件

图 5-121 为新小狗挂件。

## 一、材料准备

用料:5 厘珠白色 45 个、彩色 47 个、小黑 2 个、小红 1 个。

用线:身体和头 2 m,两只脚 0.3 m。

## 二、详细步骤

**身体:均为四珠花**

**第一圈:**

1. 右串 4 白回线。

2. 右串 3 彩回 1 白到原位(尾)。

3. 右串 3 白回线。

4～5. 左过 1 白右串 2 白回线。

6. 左过 1 白上 1 白右串 1 白回线。

**第二圈:**

1. 右串 3 白回线。

2～3. 左过 1 白右串 2 白回线。

4. 左过 1 白上 1 白右串 1 白回线。

**第三圈:**

1. 右串 3 白回线。

2～3. 左过 1 白右串 2 白回线。

4. 左过 1 白上 1 白右串 1 白回线。

5. 右线向右过 1 白,左线沿着四珠花过 3 白,将线穿到侧面四珠花一珠两端,编头。

图 5-121　新小狗挂件

**头部:除两个三珠花外均为四珠花**

**第一圈:**

1. 右串 3 白回线。

2. 右串 2 白回线(3)。

3. 左过 1 白右串 1 小红 1 白回线。

4. 右串 2 白回线(3)。

5. 左过 1 白右串 2 白回线。

6. 左过 1 白上 1 白右串 1 白回线。

**第二圈:**

1. 右串 3 白回线。

2. 左过 1 白右串 1 白 1 小黑回线。

3. 左串 1 白过 1 白 1 小红 2 白,右串 1 白 1 小黑回线。

4. 左过 1 白上 1 白右串 1 白回线。

**耳:**

左串1彩右串2彩回线,将线穿回到对面一白珠两端,两只耳朵编法相同。

**脚:线在身体下端四角的一个白珠两端开始编四只脚**

1. 右串3彩回线(4)。

2. 右串2彩回线(3)。

3. 左过1白(与第1步相同的一个白珠)右串2彩回线(4)。

4. 左上1彩右串1彩回线(3)。

5. 右串3彩回线(4)。

**按同样方法编另外三只脚**

完成。

# 雪纳瑞犬

图5-122为雪纳瑞犬。

## 一、材料准备

用料:6厘珠灰色54个、白色21个、黑色2个、红色6个,4厘珠小黑色1个,8厘珠大黑1个。

用线:2 m。

## 二、详细步骤

**第一圈:**

1. 右串5灰回线(5)。

2. 右串3灰回线(4)。

图5-122　雪纳瑞犬

3. 左过1灰,串1灰1白1灰回过1灰到原位(左耳)右串1黑2灰回线(5)(左眼)。

4~5. 左过1灰右串2灰(4)。

6. 左过1灰串1灰1白1灰回过1灰到原位(右耳)上1灰右串1灰1黑回线(5)(右眼)。

**第二圈:**

1. 右串3白回线(4)。

2. 左过1灰右串1大黑1白回线(4)(鼻)。

3. 左过1黑右串2白回线(4)。

4. 左串2白右串1白回线(4)。

5. 右过1白串1白回线(3)。

6. 左串1红右过1黑串1白回线(4)。

7. 右过1白串1白回线(3)。

8. 右过1白串2白回线(4)。

9. 左过1红上1白右串1白回线(4)。

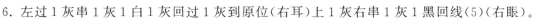

第三圈：

1. 右串 1 红 2 灰 1 红回线(5)。

2. 左过 1 白 1 灰右串 2 灰 1 红回线(6)。

3～4. 左过 1 灰右串 2 灰 1 红回线(5)。

5. 左过 1 灰 1 白上 1 红右串 2 灰回线(6)。

第四圈：

1. 左过 1 灰右串 3 灰回线(5)。

2～3. 左过 2 灰右串 2 灰回线(5)。

4～5. 左过 1 灰右串 3 灰回线(5)。

6. 左过 2 灰上 1 灰右串 1 灰回线(5)。

第五圈：

1. 左过 1 灰，右过 1 灰串 2 灰回线(5)。

2. 左过 3 灰右串 1 灰回线(5)。

3. 右过 2 灰串 2 灰 1 小黑回过 2 灰向左过 1 灰，用左线回线。

4. 右串 1 白 1 灰(左后脚)，隔 2 灰，过 1 灰，再穿 1 灰 1 白 1 灰，向左过 2 灰(左前脚)埋线。

5. 左过 1 灰，串 1 白 1 灰(右后脚)，隔 2 灰过 1 灰再穿 1 灰 1 白 1 灰，向右过 2 灰(右前脚)埋线。

完成。

# 小　龙

图 5 - 123 为小龙。

## 一、材料准备

用料：4 厘珠小红 34 个、黑色 2 个、黄色 256 个、大红 1 个、中红 7 个。

用线：3.5 m。

## 二、详细步骤

### 身体：

第一圈：

1. 右串 4 黄回线(4)。

2. 右串 3 黄回线(4)。

3～4. 左过 1 右串 2 黄回线(4)。

5. 左过 1 上 1 右串 1 黄回线(4)。

第二圈、第三圈：

1. 右串 3 黄回线(4)。

2～3. 左过 1 右串 2 黄回线(4)。

4. 左过 1 上 1 右串 1 黄回线(4)(编出一圈四个四珠花)。

图 5 - 123　小　龙

**第四圈：**

1. 右串 2 黄回线（3）。

2. 左过 1 右串 2 黄回线（4）。

3. 左过 1 右串 1 黄回线（3）（编出两个三珠花一个四珠花）。

**第五圈、第六圈：同第二圈，编出两圈四个四珠花**

**第七圈：同第四圈编出一圈两个三珠花一个四珠花**

**第八圈、第九圈：同第二圈编出两圈四个四珠花**

**第十圈：**

1. 左串 2 黄回线（3）。

2. 右过 1 左串 2 黄回线（4）。

3. 右过 1 串 1 黄回线（3）（编出两个三珠花一个四珠花）。

**第十一圈、第十二圈：同第二圈编出两圈四个四珠花**

**第十三圈：同第四圈编出两个三珠花一个四珠花**

**第十四圈：同第二圈编出一圈四个四珠花**

**第十五圈：**

1. 左过 1 右过 3 左串 2 黄回线（3）。

2. 左串 2 黄回线（4）。

3. 右过 1 串 1 黄回线（3）。

**第十六圈、第十七圈：同第二圈编出两圈四个四珠花**

**第十八圈：**

1. 右串 3 黄回线（4）。

2. 左过 1 右串 3 黄回线（5）。

3. 左过 1 右串 2 黄回线（4）。

4. 左过 1 上 1 右串 1 黄回线（4）。

**头部：**

1～2. 右串 3 黄回线（4）。

3. 左过 1 右串 1 红 2 黄回线（5）。

4～5. 左过 1 右串 3 黄回线（5）。

6. 左过 1 右串 1 黄 1 红 1 黄回线（5）。

7. 左过 1 左串 2 黄回线（4）。

8. 左串 2 黄，右串 1 黑 1 红 1 黑回线（6）。

9. 左过 1 红右串 2 红回线（4）。

10. 左过 2 黄右串 2 黄回线（5）。

11. 左过 2 黄右串 2 黄回线（5）。

12. 左过 2 黄右串 1 黄 1 红回线（5）。

13. 左过 1 红 1 黑左串 1 红回线（4）。

14. 左过 2 红右串 1 黄回线（4）。

15. 右过 3 黄用左线回线（4）。

16. 左右各过 1 黄，各串 4 黄 1 红回 2 黄，再串 1 黄 1 红回 3 黄到原位（两犄角）将两线各过 1 黄 1 红 1 黑 1 黄穿到黄珠前在黄珠上对穿,编嘴。

17. 右串 1 小黄 3 黄 1 小黄回线(6)。

18. 左向下过 1 黄右回过 4 黄后向下过 1 黄,两线在下面的黄珠上对穿,左串 1 黄右串 2 黄回线(4)。

19. 右串 1 大红回线。

20. 左上过 1 黄,右上过 2 黄回线。

21. 将两线分别穿到黑珠旁红珠下面一端,过 1 黄串 2 黄 1 红 2 黄埋线(耳)。

**前爪:线穿在从头部数下去第五圈四珠花的一珠两端**

1. 编出一圈四珠花(4)。

2. 将两线穿到四珠花的最下边一珠两端,各串 5 黄 1 红回 2 黄再串 2 黄 1 红回 2 黄,此步重复三次再串 1 黄 1 红回 1 黄两线回 3 黄,完成两只前爪。

3. 将两线穿到第八步编出的四珠花下边一珠两端,按前爪的编法编后爪。

4. 将两线穿到第二圈四珠花下边一珠两端,分别串 2 黄 1 红 2 黄过 1 黄回原位。

**尾部:头朝左尾朝上,将两线穿到第一个四珠花左边一珠两端**

1. 右串 2 黄 1 红 2 黄过 1 黄回原位。

2. 两线各过 1 黄后在四珠花的另一端黄珠上对穿。

3. 右串 9 黄回线,左向右过 2 黄。

4. 左右各过 1 黄,各串 2 黄 1 红 2 黄后过 1 黄回原位。

5. 两线各过 1 黄,串 1 黄 1 红 1 黄过 1 黄。

6. 两线在最顶上一珠上对穿,右串 3 黄 1 红回 1 黄,再串 2 黄后用左线回线。

完成。

# 小包挂件

图 5-124 为小包挂件。

## 一、材料准备

用料:6 厘尖珠 70 个,4 厘圆珠 26 个。

用线:1 m。

## 二、详细步骤

### 第一圈:

1. 右串 6 彩回线(6)。

2. 右串 1 白 1 彩 1 白 1 彩 1 白回线(6)。

3～6. 左过 1 彩右串 1 彩 1 白 1 彩 1 白回线(6)。

7. 左过 1 彩上 1 白右串 1 彩 1 白 1 彩回线(6)。

### 第二圈:

1. 左过 1 彩右串 3 彩回线(5)。

2. 左过 1 白右串 1 白 1 彩 1 白 1 彩回线(6)。

**图 5-124　小包挂件**

3. 左过 2 彩右串 2 彩回线(5)。

4. 同 2。

5. 左过 2 彩右串 1 彩回线(4)。

6. 左过 1 白右过 1 白串 1 彩 1 白 1 彩回线(6)。

7. 同 3。

8～9. 同 2～3。

10. 同 2。

11. 同 5。

12. 左过 1 白上 1 彩右过 1 白串 1 彩 1 白回线(6)。

**第三圈：**

1. 左过 1 彩 1 白右串 1 彩 1 白 1 彩回线(6)。

2. 左过 1 彩右串 12 彩 1 环回线。

3. 左过 1 白 1 彩 1 白右串 1 白 1 彩回线(6)。

4. 左过 2 彩右串 2 彩回线(5)。

5. 同 3。

6. 同 2。

7. 同 3。

8. 左过 3 彩右串 1 彩回线。

完成。

# 苹 果

图 5-125 为苹果。

## 一、材料准备

用料：6 厘珠红色 112 个，4 厘珠绿色 66 个。

用线：2.5 m。

## 二、详细步骤

### 第一圈：均为五珠花

1. 右串 5 红回线。

2. 右串 4 红回线。

3～5. 左过 1 红右串 3 红回线。

6. 左过 1 红上 1 红右串 2 红回线，将顶部按下去。

### 第二圈：均为四珠花

1. 右串 3 红回线。

2～15. 左过 1 红右串 2 红回线。

16. 左过 1 红上 1 红右串 1 红回线。

图 5-125 苹 果

**第三圈:均为五珠花**

1. 右串 4 红回线。

2～9. 左过 1 右串 3 红回线。

10. 左过 1 红上 1 红右串 2 红回线。

**第四圈:均为六珠花**

1. 左过 1 红右串 4 红回线。

2～9. 左过 2 红右串 3 红回线。

10. 左过 2 红上 1 红右串 2 红回线。

**第五圈:均为五珠花**

1. 左过 1 红右串 3 红回线。

2～9. 左过 2 红右串 2 红回线。

10. 左过 2 红上 1 红右串 1 红回线。

**第六圈:均为五珠花**

1. 左过 1 红右串 3 红回线。

2～4. 左过 2 红右串 2 红回线。

5. 左过 2 红上 1 红右串 1 红回线将顶部按下去。

**叶子:**

1. 右过 1 红,右串 1 绿回线。

2. 左串 1 绿右串 2 绿回线(4)。

3. 左串 3 绿右串 2 绿回线(6)。

4. 右串 4 绿回线(5)。

5. 左过 1 绿右串 3 绿回线(5)。

6. 左过 1 绿左串 3 绿回线(5)。

7. 右过 1 绿左串 4 绿回线(6)。

8. 右过 2 绿右串 3 绿回线(6)。

9. 左过 1 绿右串 3 绿回线(5)。

将线穿回到中间一个绿珠两端右串 9 绿回 8 绿,过中间 1 绿,回原位按上述程序从第 2 步开始编另一片叶子

完成。

# 立式老鼠(二)

图 5 - 126 为立式老鼠(二)。

## 一、材料准备

用料:12 厘珠白色 72 个、红色 4 个,10 厘珠白色 15 个,6 厘珠白色 54 个、红色 3 个,5 厘珠白色 4 个,4 厘珠白色 3 个、红色 1 个。

用线:3 m。

用料:8 厘珠白色 76 个、红色 4 个,6 厘珠白色 44 个、红色 3 个,5 厘珠白色 4 个,4 厘珠白

色2个、红色1个。

用线:2.5 m。

**注意**:编的时候,也可以第一、二、三、四圈用8厘珠,第五、六圈用6厘珠。

# 二、详细步骤

图5-126　立式老鼠(二)

### 第一圈:

1. 右串6白回线(6)。

2. 右串5白4小白1小小白回4小白5白到原位(尾)。

3. 右串4白回线(5)。

4. 左过1白右串3白回线(5)。

5. 右串1白1红1白过1白回原位(左后腿)。

6~7. 左过1白右串3白回线(5)。

8. 右串1白1红1白过1白回原位(右后腿)。

9. 左过1白右串3白回线(5)。

10. 左过1白上1白右串2白回线(5)。

### 第二圈:

1. 左过1白右串3白回线(5)。

2. 左过2白右串2白回线(5)。

3~5. 左过2白右串3白回线(6)。

6. 左过2白上1白右串1白回线(5)。

### 第三圈:

1. 右过1白串2白1红回2白到原位(右前腿)再串3白回线(5)。

2. 左过1白右串2白回线(4)。

3. 左过2白右串2白回线(5)。

4. 左串2白1红回2白到原位(左前腿)。

5. 左过2白右串2白回线(5)。

6. 左过2白上1白右串1白回线(5)。

### 第四圈:

1. 右过1白右串4白回线(6)。

2. 左过1白右串2白回线(4)。

3. 左过1白右串3白回线(5)。

4. 左过1白上1白右串1白回线(4)。

### 第五圈:头部

1. 右串5小白回线(6)。

2~3. 左过1白右串3小白回线(5)。

4. 左过1白右串4小白回线(6)。

5. 左过1白右串3小白回线(5)。

6. 左过 1 白上 1 小白左串 2 小白回线(5)。

**第六圈:**

1. 右过 1 小白右串 3 小白回线(5)。

2. 左过 2 小白右串 2 小白回线(5)。

3. 左向下过 1 白串 1 白 1 小白 1 小小白回 1 小白 2 白到原位,右串 1 白 1 小白绕过左边 1 小小白回 1 小白 1 白回原位(左耳)。

4. 左过 1 小白右串 3 小白 1 红回线(6)。

5~6. 左过 2 小白右串 2 小白回线(5)。

7. 左过 2 小白左串 1 红 1 小白回线(5)。

8. 右过 3 小白串 1 小白回线(5)。

9. 左过 1 红 1 小白右过 1 小白串 2 小白回线(6)。

10. 左向左过 1 白串 1 白 1 小白 1 小小白回 1 小白 1 白到原位,右串 1 白 1 小白绕过左边 1 小小白回 1 小白 1 白到原位(右耳)。

11. 左过 1 小白上 1 小白右串 1 小白回线(5)。

12. 右过 1 小白,左过 3 小白回线(5)。

13. 将线穿到两眼中间的五珠花下面一珠两端,编嘴,左串 1 小白,右串 1 小白 1 小红回线。

14. 两线同时串 1 红左过 3 小白,右过 2 小白回线。

完成。

# 小山羊

图 5 - 127 为小山羊。

## 一、材料准备

用料:6 厘珠白色 237 个、大黑 2 个、彩珠 34 个,4 厘珠白色 8 个、小黑 3 个。

用线:身体 2.2 m,每腿 0.45 m。

## 二、详细步骤

**身体:**

**第一圈:**

1. 右串 4 白回线(4)。

2. 右串 4 白回线(5)。

3~4. 左过 1 右串 3 白回线(5)。

5. 左过 1 上 1 右串 2 白回线(5)。

**第二圈:**

1. 左过 1 右串 4 白回线(6)。

2. 左过 2 右串 3 白回线(6)。

**图 5 - 127 小山羊**

3～5. 左过 1 右串 3 白回线(5)。

6. 左过 1 上 1 右串 2 白回线(5)。

**第三圈：**

1. 左过 1 右串 4 白回线(6)。

2～5. 左过 2 右串 3 白回线(6)。

6. 左过 2 上 1 右串 2 白回线(6)。

**第四圈：**

1. 左过 1 右串 4 白回线(6)。

2～5. 左过 2 右串 3 白回线(6)。

6. 左过 1 上 1 右串 3 白回线(6)。

**第五圈：**

1. 左过 1 右串 3 白回线(5)。

2～4. 左过 2 右串 3 白回线(6)。

5. 左过 2 右串 2 白回线(5)。

6. 左过 2 上 1 右串 2 白回线(6)。

**第六圈：**

1. 左过 2 左串 2 白回线(5)。

2. 右过 3 串 1 白回线(5)。

3. 左过 2 右 3 白回线(6)。

**头部：在第五圈的第 2 个六珠花上编**

**第一圈：**

1. 左过 1 右串 1 小白 3 白回线(6)。

2. 左过 2 右串 2 白回线(5)。

3. 左过 2 上 1 右串 2 白回线(6)。

**第二圈：**

1. 右串 5 白回线(6)。

2. 左过 1 右串 4 白回线(6)。

3. 左过 1 右串 3 白回线(5)。

4. 左过 1 右串 4 白回线(6)。

5. 左过 1 上 1 右串 2 白回线(5)。

**第三圈：**

1. 左过 1 右串 2 白 1 黑回线(5)(左眼)。

2. 左过 1 右串 4 白回线(6)。

3. 左过 2 右串 1 白回线(4)。

4. 右向右过 1 左串 2 白回线(4)。

5. 右向下过 1 串 1 白 1 小黑回线(4)左线变右线。

6. 左过 1 上 2 右过 1 上 2,右串 2 白 1 黑回线(6)(右眼)。

7. 左过 2 右串 2 白回线(5)。

8. 左过 2 右串 3 白回线(6)。

9. 左过 1 右串 2 白回线（4）。

10. 左过 2 上 1 右串 2 白回线（6）。

**第四圈：**

1～2. 左过 2 右串 2 白回线（5）。

3. 左过 3 右串 1 白回线（5）。

4. 左过 3 右过 2 白回线（6）。

**在身体第二圈腹部两个五珠花上编后腿**

**左后腿：头朝下，尾朝右，线在五珠花下面两珠两端**

1. 右串 1 白 2 大白 1 白回线（6）。

2. 左过 1 右串 2 大白 1 白回线（5）。

3. 左过 1 串 1 白上 1 大白右上 1 大白串 1 大白回线（6）。

**此时端面为 3 个珠，在其上编两圈白色四珠花一圈彩色四珠花，在身体第五圈腹部下五珠花上编前腿**

**左前腿：头朝下，尾朝前，线在五珠花下面两珠两端**

1. 右串 2 白回线（4）。

2. 左过 2 右串 1 白回线（4）。

**此时端面为 3 个珠，在其上编两圈白色四珠花，一圈彩色四珠花，右前腿编法同左前腿，只把上述程序中左改为右，右改为左**

**犄角：**

线串在头上部正面五珠花顶上一珠两端，两线分别串 5 彩 1 小黑回 5 彩，回线，接着编耳。

**左耳：**

将线穿到头上部左眼上面五珠花顶端一珠两端（与左犄角只隔一个白珠），右串 1 大白 2 小白后从 1 小白 1 大白穿回，左串 1 大白 1 小白后绕过右边顶端 1 小白后从 1 小白 1 大白穿回，两线在起始处一白珠上回线。

**右耳：在头的右边与左耳对称位置编，编法与左耳相同，只把上述程序中左改为右，右改为左**

**尾部：在第一圈的四珠花上编尾，脚朝下，面对头，将线穿在身体的后顶端五珠花一珠两端**

1. 右串 1 白 1 彩 1 白回线（4）。

2. 左过 1 右串 1 白回线（3）。

3. 左过 1 右过 1 彩串 1 白回线（3）。

4. 左过 1 上 1 回线（3）。

完成。

# 金　鱼

图 5-128 为金鱼。

## 一、材料准备

用料：8 厘扁珠绿色 14 个、白色 10 个，4 厘珠白色 13 个，8 厘眼珠 2 个，尾片 4 片。

用线：1 m。

图 5 – 128　金　鱼

## 二、详细步骤

**第一圈：**

1. 右串 2 白 2 绿回线（4）。

2～3. 右串 3 绿回线（4）。

4. 左过 1 白右串 2 白回线（4）。

5. 左过 1 白右串 1 白 1 绿回线（4）。

6. 右串 3 绿回线（4）。

7. 左过 1 绿上 1 绿右串 1 绿回线（4）。

**第二圈：**

1. 右串 1 眼 2 小白 1 绿回线（5）。

2. 左过 1 绿右串 2 小白 1 眼回线（5）。

3. 左过 1 绿右串 2 小白 1 白回线（5）。

4. 右串 3 白回线（4）。

5. 左过 1 绿 1 白右串 1 白回线（4）。

6. 左过 1 白 1 绿右过 1 白回线（4）。

7. 左向右过 1 白，右向左过 3 白，左线变右线。

8. 左过 1 绿 1 眼右串 2 小白回线（5）。

9. 左过 5 小白，右过 2 小白，将线分别穿到眼旁两小白珠一端。

10. 两线同时过 2 绿，串 5 小白，1 环，回过 1 绿。

11. 两线各过 1 绿。打结。

12. 两线在 4 片尾片上对穿后各过 1 白打结。

完成。

# 唐老鸭(二)

图 5－129 为唐老鸭(二)。

## 一、材料准备

用料:6 厘珠白色 90 个、蓝色 50 个、橘黄色 15 个、黑色 2 个、红色 9 个。

用线:3 m。

## 二、详细步骤

**身体:从底部开始**

第一圈:

1. 右串 7 白回线(7)。

2. 左过 1 白右串 5 白回线(7)。

3. 右串 3 白回线(4)。

4～11. 左过 1 白右串 2 白回线(4)。

12. 左过 1 白上 1 白右串 1 白回线(4)。

第二圈:

1. 右串 1 白 1 蓝 1 白回线(4)。

2～9. 左过 1 白右串 1 蓝 1 白回线(4)。

10. 左过 1 白上 1 白右串 1 蓝回线(4)。

第三圈:

1. 右过 1 蓝串 4 蓝回线(6)。

2～4. 左过 2 蓝右串 3 蓝回线(6)。

5. 左过 2 蓝上 1 蓝右串 2 蓝回线(6)。

第四圈:

1. 左过 1 蓝右串 1 蓝 1 白 1 蓝回线(5)。

2～4. 左过 2 蓝右串 1 白 1 蓝回线(5)。

5. 左过 2 蓝上 1 蓝右串 1 白回线(5)(端面为 5 个白珠)。

**头部:**

第一圈:

1. 右串 2 白 1 橘黄 1 白回线(5)。

2. 左过 1 白右串 1 橘黄 2 白回线(5)。

3～4. 左过 1 白右串 3 白回线(5)。

5. 左过 1 白上 1 白右串 2 白回线(5)。

第二圈:

1. 左过 1 白右串 3 白回线(5)。

2. 左串 1 橘黄右串 3 白回线(5)。

3. 右串 1 黑过 1 白 1 橘黄 1 白回原位(填空,左眼)。

图 5－129　唐老鸭(二)

4. 左串 1 橘黄右串 3 白回线(5)。

5. 同 3(填空,右眼)。

6. 左过 2 白右串 2 白回线(5)。

7. 左过 2 白右串 3 白回线(6)。

8. 左过 2 白上 1 白右串 2 白回线(6)。

**第三圈:**

1～2. 左过 2 白右串 2 白回线(5)。

3. 左过 3 白右串 1 白回线(5)。

4. 左过 4 白回线(5)。

**头顶:**转 180 度,对着脸部,左线变右线,在头部上端后面五珠花上编

1. 右串 3 蓝回线(4)。

2～4. 左过 1 白右串 2 蓝回线(4)。

5. 左过 1 白上 1 蓝右串 1 蓝回线(4)。

6. 左过 2 蓝右串 2 蓝 1 环回线(5)。

7. 右过 3 蓝回线(4)。

**嘴:**将线穿到右眼睛下边一橘黄珠两端

1. 右串 3 橘黄回线(4)。

2. 左过 1 橘黄右串 2 橘黄回线(4)。

**翅:**将两线分别穿到头部下面身体中间的两个五珠花白珠旁一蓝珠一端分别串 4 蓝 1 白,接着往下过 1 白珠,编脚

**脚:**两线分别串 3 橘黄回过 1 白,埋线

**尾部:**将线穿到底部两个七珠花中间两珠两端

1. 左串 1 白右串 2 白回线(5)。

2. 右串 2 白回线(3)。

3. 右串 2 白回 1 白过身体背部中间第一圈的上边一白珠后埋线。

**胸花:**将线穿到胸前六珠花上面两蓝珠两端

1. 右串 1 小红回线(3)。

2. 左右各过 1 蓝回原位。

3. 左右各串 2 小红过中间的 1 小红再串 2 小红过对面六珠花上面的 1 蓝回线埋线。

完成。

# 珠编牛

图 5-130 为珠编牛。

## 一、材料准备

用料:6 厘珠彩色 345 个、黑色 34 个,8 厘珠黑色 2 个、红色 2 个、小黑 4 个、小小珠 2 个,小米珠 2 个。

用线:8 m(身体 3.5 m、头部 2 m、每条腿 0.6 m)。

## 二、详细步骤

注意：除标注以外均为四珠花。

**底部：**

1. 右串 4 黄回线。

2～3. 右串 3 黄回线。

4. 左过 1 黄右串 2 黄回线。

5. 右串 3 黄回线。

6. 左过 1 黄右串 2 黄回线。

7. 右串 3 黄回线。

8. 左过 1 右串 3 黄回线(5)。

9. 左过 1 黄翻面左变右，右串 2 黄回线。

10. 左过 1 黄右串 3 黄回线(5)。

11. 右串 4 黄回线(5)。

12. 左过 2 黄串 1 黄右串 1 黄回线(5)。

13. 翻面左变右，左过 1 黄右串 2 黄回线。

14. 右串 3 黄回线。

15. 左过 1 右串 2 黄回线。

16. 右串 3 黄回线。

17. 左过 1 黄上 1 黄右串 1 黄回线，翻面，将左右线穿到头上右边 1 珠两端，左右对穿。

18. 右串 3 黄回线。

19. 左过 1 黄右串 2 黄回线。

20. 左过 1 黄右串 2 黄回线。

**身体：**

1. 右串 3 黄回线。

2～19. 左过 1 黄右串 2 黄回线。

20. 左过 1 黄上 1 黄右串 1 黄回线。

21. 右串 3 黄回线。

22～39. 左过 1 黄右串 2 黄回线。

40. 左过 1 黄上 1 黄右串 1 黄回线。

41. 右串 3 黄回线。

42～59. 左过 1 黄右串 2 黄回线。

60. 左过 1 黄上 1 黄右串 1 黄回线。

61. 右过 1 黄串 2 黄回线(右臀)。

62. 左过 1 黄右串 2 黄回线。

63. 左过 2 黄右串 1 黄回线(左臀)。

64～68. 左过 1 黄右串 2 黄回线。

69. 左过 2 黄右串 2 黄回线。

70. 左过 1 黄右串 2 黄回线。

**图 5 - 130　珠编牛**

71. 左过 2 黄右串 2 黄回线。

72. 左过 1 黄右串 2 黄回线。

73. 右线向右过 1 串 1,过对面 1 珠,再向右,向下,向左,向上,共过 4 珠回到原位,编出一个三珠花。

74～75. 左过 1 黄,右过对面 1 黄珠后串 1 黄回线。

76. 左过 1 黄右串 2 黄回线。

77. 左过 1 黄上 1 黄右串 1 黄回线。

78. 左过 2 黄右串 1 黄回线,重复 76～78 步,再编出一个三珠花。

79. 将左右臀压成圆坑再各填 3 个珠,将坑填满,分别构成 3 个四珠花。

**头部:尾巴对着自己编,重新起头,线在脖子中间四珠花顶上 1 珠两端**

1. 右串 3 黄回线。

2. 左过五珠花顶上一珠,右串 2 黄回线。

3～5. 左过 1 黄右串 2 黄回线。

6. 左过 1 黄上 1 黄右串 1 黄回线。

7. 右串 3 黄回线。

8. 右串 3 黄回线(相当于加 3 个珠)。

9. 左过背中间 1 珠右串 2 黄回线。

10. 右串 3 黄回线(相当于加 3 个珠)。

11～13. 左过 1 黄右串 2 黄回线。

14. 左过 1 黄上 1 黄右串 1 黄回线。

15. 右串 4 黄回线(5)。

16. 左过 1 黄右串 2 黄回线。

17. 左过 1 黄右串 1 大黑 1 黄回线(眼)。

18～20. 左过 1 黄右串 2 黄回线(头顶)。

21. 左过 1 黄右串 1 黄大黑 1 黄回线(眼)。

22. 左过 1 黄右串 2 黄回线。

23. 左过 1 黄右串 3 黄回线(5)。

24. 右上 1 黄左过 1 黄上 2 黄右串 1 黄回线(6)。

25. 右串 1 黄 1 红 1 黄回线。

26～27. 左过 1 黄右串 2 黄回线。

28. 左过 1 黄大黑 1 黄右串 1 黄回线。

29. 左过 1 黄右串 2 黄回线。

30. 左过 1 黄白 1 黄大黑右串 1 黄回线。

31. 左过 1 黄右串 2 黄回线。

32. 左过 1 黄上黄 1 右串 1 黄回线。

33. 左过 1 黄红上 1 黄右串 1 黄回线。

34. 翻面,左变右,右串 3 黄回线。

35. 左过 1 黄右串 1 彩 1 黄回线。

36. 左过 1 红右串 1 红 1 黄回线。

37. 左过 1 黄上 1 黄右串 1 彩回线。

38. 把线穿到嘴部下面六珠花中间 1 珠两端，左串 1 黄，右串 2 黄回线。

39. 左串 1 黄右串 2 黄回线。

40. 左串 1 黄右串 1 黄，然后埋两线。

角：

在头顶部含眼睛的 3 个四珠花上穿线和一根铅丝，两端分别串 2 珠及 2 小珠 1 小小珠和 1 个小米珠，再把线从 5 个珠穿回。

左耳：

线穿在头侧面含眼睛的四珠花黑珠对面的 1 珠两端，右串 4 回 3，左串 1 绕过右线第四珠后穿回，埋线。

右耳：在头部对称位置，编法与左耳相同，把程序中左改为右，右改为左

腿：在身体底部四角的四个四珠花上编腿，每条腿编出三圈四珠花和一圈黑色的四珠花

完成。